KB035091

우리 아이 수학 1등급은 부모가 만든다

고등학교 성적까지 이어지는
올바른 초등수학 학습법

우리 아이 수학 1등급은 부모가 만든다

황지언 지음

온더페이지
on the page

들어가며

수학이 불안한 이 땅 위의 모든 분께

이 책은 초등 교사로서 수학교육에 관해 공부하고 연구해온 결과물이며, 수학이 어렵고 힘들었던 학생의 입장으로 돌아가 복기해본 탐구의 기록이기도 합니다. 그 많은 시간과 돈, 노력을 쏟아부었지만 학창 시절 저는 수학을 잘하는 학생이 될 수 없었어요. 그에 대한 의문이 늘 마음 한구석에 자리 잡고 있었습니다. 무엇이 문제였을까요? 왜 우리는 수학이라는 과목 앞에서 이렇게 작아지기만 하는 걸까요?

이런 물음에 대한 답은 제 아이가 자라면서 새삼스럽게 절박해졌습니다. 같은 어려움을 호소하는 학생들을 매해 직접 눈으로 보고 있고, 이제 내 아이와 내 아이의 친구들이 그 대열에 합류할 준비를 하고 있다는 데 위기감을 느꼈기 때문입니다. 그래서 이 책을 썼습니다. 수학 때문에 우리는 얼마나 힘들었는지, 왜 힘들었는지, 교육학자들이 주장하는 이상적인 학습과 부모들이 생각하는 수학교육에 얼마나 차이가 나는지, 어떻게 그 간격을 메울 수 있는지를 고민하며, 그 과정에서 무의식적으로 갖고 있던 가설들을 하나씩 발견하고 검토해나갔습니다.

왜 수학을 못했는가?

- ~~머리가 나빠서~~
- ~~노력을 안 해서~~
- 제대로 배우지 않아서
- 잘못된 방법으로 공부해서
- ~~공부를 못하도록 태어나서~~
- 스스로 못할 거라고 생각해서

차근차근 공부하며 잘못된 가설들을 지워갔습니다. 물론 하나의 깨달음이 소화제를 먹은 듯 모든 의문이 싹 씻겨 내려가게 해주지는 않았습니다. 하지만 중요한 작업을 할 수 있었습니다. 바로 내 아이에게 이러한 불안을 물려주지 않는 것, 또한 교사로서 아이들을 올바르게 가르칠 수 있는 지식과 기술, 마음을 가지는 일이었습니다.

"누구나 수학을 잘할 수 있다."

모든 수학교육자들이 이 말을 합니다. 저도 이제는 이 말에 확신이 있습니다. 그렇게 되기까지는 첩첩이 쌓여온 저의 경험과 학습이 큰 힘이 되어주었습니다. 지금 초등학생 자녀를 둔 부모님들은 사실 잘못된 수학교육도 많이 받았던 세대입니다. 저처럼 수학에 자신이 없고, 불안하고, 거부감을 느끼는 분들이 많잖아요. 잘못된 교육은 알 수 없는 막막함, 끝없는 불안함, 이겨야 한다는 비뚤어진 경쟁심을 제공해 학생의 가능성을 좀먹습니다. 하지만 부모님이 어떻게 교육해야 하는지 잘 안다면, 학생 스스로 걸어가고 있는 길의 윤곽이 뚜렷해지고, 새로운 것을 알아가는 환희를 느낄 수 있습니다. 더불어 성적이 향상되는 것도 중요하지요. 저는 수학을 못했기 때문에 이런 단계들을 모두 경험해볼 수 있었습니다. 수학을 잘할 수 있는 교육 방향이 분명히 있고, 올바른 수학학습을 경험한 학생들은 수학을 싫어하려야 싫어할 수가 없습니다.

쉽다고는 말하지 않겠습니다. 학생으로서 또 교사로서, 부모로서 느꼈던 막막함의 종류는 약간씩 달랐습니다. 특히 학교 현장에서 보는 수학교육과 엄마로서 보는 수학교육 사이의 괴리는 엄청나게 크더군요. 이상과 현실의 차이라고 할까요? 교실에서 학생들을 만날 때는 당연히 이상적으로 교육하는 데 이견이 없었습니다. 하지만 잠시 학교 밖으로 나와 엄마의 눈으로만 바라본 교육 현실은 절대 만만하지 않았어요. 주류의 흐름을 거스를 수 있는 용기, 그것도 내 아이의 미래를 담보로 독야청청하기란 불가능에 가까웠습니다. 학교에서는 교육 전문가인 교사지만, 막상 내 아이를 공부시킬 때가 되니 이론과 현실이 접점을 찾지 못하고 어지럽게 뒤섞이며 충돌하고 있었어요.

그 차이를 조금씩 줄여가는 힘은 결국 올바른 지식, 그리고 아이를 향한 지극한 관심과 사랑이라고 생각합니다. 변화는 시작되어야 하고, 이미 그 물줄기가 조금씩 커져가는 것이 보입니다. 과도한 경쟁과 불안에서 파생되는 필요 이상의 학습이 옛 물결이라면, 생활 속에서 다각도로 개념을 접하는 체험과 활동, 그리고 스스로 공부하고 즐겁게 받아들이는 역량은 새로운 물결입니다. 불가능하다고 생각하시나요? 말은 좋지만 우리는 할 수 없다고 생각하시나요? 절대로 그렇지 않습니다. 다만 아이들이 이미 가지고 있는 가능성과 실력이 올바르게 뻗어나가려면 학교와 가정 모두의 노력이 필요합니다.

유아부터 초등 시기까지는 뇌 가소성, 즉 발전 가능성이 가장 큰 시기입니다. 이 시기에 겪는 수학적 경험은 어른이 되어서도 영향을 미칠 만큼 깊이 기억되지요. 다행히도 이런 경험을 구성하는 데 필요한 기본적인 지식과 태도는 이미 많은 사람이 연구해두었습니다. 이를 종합해 학창 시절 '수포자(수학 포기자)'였던 부모님일지라도 아이에게 적절한 수학적 경험과 자극을 제공할 수 있도록 방법을 알려드리려고 합니다.

이 책의 구성은 이러합니다.

1장에서는 아이들이 수학을 힘들어하는 이유를 진단하고, 현대

사회에서 수학의 위상을 알아보며, 이에 따른 초등수학의 목표를 재정비합니다.

2장에서는 수학학습에 영향을 주는 심리·사회적 요인들을 알아보고, 초등수학 선행학습의 진정한 의미를 되새겨봅니다.

3장에서는 초등부터 고등까지 수학학습의 로드맵을 제시합니다. 고등 과정을 준비하기 위해 초등수학에서 어떤 역량을 키워야 하는지를 조망할 수 있습니다. 특히 초등에서 중요한 수(數)와 연산 영역을 중점적으로 서술했습니다.

마지막 4장에서는 초등수학을 위한 복습, 보충, 심화와 초등 시기에 쌓아두면 좋을 수학적 경험에 대한 자료를 정리했습니다.

가정은 기본적으로 학습의 장으로만 한정될 수 없는 전인(全人)적 성장의 공간입니다. 부모가 직접 가르치는 것도 의미 있는 시도라고 생각하지만 이 책에서 추구하는 바는 아닙니다. 수학교육은 전공자인 교사들도 어려움을 많이 느끼고 실수하기도 합니다. 그러므로 수학 지식을 가르쳐야 한다는 부담감보다는, 아이의 수학 실력 향상에 필요한 마음가짐과 습관, 공간을 만들어준다는 생각으로 이 책을 읽으시면 좋겠습니다. 어차피 공부는 아이가 하는 것입니다. 부모가 할 일은 아이의 가능성을 최대한 끌어내고, 성장을 방해하는 요소들은 제거하는 것입니다. 그러기 위해서 아이 한 명에게 오롯이 초점을 맞추고, 아이가 이미 가지고 있는 경험과 지식을 최대한 발휘해 더 발전시킬 수 있는 환경을 조성해주어야 하지요. 이것이 가정에서 가장 효과적으로 할 수 있는 일입니다.

그럼 아이를 위해 가정에서 실천할 수 있는 진짜 수학교육, 지금부터 시작해볼까요?

차례

2장.
수학학습의 방향을 잡아라

수학학습에 영향을 주는 요인

진짜 선행학습을 하라

3장.
고등까지 가는 초등수학 로드맵

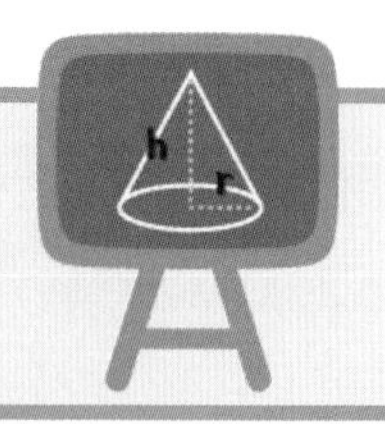

● 초등수학 로드맵 그리기

● 초등수학 5가지 영역 파헤치기

4장.
고등까지 가는 초등수학 학습법

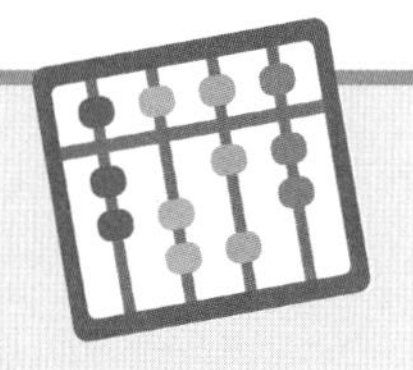

1장

지금,
아이의 수학 공부가
위험하다

우리 아이는 왜
수학이 힘들까

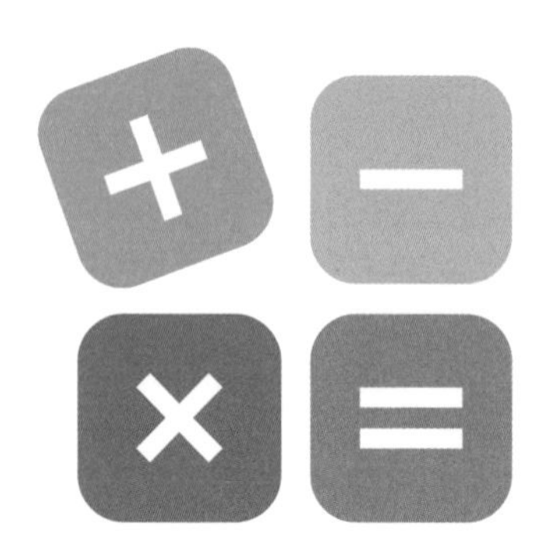

‘수포자’는 ‘화병’이나 ‘먹방’처럼 우리나라에만 존재하는 단어라고 합니다. 수학을 포기하는 사람을 가리키는 말이 따로 생길 만큼 학생들이 수학을 힘들어하고 있는 걸까요? 수포자 통계는 주로 ‘사교육걱정없는세상’이라는 교육단체에서 진행하는데요, 2021년 발표에 따르면 스스로 수포자라고 생각하는 학생의 비율은 다음과 같습니다.

초등학교 6학년 11.6%(8명 중 1명)
중학교 2학년 22.6%(4명 중 1명)
고등학교 2학년 32.3%(3명 중 1명)

학년이 올라갈수록 수포자가 늘어나는 것을 볼 수 있죠. 많은 학생이 학년이 올라갈수록 수학을 버거워하며, 이는 전체 학업에 대한 자신감과 자기효능감과도 연결됩니다. 학생들은 왜 이렇게 수학을 힘들어할까요? 어디서부터 잘못된 걸까요? 아니, 수학을 꼭 해야 하는 걸까요? 먼저 학생들이 수학을 힘들어할 수밖에 없는 이유를 점검해보겠습니다.

수학은 원래 어렵다

플라톤(Platon)이 세운 학교 '아카데메이아' 입구에는 "기하학을 모르는 자는 이 문을 넘지 못한다"라고 쓰여 있습니다. 어떤 책에서였는지 플라톤이 저 문구를 깃발에 새겨서 흔들고 있는 삽화를 보고 울컥 속상했던 기억이 납니다. 아무리 위대한 철학자라도 학교 문 앞에 저런 글을 새겨 넣다니, 너무했죠? 플라톤이 쓴 『국가론』이라는 책에 학생들에게 왜 그런 모진 말을 했는지 까닭이 나와 있어요. 더불어 천재적인 철학자이자 수학자인 플라톤 자신도 결코 수학을 만만하게 보고 있지 않다는 걸 느낄 수 있습니다.

『국가론』에서는 가장 이상적인 국가와 그 국가를 다스리는 철인의 자격에 대해 논하고 있습니다. 가장 지혜로운 자, 즉 철인을 기르는 교육과정도 제시합니다. 유아 시기부터 30세까지 수학을 공부하는 것입니다. 의무교육 기간이 상당히 길어진 현대와 비교해도 파격적인 제안이죠. 수학은 진리를 깨닫는 데 중요한 수단인 동시에, 어려서부터 성인기까지 오랜 시간 공부해야 이해할 수 있는 어려운 학문임을 알 수 있습니다. 수학은 인류 지혜의 정수이자 대부분의 학문에 필수적인 도구입니다. 수학에서 기본이 되는 추상화, 단순화, 문제해결력 등은 모두 수준 높은 사고력을 필요로 합니다. 한마디로 수학은 결코 만만한 학문이 아닙니다.

대부분의 학생에게 수학은 어려운 과목이고, 그만큼 흥미를 잃기도 쉽습니다. 언어능력은 뛰어난데 수학을 못하는 사람은 흔히 보이지만, 수학만 잘하고 다른 분야를 힘들어하는 사람은 좀처럼 보기 힘듭니다. 수학이 가장 상위인지의 학문이기 때문입니다. 그렇다면 수학이 이렇게 어려운 이유는 무엇일까요? 다른 학문과 구별되는 수학만의 독특한 성질 때문입니다.

수학이 어려운 이유 1: 논리와 정확성

일단 수학은 논리와 정확성을 요구하는 과목입니다. 이는 언어학습과 비교해보면 그 차이가 분명히 드러납니다. 본의 아니게 학교에서 영어 교사를 많이 하는데요(초등교육을 전공하면 주어지는 어떤 과목이든 담당합니다), 영어 시간에 동기 유발을 위해 많이 보여주는 자료가 펭수 영상입니다. EBS 교육방송의 마스코트가 된 귀여운 펭수는 아이들이 좋아할 뿐만 아니라 영어를 대하는 태도를 알려주기에도 좋습니다. 특히 '펭수 처음 본 미국 초딩(고딩) 반응'이라는 에피소드를 보면 학생들에게 이런 메시지를 주기 좋습니다.

"펭수의 자신감을 봐. 저렇게 영어를 못하는데 미국 애들이 펭수를 좋아하잖아? 너희가 봐도 정말 재미있지? 영어는 자신감이야!"

그런데 수학은 자신감'만' 가지고는 조금 부족합니다. 외국어는 펭수처럼 "마이 패션 이즈 노 패션(My fashion is no fashion)"이라고 해도 외국인들이 찰떡같이 알아듣고, 심지어 즐거워하지요. 하지만 펭수가 수학을 배우면 상황이 많이 달라질걸요? '대충 이거겠지' 하고 수학 공식을 쓴다면 전 세계 어디서든 일관되게 틀렸다고 할 겁니다. 컴퓨터에 공식을 입력하면 당연히 오류가 뜨고요.

이런 이유로 많은 아이들이 수학에서 좌절을 맛봅니다. 나이가 어리거나 언어능력이 뛰어나다면 사물에 직관적으로 접근하는 경향이 강해서 논리적으로 정확성을 따지는 방식이 더욱 익숙하지 않을 겁니다. 이건 어른들도 마찬가지예요. 국무총리를 지냈던 정치인이 나와 수학 문제를 가르쳐주는 방송을 본 적이 있습니다. 정치인은 대단히 고학력 집단이죠. 이분도 대한민국 최고의 대학을 나온 분이었고 실력도 우수했습니다. 그런데 이분이 수학을 좋아했는가 하면, 그건 아니었던 것 같더군요. 그렇게 공부를 잘하는 분이 씁쓸한 표정으로 이렇게 이야기하시더라고요.

"수학은 어려워. 그냥 눈에 딱 보이는 건데 그걸 왜 굳이 설명하라고 하는지 모르겠어."

이 말이 직관을 사용하는 사람들의 전형적인 모습입니다. 저도 딱 그런 생각을 했거든요. 그래서 학창 시절에 수학은 정말 쪼잔하고 답답한 과목이라고 생각했습니다. 하나 더하기 하나가 둘이 되는 게 당연한데, 뻔히 아는 문제를 꼭 기호를 사용해서 쓰라고 하는 것도 좀 답답했어요. 이 정도는 사람 좋게 넘어가주면 좋을 텐데 말이죠.

하지만 수학의 세계에는 대충이 없습니다. 끝까지 주의를 기울여 엄밀하게 풀어야 하고, 각각의 과정에 한 치의 논리적 오류도 허용되지 않습니다. 사실 이것이 수학의 매력이자 핵심이죠. 하지만 이런 사고방식에 익숙해지려면 훈련이 필요합니다.

수학이 어려운 이유 2: 추상성

수학은 일상적인 경험이나 감각적인 체험과는 동떨어진 것처럼 보입니다. 이런 수학의 특성을 '추상성이 높다'라고 표현합니다. 감각의 영역을 벗어나 있는 수학의 추상성 때문에 학생들이 수학을 친숙하게 받아들이기 어렵습니다. 특히 초등 시기의 아이들은 감각을 통해 세상을 받아들이는 것이 아주 친숙한 나이죠. 그러니 학생들이 수학을 배울 때 흥미를 잃지 않으려면, 직접 경험한 세계에서 추상의 세계까지 단계적으로 나아가는 섬세하고도 개별적인 교육과정이 필요합니다. 특히 유아와 저학년 학생들은 실물을 충분히 보고 경험해봐야 수와 숫자, 도형이라는 추상적인 개념을 이해할 수 있습니다.

하지만 이런 교과서적인 주장은 여전히 외면받는 분위기입니다. 아이의 발달과 경험을 중요하게 여기며 수업하는 기관을 찾기란 정말 힘듭니다. 즉각적인 성과는 없는데 수고는 더 많이 들기 때문인 것 같아요. 아이의 특성을 가장 잘 알고, 장기적인 안목으로 교육할 수 있는 사람은 바로 이 책을 읽고 계신 부모님입니다. 제가 부모님을 대상으로 책을 쓴 이유예요.

이렇게 수학의 어려움을 길게 나열하는 이유는 수학이 어렵다는 사실을 아는 것이 중요하기 때문입니다. 자전거 타기로 예를 들어볼게요. 요즘 제 아이는 한창 자전거 타기에 열을 올리고 있습니다. 유튜브에서 '두발자전거 혼자 타기' 동영상을 보고 눈으로 여러 번 익힌 다음 신이 나서 타러 나갔죠. 그리고 울면서 돌아왔습니다. 영상으로 볼 때는 정말 쉬웠는데, 막상 해보니까 전혀 쉽지 않았던 것이죠. '에이, 이 정도는 금방 할 수 있어!'라며 만만하게 보고 시작하는 것과 어려움을 예상하고 시작하는 것은 심리적으로 큰 차이가 있습니다.

수학은 어렵고, 학습에 어려움이 있을 거라는 점을 인정한다면 마음가짐을 달리하는 데 도움이 됩니다. 쉽게 가려는 생각은 버려야 해요. 굳이 어렵고 지루하게 이를 악물고 가라는 뜻은 아닙니다. 길이 멀고 험하니 마음을 굳게 먹고 목표를 잘 조준하며 가야 한다는 말입니다. 필요하면 누군가의 도움도 받고, 전략도 잘 짜야 하며, 기초체력도 충분히 키워야 합니다.

저는 학창 시절에 수학이 원래 어려운 과목이라는 사실을 전혀 생각하지 못했습니다. 항상 내 탓을 했지요. '내가 머리가 나빠서 못 하는 것'이라고 생각한 겁니다. 별로 희망찬 생각은 아니죠. 그렇게 생각하니 의기소침해지고, 자신감도 없어지고, 성적을 올리기는 점점 더 힘들어지는 악순환이 반복되었습니다. 그때 이런 말을 해주는 어른이 있었다면 얼마나 좋았을까요?

"수학은 원래 어려워. 다른 친구들이 쉽게 하는 것처럼 보여도 절대로 그런 게 아니란다. 조금 더 시간을 가지고 천천히 해결해보렴. 쉽지 않을 뿐이지, 할 수 있어. 하지만 충분히 노력해야 한다는 사실은 잊지 말자."

아이들이 느끼는 수학 개념의 구멍

초등학교 수학은 어른들이 보기에 참 쉽습니다. 특히 1, 2학년 교과서는 정말로 쉬워서 어지간한 어른들은 몇 분 안에 뚝딱 풀어낼 겁니다. 초등 교육과정은 최고의 교육 전문가들이 아이들의 발달단계에 맞게 꼭 배워야 할 요소들을 엄선해 만든 것입니다. 그러니 그 나이대의 아이들이 이해하기에 그렇게 가혹한 수준도 아니라는 말이지요.

그런데 내 아이는 이 쉬운 것을 얼른 이해하지 못하는 것 같습니다. 이런 이유로 어른들은 너무 쉽게 아이들을 타박합니다. 심지어 3+5의 답을 찾으려고 슬그머니 손가락을 들어 올리는 아이를 보면 '왜 이런 쉬운 것도 모를까?' '머리가 나쁜 건가?' '나는 학교 다닐 때 수학 좀 했는데 누굴 닮아 이러나?' 하는 생각에 속이 부글부글

끓지요. 이렇게 화가 나고 답답한 이유는 오래전 우리가 자라온 과정을 어른이 되어 다 잊어버렸기 때문은 아닐까요?

교육자가 어느새 설명을 건너뛴다

초등 교사들은 1학년부터 6학년까지 모두 가르쳐야 하니 연령의 편차를 온몸으로 느낍니다. 하루하루가 다를 나이인데 몇 년씩 차이가 나는 아이들을 가르치다 보면 그럴 수밖에 없지요. 특히 고학년을 가르치다가 1, 2학년으로 오면 적응하는 데 한동안 시간이 걸립니다. 1학년 아이들은 어른들이 보기에는 너무나 사소하고 싱거운 놀이를 참으로 재미나게 합니다. 가르치는 입장에서는 고맙기도 하고 귀엽기도 하지만, 바꿔 말하면 거기까지가 그 나이대 아이들의 이해력이라는 말이지요. 집중력이 짧고, 복잡한 규칙을 잘 이해하지 못합니다. 하지만 이미 그 시절을 다 잊어버린 어른들은 아이들의 눈높이에서 그 어려움을 헤아려주고 뭔가를 차근차근 가르치기가 생각보다 힘듭니다. 저도 새내기 교사 때는 1학년보다 6학년을 가르치는 게 훨씬 편했습니다.

수학은 특히 그렇습니다. 어떤 개념을 익히려면 꼭 거쳐야 하는 단계가 있는데, 어른들에게 쉽다는 이유로 1단계에서 2단계가 아니라 1단계에서 4, 5단계로 훌쩍 건너뛰어버리는 일이 잦아요. 저는 이것을 '개념의 구멍'이라고 부릅니다. 다른 말로 '안 가르치고 혼내기'

라고도 할 수 있습니다. 아이가 어릴수록 익혀야 할 개념들은 훨씬 촘촘하고 세분화되어 있습니다. 그런데 우리 교육은 그 단계들을 세심하게 밟아 올라가기보다는 진도를 빨리 나가는 것을 더 좋아합니다. 이런 현상은 유아 수학이나 초등 저학년 등 학년이 낮을수록 두드러지고, 이 과정에서 개념에 구멍이 생깁니다.

아까 예를 들었던 3+5를 생각해볼게요. 한 자리 수의 덧셈은 1학년 1학기에 배웁니다. 그리고 어른들의 생각과 달리 8세 아이들에게 결코 쉬운 개념이 아니에요. 보통은 이걸 이렇게 가르치시거든요.

"봐봐, 3이지? 여기서 5칸을 더 가는 거야."

"여기 3개가 있고, 여기 5개가 있잖아? 더해. 이렇게 더하라구."

이렇게 가르치면 아이들은 혼란스러울 수밖에 없습니다. 충분히 친절하게 가르쳐준 것 같은데, 무엇이 빠졌을까요?

일단, 놀랍게도 아이들은 3을 잘 모릅니다. 3은 사자 3마리, 딸기 3개, 우유 3잔, 사람 3명 등 여러 가지 물건과 사람에게서 3이라는 공통점만 뽑은 개념이거든요. 더하기 기호도 이해하기 쉽지 않습니다. 어릴 때 4~5살쯤 되는 옆집 아이의 일일교사를 자청한 적이 있었는데, 답답해서 쓰러지는 줄 알았습니다. 더한다는 게 무슨 말인지 이해를 못 하더라고요. 돌멩이 3개를 놓고 아무리 갖다 붙여도 고개만 갸우뚱거리는 나이가 있다는 것을 인정해야 합니다. 3+5를 가르치려면 그 전 단계를 이해하고 있어야 합니다. 아이가 어떤 개념을 잘 이해하지 못했다면, 그건 이해력보다는 교육의 문제일 때가 많습니다.

쉽다고 생각하는 내용은 건너뛴다

학생들 사이에서도 '쉬운 개념'이나 '전에 배웠던 개념'을 가볍게 여기는 태도를 흔히 볼 수 있습니다. 3학년 학생들에게 10의 보수 만들기(2+8=10, 3+7=10과 같이 10이 되는 자연수를 찾는 활동)를 내밀면 고개를 내젓습니다.

"지금 저희를 무시하는 거예요? 이건 1학년이나 하는 거잖아요!"

그러나 실제로 시켜보면 그렇게 말했던 많은 학생들이 그 쉬운 문제를 잘 못 풉니다. 배웠기 때문에, 쉬워 보이기 때문에 쉽다고 생각하는 것뿐이에요. 연산에 익숙하지 않은 학생일수록 이런 쉬운 계산을 해결하는 속도가 현저히 느립니다. 많은 학원이 선행이나 심화를 강조하지만, 특히 수학을 시작하는 1, 2학년이나 수학에 자신이 없는 친구일수록 복습이 더 중요합니다. 따라서 쉬운 개념이라고 가볍게 생각하고 넘어가는 태도를 경계해야 합니다.

제가 좋아하는 말 중에 '남상'이라는 말이 있어요. '넘칠 남(濫)' 자와 '술잔 상(觴)' 자가 더해진 이 말은 '양쯔강 같은 큰 물도 술잔을 띄울 만한 작은 물에서 시작한다'라는 뜻입니다. 시작은 언제나 보잘것없어 보입니다. 하지만 그 작은 것을 홀대하고 넘어가버리면 개념과 사고에 미세한 구멍이 생깁니다. 그 구멍은 학년이 올라갈수록 점점 커져서 어느 순간 건물 전체를 무너뜨리죠. 그렇게 거대한 강이 될 수 있었던 아이가 어느 순간 물줄기조차 말라버리는 순간이 옵니다. 우리는 그런 아이를 수포자라고 부릅니다.

가장 큰 문제는 결과 중심의 교육

"공부에 재능이 없으면 공부를 안 해도 되나요?"

교육 관련 프로그램을 보고 있는데 한 게스트가 이런 질문을 하더군요. 이 질문을 듣자마자 뭔가 가슴이 찌르르해서 혼났습니다. 너무 공감되어 그랬던 것 같아요. 스스로도 많이 했던 질문이었습니다. 실제로 학생들도 이런 질문을 많이 합니다.

"어차피 공부도 못하는데, 다른 애들 들러리 서줄 것도 아니고. 그냥 안 하면 안 돼요?"

'하려면 잘해야 하고, 못하는 것은 내 탓이다.' 우리는 뭔가를 못하면 자신의 무능력을 탓하곤 합니다. 그러나 이런 사고는 성과 지상주의의 산물이라고 합니다.

『우리의 불행은 당연하지 않습니다』의 저자 김누리 교수님은 대한민국에 만연하게 퍼져 있는 이런 성과주의를 강하게 지적합니다. '노력하면 성과가 나고, 성과가 좋으면 인정을 받는다.' 이것이 대한민국을 지배하는 슬픈 방정식이라는 것이죠. 이 말을 듣고 가슴이 후련해지는 동시에 답답함을 느꼈습니다. 대한민국에서 성과주의의 노예로 살아온 자신을 깨달은 덕분에 후련해졌고, 그러한 교육이 여전히 대한민국의 주류라는 사실 때문에 답답해졌습니다. 이런 결과 중심의 교육관은 학습자 입장에서 재앙입니다. 우리 모두가 경험했던 것처럼요.

과정 중심의 교육으로

아이가 '공부를 못하면 안 해도 되느냐'는 질문을 하면 과연 지혜롭게 대답할 수 있을까요? 제가 설득당하는 것은 아닐까요? 이에 대해 오은영 박사님은 언제나처럼 미소를 띠고 이렇게 답했습니다.

"공부를 하는 가장 큰 목적은 대뇌를 발달시키고 자기효능감을 키우기 위해서입니다."[1]

그러니까 꼭 잘해야 하는 건 아니라는 말이죠. 정보를 이해하고 해석하고 처리하는 과정 자체가 우리의 뇌를 발달시켜줍니다. 그리고 우리는 남들보다 앞서기 위해서가 아니라, 나 자신의 발전을 위해 공부합니다. 특히 학습을 통해 자기효능감을 키울 수 있지요.

자기효능감의 뜻을 네이버 백과사전에서 찾아보면 '자신의 능력에 대한 기대와 신뢰'라고 나옵니다. 학습자가 '나는 뭔가 해낼 수 있다' '나는 능력이 있다'라고 스스로 믿는다면 자기효능감이 높다고 할 수 있습니다. 이런 자기효능감은 학습의 '과정'을 중요하게 생각할 때 발달합니다. '이걸 몰랐는데, 이제 알았네? 재미있는데?' 하며 과정을 중시하고 격려할 때 자기효능감이 생기지요.

『대치동 최상위권 공부의 비밀』에서 말하는 최상위권 공부의 제1의 조건 역시 '과정 중심의 학습'입니다. 대한민국 사교육 1번지이자 교육 특구로 가장 뜨거운 대치동에서 최상위권을 유지하는 학생들은 모두 '과정 중심으로 생활하고 공부한다'고 이 책은 증언하고 있습니다.

현재 수학교육은 심각한 조급증에 걸려 있습니다. 저도 성격 급한 한국인의 표본인데, 어떨 때는 밥 먹는 아이에게 "천천히 꼭꼭 씹어서 빨리빨리 먹어"라고 말하고 있더군요. 이렇게 먹어주면 얼마나 좋을까요? 그렇지만 아이 입장에서 조금만 생각해보면 말도 안 되는 소리입니다. 빨리 먹으라는 말인가요, 천천히 먹으라는 말인가요? 이런 모순적인 요구는 수학교육에서 흔히 찾아볼 수 있습니다. "천천히 깊이 생각해서 사고력 문제를 풀고, 어쨌든 답은 빨리 내"라는 말의 의도는 분명하죠. 천천히 생각하라는 건 이것도 중요하다고 하니까 추임새처럼 붙이는 말이고, 방점은 '빨리 답을 내'라는 데 있습니다.

아이들도 교사나 부모가 그런 의도로 말하는 것을 분명히 느낍니다. 제 아이도 천천히 빨리 먹으라는 말을 들으면 갑자기 밥을 우걱우걱 입에 밀어 넣기 시작합니다. '빨리 먹어라'가 엄마의 의도인 걸 아니까요.

'이미 충분히 아는데 체험이 무슨 소용인가' 하는 것도 전형적인 결과 중심의 사고입니다. 이렇게 생각하는 분들이 의외로 많더라고요. 활동, 교구, 다 좋지만 우리 아이는 잘 알고 있고, 이미 아는 내용을 반복하는 건 시간 낭비라는 논리죠. 물론 아는 걸 또 하거나 다른 방향으로 익히는 것이 때로는 시간 낭비처럼 느껴질 수도 있습니다. 하지만 그 과정에서 아이가 느끼는 기쁨, 발견, 그러면서 더 알고 싶어지는 흥미, 다른 상황에서 개념을 활용할 수 있는 기회 등도 결과에 넣어주시면 좋겠습니다. '당장 이 문제를 푸는 것(결과)'에만 초점을 맞춘 나머지 '스스로 생각하고 답을 찾아가고자 하는 의지와 노력(과정)'을 버리는 것은 너무도 안타까운 일입니다.

"이야, 우리 딸 정말 열심히 하네. 끝까지 파이팅!"

"시간은 많아. 내일까지 풀어도 되고, 일요일까지 풀어도 돼. 대신 충분히 생각해보는 거야."

빨리빨리 답을 내라는 말 대신, 이런 말을 듣는다면 어떨까요? 아이들이 좀 더 편안한 마음으로, 스스로의 발전에 집중하면서 즐겁게 공부할 수 있을 것 같습니다.

수학을 불안해하는 아이들

3학년 학생들을 위한 수학 방과 후 교실을 운영할 때였습니다. 3학년 2학기면 어느 정도 연산이 숙달되어야 할 시기이기에 수업 시작 전 '5분 연산'을 했습니다. 주어진 시간 안에 최대한 빠르고 정확하게 문제 풀이를 연습시키는 것이었죠.

재미있는 사실은 첫날 이 활동을 시켜보니 학생들의 수학 실력이 대번에 나왔다는 겁니다. 수학을 잘하는 친구는 '그럼 어디 한번 해볼까?' 하고 즐겁게 임하는 반면, 수학에 자신이 없고 어려워서 수학반에 지원했다고 말했던 한 학생은 시간제한이 있다는 말에 엄청나게 당황하더라고요. 수업이 끝나고 채점해보니 처음 5문제 정도를 다 틀리고 6번쯤부터 정확한 답이 나오기 시작했습니다. 자신이 없었던 연산 문제에 시간제한까지 있다는 말을 듣고 잠시 휘청했던 아이의 심리가 문제지에 그대로 드러났습니다. 자신감이나 불안 같은 심리적인 요소가 학습에 얼마나 큰 영향을 주는지를 다시 한번 실감할 수 있었어요.

수학 불안이 미치는 영향

수학 문제를 다룰 때 불안감을 느끼는 심적 상태를 '수학 불안'이라는 용어로 표현합니다. 말만 들어도 느낌이 오시죠? 학교에서 수학 단원평가를 본다는 말만 들어도 스트레스를 표출하거나, 갑작스럽게 쪽지 시험을 본다는 예고에 순간적으로 언성을 높이는 학생들을 볼 수 있습니다. 연구에 따르면, 수학 불안이 높은 사람들은 수학 문제를 풀 거라는 예고만 해도 신체적인 고통을 느낀다고 합니다. 솔직히 조금 야단스러운 연구라고 생각했는데, 아이고, 저 역시 수학 문제를 풀어보니 금방 불안한 마음이 들더군요. 심화 문제집들을 조사하면서 오랜만에 최상위 수학 문제집을 펼쳐놓고 풀었거든요. 열심히 문제를 푸는데, 문득 이런 생각이 들었습니다.

'이제는 다 맞아야 하는데…. 초등학생이 푸는 문제를 모르는 건 아니겠지? 틀리지 않겠지?'

하늘 아래 나 말고는 내가 수학 문제집을 푼다는 걸 아는 사람이 없는데, 그래도 틀릴까 봐 마음이 불안했습니다. 그리고 불안한 마음이 들기 시작하니 문제 자체에 집중하기가 힘들었어요. 수학과 관련된 이런 부정적인 마음이 잠재력을 발휘하는 데 걸림돌이 되는 것은 당연하겠지요. 왜 이런 일이 일어날까요?

학교에서 많이 관찰할 수 있는 경우는 대체로 이해력 부족 혹은 연습 부족으로 인한 자신감 하락, 시험 및 성적 스트레스, 학교생활 중 교사나 친구 때문에 생긴 부정적인 경험 등을 들 수 있습니다. 수학을 공부하면서 수학 자체에 느끼는 불안한 감정, 수학 시험과 성적에서 느끼는 좌절감과 좋지 않은 성적을 받을 것 같은 느낌, 주변 사람들의 영향이 모두 수학 불안을 형성하는 요인입니다. 그리고 이런 불안과 낮은 수행이 반복되면 학습을 지속할 마음의 힘이 사라집니다. '나는 수학을 못하는 사람이야'라고 단정 짓고 수학에서 손을 놓게 되는 것이죠.

수학 불안을 만드는 원인은 결국 결과주의, 성과주의와 맥을 같이합니다. 배우는 과정의 기쁨보다는 실수와 성적이 지나치게 부각된다면 필요 이상의 스트레스를 받겠지요. 가뜩이나 수학은 어렵고 힘든 과목이며, 말씀드렸듯이 중간중간 개념의 구멍이 생기기가 참으로 쉬운 구조입니다. 틀리지 않아야 한다는 마음으로 대하면 마음이 불안하고 괴로울 수밖에 없지요.

물론 해결할 수 있는 방법이 있습니다. 수학 불안에 관해 연구한 김리나 선생님은 시험 불안을 동반한 수학 불안의 유일한 치료법은 부모님의 양육 태도를 바꾸는 것이라고 조언합니다.[2] 조금 못해도 되고 실수하는 과정에서 배운다는 점을 강조해주며, 아이들이 편안한 분위기에서 학습할 수 있도록 도와주는 것이 불안을 해결하는 가장 효과 좋은 약이라는 것입니다. 아이가 편안한 마음으로, 학습 과정에 온전히 집중할 수 있도록 도와주는 힘은 부모님께 있습니다.

또한 저는 우리 사회가 좀 더 관대해지기를 바랍니다. 아이들이 실수하고 헤맬 수 있는 여유가 허락되길 바라지요. 수학을 잘하고 싶은 마음은 누구보다 학생 본인이 가장 클 테니 말입니다.

중심을 잡아주는
초등수학

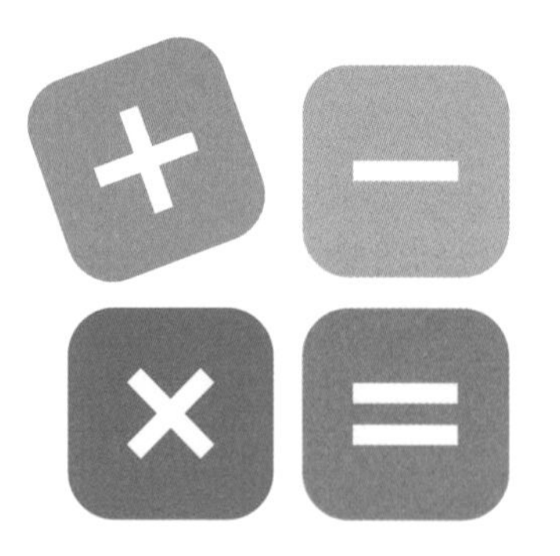

아이의 학습은 어떻게 시작되고 어떻게 이루어져야 할까요? 언제부터 학원에 보내고, 언제부터 선행학습을 해야 하며, 하루에 공부는 얼마나 시켜야 할까요?
모든 일에는 '목표'가 있습니다. 이 질문들에 답하기 위해 분명한 목표를 먼저 정하고 싶어요. 내 아이가 할 수 있는 수준과 목표를 파악하고 그에 맞는 계획을 세워야 합니다. 먼저 우리의 목적지를 분명히 정해보도록 하겠습니다.

수학의 시대가 왔다

어벤져스를 좋아하시나요? 비록 아이언맨은 죽었지만 최근 마블 시리즈에서 보여주는 시대의 변화는 상당히 흥미롭습니다. 2021년 말에 개봉한 영화 〈스파이더맨: 노 웨이 홈〉에서 역대 스파이더맨 3명이 한자리에 모이는데, 이전 스파이더맨 2명은 모두 생물학 전공자더군요. 톰 홀랜드가 연기한 가장 최근의 스파이더맨은 과학고 학생으로, MIT 진학을 노리는 꿈나무입니다. 영화에서 '아르키메데스의 와선'을 이용해 상대를 제압한 스파이더맨은 이렇게 외쳐요.

"마법보다 더 멋진 게 뭔지 알아요? 수학이에요!"

어느 시대든 수학이 중요하지 않은 때는 없었지만, 현대는 그 어느 때보다 수학자와 공학자의 활약이 두드러지는 시대입니다. 물리학과 기계공학, 그리고 그 밑바탕이 되는 수학에 어느 때보다 관심이 높아진 것이 느껴집니다. 아이언맨의 모델로 알려진, 테슬라와 스페이스X의 CEO 일론 머스크는 최근 우주여행을 하고, 위성을 쏘아 올리며 기술혁신을 선도하고 있죠. 현 시대를 주도하는 애플, 마이크로소프트, 메타(구 페이스북), 아마존의 CEO들은 모두 압도적인 수학 실력자들입니다. 흔히 '너드(nerd, 한 분야에 빠져 다른 일은 신경 쓰지 않는 사람을 지칭하는 말)'라고 불리며 무시당하던 공부 벌레들, 특히 책과 수학을 좋아하던 마니아들은 이제 현대 기술의 역사를 새로 쓰며 변화를 주도하고 있지요.

수학 실력이 곧 취업의 무기

얼마 전에 막냇동생과 통화를 했는데, 드디어 피붙이의 입에서도 이런 소리를 듣게 되었습니다.

"이럴 줄 알았으면 문과 안 갔지!"

요즘은 학생들도 수학을 잘하면 유리하다는 사실을 잘 압니다. 수학 실력이 취업과 연관되어 있다는 게 분명해진 시대이기 때문입니다. 수학을 왜 공부해야 하냐고요? 거의 모든 대학과 기업이 수학 실력을 중요하게 봅니다. 현실적으로 수학을 포기하겠다고 마음먹으면 취업의 문이 상당히 좁아집니다.

다음 그래프에서 알 수 있듯이 실제로 수학적 소양이 중요한 기계·금속, 전기·전자 분야는 항상 인력이 부족해서 난리입니다. 청년

2014~2024년 대학 전공별 인력 수급 전망[3]

(단위: 명)

전공자보다 일자리가 부족한 분야 (구직 어려움)			전공자보다 일자리가 많은 분야 (구직 쉬움)		
순위	전공	남는 인력	순위	전공	부족한 인력
1	경제·경영	12만 2,000	1	기계·금속	7만 8,000
2	중등교육	7만 8,000	2	전기·전자	7만 3,000
3	사회과학	7만 5,000	3	건축	3만 3,000
4	언어·문학	6만 6,000	4	화공	3만 1,000
5	생물·화학·환경	6만 2,000	5	농림·수산	2만 6,000
6	인문과학	3만 5,000	6	토목·도시	1만 9,000
7	디자인	2만 8,000	7	의료	1만 1,000
8	음악	2만	8	미술·조형	1만 1,000
9	법률	2만	9	약학	9,000
10	특수교육	1만 9,000	10	교통·운송	9,000

들은 일자리가 없어 허덕이는데 회사에서는 필요한 인력이 부족하다고 아우성인 상황이죠.

이렇듯 사회는 수학적 소양을 갖춘 인재를 원하고 있어요. 수학 실력은 직업 시장에서 압도적인 우위를 점하게 해주는 무기라고도 할 수 있습니다.

바바라 오클리(Barbara Oakley)의 『어떻게 공부할지 막막한 너에게』는 이런 관점에서 상당히 흥미로운 책입니다. 저자는 수포자였다가 진로를 틀어 공학박사가 된 특이한 경력을 갖고 있습니다. 현재는 오클랜드대학교 공대 교수이며 자신의 경험을 살려 올바른 공부법을 알리는 책을 많이 썼습니다. 수포자였고 수학이나 과학을 쳐다볼 필요조차 느끼지 못했던 저자가 수학을 공부해야겠다고 마음먹은 계기는 무엇이었을까요? 선택할 수 있는 직업의 폭이 너무 좁다는 현실적인 이유 때문이었다고 합니다.

『수학을 읽어드립니다』의 저자 남호성 교수님도 영문과에서 코딩을 배워 삼성전자에 입사했다가 고려대학교 영어영문과에서 코딩연구소를 운영하는 특이한 경력의 소유자입니다. 이분도 코딩을 배워야겠다고 생각했던 결정적인 이유가, 코딩으로 할 수 있는 일이 굉장히 많다는 걸 경험했기 때문이라고 합니다. 교수가 되어서 영문과에 코딩연구소를 세운 까닭은 영문과의 처참한 취업률 때문이었다고 하고요.

여기서 소개한 두 사람의 공통점은 수학과 직업 선택의 직접적인 연관성을 일찍 깨달았다는 점이 아닐까요? 모두가 바버라 오클리처럼 공학 박사학위를 따야 하거나, 남호성 교수님처럼 코딩을 따로 배워야 하는 것은 아닙니다(남호성 교수님은 저서에서 코딩교육에 필요한 수학교육을 누구나 배워야 한다고 주장하긴 합니다). 수학 능력을 연마하지 않고 살아가면 직업에서도 일상생활에서도 선택의 폭이 협소해질 것은 분명한 사실입니다.

더 가까운 미래를 살펴보자면 수학 성적은 대학 진학에 지대한 영향을 줍니다. 수학은 어느 나라에서나 우수함을 측정하는 필터로 사용됩니다.[4] 영국의 양대 명문대로 꼽히는 옥스퍼드대학교와 케임

브리지대학교의 졸업시험은 1830년대까지 오직 수학뿐이었다고 하지요. 아무리 입시가 복잡하게 바뀌었다지만 우리나라도 크게 다르지 않습니다. 최상위권을 노린다면, 수학에 발목이 잡히면 결코 안 됩니다. 다르게 말하면, 수학을 잘하면 선택할 수 있는 대학 및 학과가 아주 많아집니다.

얼마 전 조승연 작가의 유튜브 채널에서 '조승연 작가가 수학을 처음부터 다시 하는 이유?'라는 영상을 아주 흥미롭게 보았습니다. 베스트셀러 작가이자 박학한 인문학 지식을 자랑하는 저자가 갑자기 수학을 공부해야겠다고 결심한 데는 대략 세 가지 이유가 있었습니다. 첫째, 수학지식이 없으니 국제사회 이슈를 이해하기 힘들었다고 합니다. 둘째, NFT로 대표되는 미래 상품들을 사용하고 그 장단점을 파악하는 데 수학적 소양의 필요성을 느꼈기 때문이지요. 셋째, 전공 공부를 하려고 하니 예전보다 수준 높은 수학 지식이 필요했다고 합니다.[5] 여기서도 수학적 역량을 중요하게 생각하는 현대 사회의 변화가 강하게 느껴집니다. 일반인인 저도 수학을 포기한 상태로 이런 변화를 맞았다면 얼마나 막막했을까 하는 생각이 들기도 했고요.

중세에는 계산 전문가라는 직업이 있었습니다. 그들이 한 일은 '세 자리 수 곱하기 두 자리 수'의 값을 구하는 일이었어요. 현재 3학년 교육과정에 나오는 내용입니다. 10살 어린아이들이 푸는 문제를 그때는 전문 직업인이 풀었고, 그로 인해 존경받았다는 사실이 참 놀랍지요.

지금의 시각으로 보면 어이없지만, 가끔은 우리도 전문가가 내 돈을 받고 내 재산을 계산해주는 동안 밖에서 서성이며 기다리는 어느 중세인의 모습은 아닐지요. 그때는 사칙연산이었지만 지금은 방정식이나 미적분일지도 모릅니다. 확실한 점은 우리가 준비가 되었건 그렇지 않건, 세상은 점점 수학을 더 적극적으로 활용하는 방향으로 나아가고 있다는 것입니다.

초등수학의 궁극적인 목표

교사자격시험을 치르려고 공부하다 보면 확실하게 알게 되는 것이 있어요. '목표'의 중요성입니다. 모든 과목의 학습 내용과 방법은 그 과목의 학습 목표를 통해 정해집니다. 한 번의 수업, 1시간의 수업에서도 목표를 정하는 것이 1순위입니다. 학습 방향을 잘 정하고 싶다면 가정에서도 수학교육의 목표를 살펴보는 게 의미가 있겠죠? 그러니 우리도 초등수학의 목표부터 함께 점검해보겠습니다.

흔히 학교가 시대의 변화에 둔감하다고 생각하기 쉽지만, 학교교육의 목표를 살펴보면 나름대로 시대의 흐름을 잘 반영하고 있습니다. 그뿐만 아니라 우리가 막연히 생각했던 것보다 입체적이고 종합적이지요. 교육부에서는 교육과정을 구성하는 원칙인 교육과정 총론을 만듭니다. 국가교육과정정보센터(NCIC)에서 누구나 교육과정 원문을 볼 수 있습니다. 총론은 각 과목 교육의 성격, 목표, 내용, 방법, 평가에 관한 내용을 담고 있는데요, 시대에 맞게 조금씩 개정되며 2022년 기준 현재 초등학생은 기본적으로 2015 개정 교육과정을 배우고 있습니다. 여기에 초등수학과의 목표도 명시되어 있습니다. 함께 살펴볼까요?

> **초등수학의 목표**
> 수학 개념, 원리, 법칙을 이해하고, 수학적으로 사고하고 의사소통하는 능력을 길러, 여러 가지 현상과 문제를 수학적으로 고찰함으로써 합리적이고 창의적으로 해결하며, 수학학습자로서 바람직한 인성과 태도를 기른다.

이해하기 쉽게 쪼개보겠습니다. 초등학생이 수학 교과에서 익혀야 하는 능력은 다음 세 가지입니다.

① 수학 개념, 원리, 법칙 이해
② 수학적 사고력
③ 수학적 의사소통 능력

그리고 이를 통해 여러 가지 문제를 합리적이고 창의적으로 해결하는 것, 수학학습자로서 바람직한 인성과 태도를 기르는 게 목적입니다. 간단히 말해, 초등학생이 수학 과목을 배우는 목적은 '수학 지식과 사고력, 의사소통 능력을 길러 문제를 해결'하는 것입니다. 좀 더 줄이면 '수학적 사고력을 통한 문제해결력'을 기르는 것이죠. 수학 본연의 역할과 크게 다르지 않습니다. 많은 수학자가 복잡한 사회문제를 해결하는 데 수학 지식을 활용하고, 이를 위해 소통하고 있으니까요. 그런데 이 목표에 완전히 수긍하시나요? 그동안 관찰해 보니 저를 포함한 많은 부모님에겐 다른 목표도 있는 것 같습니다.

초등수학의 목표 2

(뭐가 좋은지 모르겠지만 되도록 쉽고 경제적인 방법으로) 수학적으로 사고하는 능력을 길러, 어떤 문제든 척척 해결하고 수능 킬러 문항을 정복해 입시의 문턱에서 수학이 제 역할을 하도록 하며, 다른 아이들의 성적에 기죽지 않고 당당하게 학교생활을 한다.

엄마의 마음을 담아 제가 한번 써봤습니다. 목표 2를 교육과정 총론의 목표와 같이 하나씩 분석해봅시다. 이 목표에 의하면 학습자에게 중요한 능력은 두 가지입니다.

① 수능 혹은 수시를 위해 점수 잘 받기
② 평소에도 점수를 잘 받아서 다른 아이들과 비교당하지 않기

첫 번째를 교육적 목표, 두 번째를 현실적 목표라고 명명할게요. 저는 이 현실적 목표도 상당히 중요하다고 생각하며, 스스로 이 목

표 또한 추구하는 부모입니다. 두 가지 목표가 합의하는 지점이 있고 교육적 목표는 현실적 목표를 품을 수 있다고 생각합니다. 하지만 충돌하는 부분도 있지요. 특히 '방법'에서 그렇습니다. 교육과정상의 목표는 학생들이 수학 지식과 사고력, 의사소통 능력을 기르도록 권장하고 있지만 많은 사람이 이를 중요하게 생각하지 않는 것 같아요. 또한 너무 현실적인 목표만을 추구하다 보면 아이의 흥미나 마음을 살필 여력이 없어지고 효율적이지 못한 방법을 사용할 수도 있습니다.

자, 수학학습의 목표가 수학 지식을 활용한 문제해결력을 기르는 것이라는 점에는 동의하시죠? 그런데 '문제집을 푼다'고 할 때의 문제해결력과 '여러 가지 현상과 문제를 수학적으로 고찰함으로써 합리적이고 창의적으로 일상 문제를 해결하는' 문제해결력에는 상당한 차이가 있습니다.

수학교육에서 추구하는 목표는 당연히 후자입니다. 부모님들이 보시기에도 기왕이면 문제집 푸는 문제해결력 말고, 좀 더 멋있고 적용 범위가 훨씬 넓어 보이는 일상의 문제해결력을 키워야 한다는 데 동의하실 겁니다. 넓은 의미의 문제해결력이 문제집 해결력을 포괄하는 것은 당연할 테고요. 그렇다면 이제 방법이 문제입니다. 수학 지식을 어떻게 습득하며, 수학적 사고력은 어떻게 키우고, 수학적 의사소통 능력은 또 뭘까요? 이것을 어떻게 키울까요? 뭉뚱그려진 '수학학습의 방법'을 명확하게 풀어보겠습니다.

아이의 미래를 위한 수학교육의 방향

교육과정에서는 이미 각 목표를 달성하기 위한 방법을 간단하지만 확실하게 명시하고 있습니다.

▶ 목표 1: 수학 개념, 원리, 법칙을 이해한다.
방법: 생활 주변 현상을 수학적으로 관찰하고 표현하는 경험을 통해 수학 지식을 이해하고 기능을 습득한다.

▶ 목표 2: 수학적 사고력을 기른다.
방법: 생활 주변 현상을 수학적으로 이해함으로써 수학적 사고력을 기른다.

▶ 목표 3: 수학적 의사소통 능력을 기른다.
방법: 생활 주변 현상을 수학적으로 관찰하고 표현하는 경험을 한다.

원문을 그대로 옮기지 않고 복잡한 부분을 조금 끊었습니다. 공통적으로 '생활 주변 현상'이라는 말이 들어가 있습니다. 목표 달성을 위한 방법으로 '생활 속에서의 경험으로 수학적 능력 키우기'를 강조하고 있지요. 실제 세상과 구별된 문제집 속 수학을 벗어나 일상생활에서 기본적인 수학 개념, 원리, 법칙을 이해하고 기능을 익히자는 말도 됩니다. 초등학교 교과서 역시 이 목표를 충실하게 따르고 있음을 확인할 수 있는데, 대부분의 예시 문제들이 학생들이 많이 경험해봤을 법한 장소나 상황을 제시해 문제를 해결하도록 돕고 있습니다.

수학적 의사소통 능력을 기르기 위한 방법은 명시되어 있지는 않으나, 미래 사회에 점차 중요해지는 분야임이 자명합니다. 수학적인 소통은 수학의 개념, 원리, 법칙에 대한 충분한 이해와 하나의 답에 도달하는 다양한 과정을 서로 인정하는 인격적인 부분도 포함된다고 생각합니다.

이렇게 보면 전체적으로 수학교육의 목표는 수학적 역량 강화로 흘러갑니다. 교사용 지도서에서는 미래 사회에 필요한 수학적 소양을 쌓기 위해 '수학 교과 역량'이라는 개념이 나와 있습니다. 교육 현장에서 역량은 능력보다 익숙하게 사용하는 말입니다. 모든 교육과 평가는 역량 키우기를 지향하지요. 능력과 역량의 차이는 무엇일까요?

▶ 능력: 학습 능력

▶ 역량: 학습 능력, 동기·특질·자아 개념 등

수학 교과 역량의 요소[6]

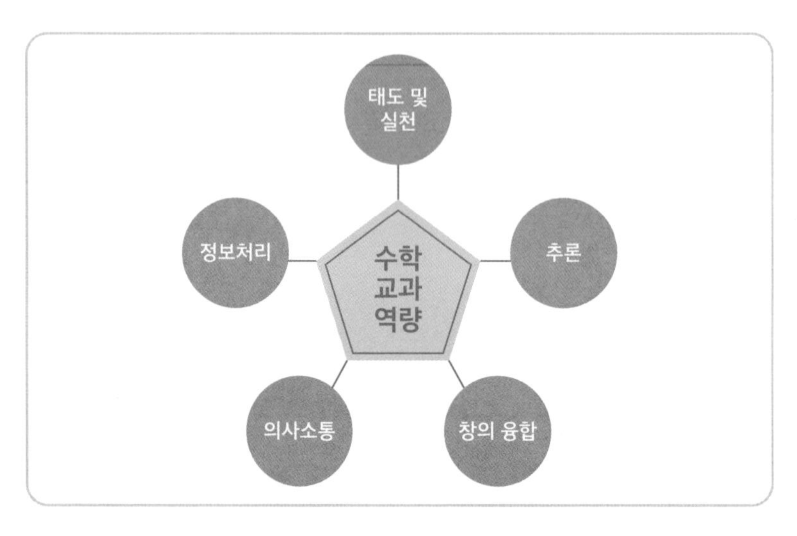

말장난 같기도 한 이 단어의 변화에 중요한 의미가 담겨 있으니 잠시 설명해드리고 싶습니다. '능력'은 지금까지 우리가 사용해온 용어라고 생각하시면 됩니다. 우리는 열심히 공부해서 학습 능력을 높이려고 노력했고, 그것이 우수한 인재를 만드는 방법이라고 배워왔습니다. 이에 비해 '역량'이라는 말은 능력과 더불어 동기, 특질, 자아 개념 등 정서와 태도의 영역까지 포함하고 있습니다.

공부만 하기도 힘든데, 너무 많은 것을 요구하는 게 아니냐고요? 저는 그렇게 생각하지 않습니다. 능력보다 역량을 더 중요하게 보겠다는 말은 학생들 개개인의 고유성과 학습 본연의 목적을 더욱 강조하자는 의미니까요. 더불어 우리 세대처럼 '이 악물고 시키는 대로 공부하기'가 위험하다는 것을 보여주는 신호이기도 합니다.

이렇듯 수학 교과 역량이라는 말 속에는 시대의 변화에 따라 교육도 변해야 한다는 재촉 같은 것이 담겨 있습니다. 수학 교과 역량을 살펴보면 당연히 목표에서 언급한 수학 개념, 원리, 법칙의 이해와 문제해결 등 지적인 부분도 있지만, '태도 및 실천' '의사소통' '창의 융합' 등 언뜻 인지적인 발달과 직접적인 관련이 없어 보이는 요소들도 포함되어 있습니다. 부모님들이 그토록 바라는 '수학에 대한 흥미와 호기심' '수학에 대한 자신감과 긍정적인 태도' 등도 포함됩니다.

"싫어도 참고 하는 게 공부 아닌가요? 아이가 조금 힘들어해도 어쩔 수 없어요. 오늘 해야 할 분량은 시키겠어요"라고 말씀하시는 분도 있을 것 같아요. 틀린 말은 아닙니다. 저는 아이를 위해 이런 수고를 기꺼이 감당하시는 부모님들을 존경해요. 다만 수학에 대한 '감정'은 열심히 공부하려면 어쩔 수 없이 희생되어야 한다고 오해하지 않으시면 좋겠습니다. 수학을 좋아하는 것, 최소한 싫어하지 않는 것도 수학적 역량의 한 부분이니까요.

결국 우리가 키워야 할 것은 수학적 사고력입니다. 수학적 사고력을 끝까지 끌고 갈 수 있는 열쇠는 그 과목에 대한 흥미와 호기심, 아이 수준에 맞는 교육과정입니다. 그리고 목표에서 명시했듯이 수학학습이 생활 주변 현상과 연결되는 것도 중요합니다. 이 부분을 확실히 하고 넘어간다면 사교육의 홍수 속에서 웬만큼 분별력을 가지고 선택할 수 있을 것입니다. 정리해보겠습니다.

초등수학 목표에 따른 수학학습 방법

- 생활 속에서 수학적 경험 강조하기
- 수학적 역량 키우기(수학 지식, 수학에 대한 흥미·호기심·탐구심 등의 태도)

특히 정서와 태도를 동반하는 수학적 역량을 키우기 위해 제가 제안하는 구체적인 방법은 다음과 같습니다.

- 아이가 가진 고유의 흥미와 동기를 존중해주기
- 잘 해낼 것이라는 믿음을 가지고 실패와 실수를 허용하기
- 아이의 수준에 적절한 문제와 활동으로 성공과 몰입의 경험을 제공하기

모두 아이에 대한 지극한 관심과 관찰이 바탕이 되어야 하겠네요. 우리 부모님들이 정말 잘할 수 있는 일이라고 생각합니다. 다만 약간의 지식과 기술도 필요해 보입니다. 생활 속에서 수학적 경험을 강조하기 위한 방법, 그리고 수학적 역량을 키우기 위해 고려해야 할 요소들을 자세히 살펴보겠습니다.

수학은 수학머리를 타고나야 잘하는 것 아닌가요?

과연 수학머리는 존재할까요?

"아이가 수학머리가 영 없어요. 너무 답답합니다. 그래도 수학을 잘할 수 있을까요?"

"국어머리, 수학머리라는 게 있는 것 같아요. 저희 아이는 수학머리가 영 없어 보이는데, 큰일 났어요."

수학은 유난히 지능이나 머리와 연결하는 경향이 심한 과목입니다. 시대가 변했다고는 하지만 여전히 '영재' 하면 수학이나 과학을 떠올리고, 흔히 매스컴에서 다루는 천재 과학자나 천재 수학자도 굉장히 외골수에 특이한 모습입니다. 한마디로 수학을 잘하려면 보통 사람들과 달라야 한다거나, 뭔가 타고나야 한다는 생각이 지배적입니다. 저 역시 이런 생각을 참 많이 했고, 그래서 괴로웠습니다. 그런 이유로 남들보다 조금은 더 지능에 대해 절실하게 찾아보았다고 생각합니다.

학습을 효율적으로 하는 두뇌를 타고난 아이들이 있다는 사실을 부정하지는 않겠습니다. 하지만 수학머리 같은 것이 없어도 얼마든지 수학을 잘할 수 있다는 사실도 확실하게 말씀드릴 수 있습니다.

수능 1등급, 수능 수학 만점 등의 목표를 잡는다고 전제했을 때 수학을 잘하기 위한 특별한 지능은 필요하지 않습니다. 이렇게 자신 있게 말할 수 있는 근거는 대략 두 가지입니다.

먼저 수능 수학의 수준을 따져보면 그렇습니다. 고등학교까지의 수학은 모두 학생들이 학습을 통해 충분히 습득할 수 있도록 제시되었습니다. 초등에서 고등까지 배우는 수학은 엄밀히 말해 본격적인 학문으로서의 수학이 아니거든요. 초등학교와 중학교에서 배우는 교육은 국가에서 인정하는 기초 기본 교육입니다. 고등학교 교육은 법적으로 의무교육은 아니지만, 학비가 들지 않는 무상교육으로 사실상 의무교육 수준에 포함되어 있지요. 이런 상황에서 특정 학생들만 이해할 수 있는 무리한 교육과정을 편성할 수 없습니다. 교육과정에 대한 수많은 논의는 차치하고, 전체적으로 봤을 때 수능까지의 수학교육과정은 수학머리와 상관없이 학생들이 이수할 수 있는 수준으로 구성되어 있습니다.

그러니 '내가 수학머리가 있는가?' 하는 질문은 박사과정으로 수학이나 물리학을 전공하고 싶은 상황에서 해야겠죠? 지금은 우리 아이의 지능이나 수학머리에 대한 질문이 크게 의미가 없습니다. '예습, 복습을 하고 있는가?' '수업을 성실히 듣고 그 내용을 잘 이해하는가?'와 같은 질문을 하고 공부 방법에 초점을 맞추는 것이 여러모로 훨씬 효율적입니다.

거칠게 표현해서 '학생들이 어떻게 공부를 잘하도록 만들까'에 관한 연구는 수도 없이 많습니다. 이 분야에서 지능과 관련된 논쟁은 거의 종식되는 분위기입니다. 학습장애가 있는 정도의 지능이 아니라면 학습과 사회생활에 큰 문제가 없다는 것이 많은 학자들이 내린 결론이에요. 단적으로 IQ가 90인데 서울대에 진학하는 학생도 있고, IQ가 200이 넘는 범죄자도 있습니다. 지능과 대학 진학 사이에는 큰 관계가 없습니다. 그럼에도 사회적으로 지능이라는 신화가 중요하게 회자되는 이유는 그것이 한눈에 혹할 만큼 직관적이기 때문입니다. 광고에 쓰기도 좋고('우리 제품을 사용하면 지능이 개발된다'), 언론에 내기도 좋지요('모 연예인, IQ 150의 뇌섹남'). 문제는 여기까지는 좋은데, 사람을 체념하게 만들기도 좋다는 겁니다('아, 난 안 되는구나. 나는 수학을 할 만한 머리가 아니야'). 무의식중에라도 이런 메시지를 아이에게 전달하는 것은 결코 좋지 않습니다.

지능보다 중요한 것

학습에서 수준 차가 이토록 크게 나는 데는 지능보다 심리적·정서적 요인이 훨씬 큽니다. 수학학습을 잘하는 방법은 앞으로 계속 설명하겠지만 여기서는 간단하게만 언급하겠습니다.

먼저 훌륭한 교사가 필요합니다. 수학은 내용 자체도 어렵지만 아이들이 이해하는 과정을 잘 알고 배려하는 것이 중요하기 때문에 교사의 역량이 중요한 과목입니다. 플라톤의 『메논』에는 메논 장군의 노예 소년에게 '선분의 넓이를 어떻게 변화시켰을 때 정사각형의 넓이가 2배가 되는가?' 하는 문제를 깨닫게 해주는 유명한 장면이 나옵니다. 소크라테스라는 훌륭한 스승이 있다면 노예 소년도 기하학을 공부할 수 있음을 보여줍니다. 그리고 이런 훌륭한 선생님은 대치동보다 초등학교에 많이 계십니다. 초등학생에게 좋은 선생님은 엄청난 지식과 학력을 가진 사람보다는 초등수학을 많이 가르치고 연구해본 사람이에요. 그러니 학교 수업과 교과서가 가장 중요합니다.

또한 가정에서 아이를 향한 부모님의 신뢰와 믿음이 필요합니다. 점수 자체보다 점수에 대한 판단이 아이들에게 더 큰 영향을 준다는 사실을 알고 계시나요? 『수학이 안 되는 머리는 없다』의 저자 박왕근 교수님은 수학 성적을 올리기 위한 절대적인 요소로 '부모님의 신뢰'를 꼽았습니다. 부모마저 잘할 거라고 믿어주지 않는 아이들은 학습할 힘을 잃는다는 것이 이 책의 핵심 메시지입니다. 『마인드셋』의 저자 캐럴 드웩(Carol Dweck) 교수도 아이의 학업 성장 여부에 '부모가 아이를 바라보는 관점'이 매우 결정적임을 알려주었습니다.[7] 많은 학생을 만나본 교사로서 저는 이 말에 깊이 공감합니다.

지능이라는 요소를 학습에서 아주 배제하자는 말은 아닙니다. 아이의 지적 수준을 정확하게 파악하는 것 역시 아이에 대한 하나의 정보이며, 이런 정보를 잘 알고 활용하는 것이 성공적인 학습의 열쇠가 될 수 있으니까요. 중요한 건 지능을 타고난 것, 불변의 것으로 생각하지 않는 것입니다. 지능은 유동적이며, 초등 시기의 많은 경험이 뇌 발달에 큰 도움을 줍니다. 우리는 지능을 높이는 데 무엇이 좋고 무엇이 나쁜지를 감과 지혜로 다 알고 있습니다. 욕심이나 불안 때문에 이런 지혜를 잃지 않는 것으로 충분합니다. 그러니 아이의 가능성을 믿고 부모님도 대범하게 생각해주시면 좋겠습니다.

'지능은 하나의 정보일 뿐이다.'

'지금은 다소 어려움이 있더라도 우리 아이는 훌륭한 어른으로 성장할 것이다.'

이런 믿음은 오직 부모님만이 해줄 수 있는 확실하고 따뜻한 수학학습법입니다.

선생님 답변:
수학은 수학머리가 아니라 믿음과 교육으로 하는 것입니다.

2장

수학학습의 방향을 잡아라

수학학습에 영향을 주는 요인

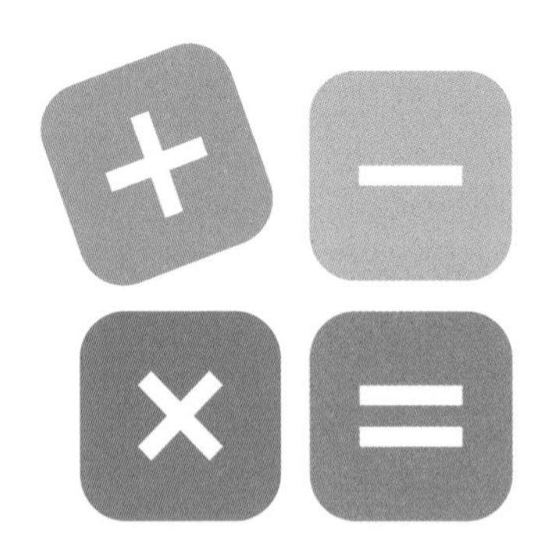

학교에서 담임선생님들이 1년 동안 애를 써도 수학 성적에 변화를 주기는 쉽지 않습니다. 아직 가능성이 무궁무진한 초등학생의 변화가 왜 이렇게 쉽지 않은지 고민하고 공부한 결과, '학습은 심리'라는 결론을 얻었어요. 공부는 다양한 요소들의 복잡한 상호작용을 통해 그 과정과 결과가 나옵니다. 공부를 잘 못하는 아이들은 의외로 학습 자체보다 다른 부분에 문제가 있는 경우가 많습니다. 성적은 그 결과일 뿐이죠.

건물을 짓기 전에 땅을 고르듯이, 수학적 역량을 키우기 위해 수학학습의 초석을 다지는 작업을 해보려고 합니다. 이 장에서는 수학 성취에 영향을 주는 심리·정서적 요소들을 검토해보겠습니다. 제가 꼽은 요소는 6가지인데요, 긍정성, 기질, 주의력, 자율성, 학습 습관, 학습 정서입니다.

긍정성 훈련하기

"참 똑똑하구나!"라는 말을 어른들은 참 아무렇지 않게 합니다. 물론 칭찬이지만, 좋지 않은 칭찬이죠. 수학은 유난히 지능과 연결 짓는 시도가 많습니다. 머리가 좋으면 공부를 잘한다거나, 머리가 나쁘면 공부를 못한다는 식의 이분법이 널리 퍼져 있기도 하고요. 이런 사회와 주변의 분위기에서 우리는 알게 모르게 마음을 세팅하고 삽니다. "그렇구나, 나는 똑똑하구나" 혹은 "난 멍청해" 같은 식으로 말이죠.

본격적으로 수학을 공부하기로 결심하고 제일 먼저 한 일은 저의 학창 시절 경험들을 글로 쭉 적어보는 것이었어요. 공부하는 시간의 8할을 수학에 쏟고, 학원도 수학 학원만 다니고, 과외도 수학만 받는데 수학 성적만 요지부동이라면 뭔가 잘못되었다는 생각이 들 법도 하지요? 수학에 대한 의문과 좌절, 애증의 감정을 실컷 쏟아부으며 쓰고 나니, 마지막 글에서 그동안은 생각지 못했던 놀라운 결론이 나왔습니다.

'내가 수학을 못한 이유는 못할 거라고 생각했기 때문이구나.'

이 경험을 뒷받침하는 이론은 상당히 많습니다. 먼저 『낙관성 학습』의 저자 마틴 셀리그만(Martin Seligman)은 저서에서 이렇게 단언합니다. '성적 저하의 근본 원인은 비관성'이라고요. 『수학이 안 되는 머리는 없다』의 박왕근 교수님도 수포자가 되는 근본 원인이 '믿음'이라고 말합니다. 부모, 교사, 학생 스스로도 잘할 수 있다고 믿지 않으면서 한편으로는 시간과 돈을 써서 수학에 매달리고 있는 현실을 지적했습니다. 『마인드셋』에서도 타고난 능력이 우선이며 지능은 변하지 않는다는 확신을 가진 고정 마인드셋이 학생들의 성적에 얼마나 큰 영향을 주는지 알려줍니다.

물론 수학은 어렵고 힘든 과목이죠. 제가 수학을 못했던 데는 초등학교 때 이미 기초가 너무 약했다는 인지적인 이유도 있었습니다. 하지만 그 어려움 때문에 포기하지 않고 긍정적인 믿음을 가진 사람은 성취가 달라진다는 사실은 놀랍습니다.

아직 어린 학생들이 대범하게 '에이, 괜찮아요. 다음에 잘하면 되죠' 하고 넘기는 경우는 매우 드뭅니다. 아직 자기 확신이 굳어지지 않은 어린 연령일수록 성취와 실패에 크게 반응하고, 쉽게 낙담합니다. 단체생활을 하며 학생들은 유아 시절 절대적이고 전능하던 자신이 사실은 그룹 속의 한 일원일 뿐이라는 사실을 깨달아가면서 긍정성이 풀썩 꺾입니다. 이런 시기에 객관이라는 잣대를 부모님까지 강요하실 필요는 없습니다. 초등 시기도 유아기 못지않게 사랑과 격려가 많이 필요한 시기거든요. 마틴 셀리그만의 당시 공동연구자였던 조앤 지르구스의 말을 부모님들께 꼭 들려드리고 싶습니다.

"우리가 살펴봐야 할 연령대는 대학생도 아니고 고등학생도 아니라고 생각해. 세상을 바라보는 방식이 평생의 습관으로 굳어지는 건 초등학교와 중학교 때가 아닐까?"

긍정성과 수학학습 성취가 이토록 긴밀한 관계에 있으므로, 학습을 하면서 가장 살펴야 할 것은 아이들의 긍정성입니다. 부모님의 기다림은 긍정성을 키우는 데 도움이 됩니다. 특히 학습 진도는 느긋하게 나가는 것이 좋으니, 레벨 업을 너무 사랑하지 않아도 괜찮습니다. 본인의 수준에 맞는 내용을 공부하며 아이들은 더 많은 성공을 경험하게 되니까요. 어떤 선생님이 긍정성을 높이는 방법으로 "아침에 아이를 꼭 안아주세요"라고 말해주셨는데, 매우 공감했습니다. 사랑과 존중이야말로 아이들의 긍정성을 꽃처럼 활짝 피게 할 테니까요.

아이의 기질을 고려하기

좋다는 학습법, 잘 가르친다는 선생님이 내 아이에게 잘 맞는다는 보장은 없습니다. 아이마다 기질과 성향이 워낙 다양하기 때문인데요, 아이들은 기질에 따라 세상에 서로 다르게 반응합니다. 그리고 초등 시기는 기질이 가장 분명하게 드러나는 때입니다.[1] 본인이 무엇을 좋아하고 어떤 상황에서 불편함을 느끼는지, 그럴 때 어떻게 해소하면 다시 편안함을 느끼는지 등 자기 자신의 기질에 대한 이해는 학업에 직접적인 영향을 줍니다. 그러니 우리 아이가 받아야 할 테스트는 레벨 테스트가 아니라 기질 테스트인지도 모릅니다. 아이의 기질을 잘 분석해보고 적합한 형태의 교육을 제공해주는 것이 수학학습에서 분명한 성공 요인이 될 수 있습니다.

내 아이의 기질 알아보기

그렇다면 아이의 기질을 파악하는 방법이 있을까요? 저는 기본적으로 부모님의 자기 이해와 이를 바탕으로 한 관찰이 그 어떤 전문적인 검사보다 정확하다고 생각합니다. 아이의 유전자는 부모에게서 왔지요. 그러니 자기 자신, 배우자, 서로의 형제와 조부모 정도만 체크해도 아이의 기질을 짐작할 수 있습니다. 유전이란 게 참 신기해서 알레르기 같은 병증부터 좋아하는 음식까지 부모 중 한 사람의 어린 시절을 복사해둔 것 같은 모습을 보이거든요. 기질도 타고난다는 점에서 식성이나 손가락 길이와 같이 유전의 영향을 받습니다. 그러니 배우자의 어린 시절에 대해 이야기해보거나 자신의 어린 시절에 대해 부모님과 대화를 나누어보는 것이 전문가의 진단보다 더 큰 도움이 될 수도 있습니다.

기질을 분별할 수 있는 또 다른 활동은 놀이입니다. 특히 아이들은 단체생활에서의 자유 놀이 상황에서 자신만의 방식으로 시간을 보냅니다. 수업 시간보다 이럴 때 아이들이 어떻게 행동하는지를 보면 그 아이의 기질이나 지금까지 학교생활의 모습을 대충은 짐작할 수 있습니다. 그러므로 내 아이의 기질에 대해 정확한 정보를 줄 수 있는 또 다른 사람은 아이의 단체생활을 담당하는 교사입니다. 상담 시 아이의 기질과 기질을 다루는 방법에 관한 정보를 주고받는다면 서로에게 큰 도움이 될 것입니다.

기질에 따른 학습 스타일 분석하기

사람의 뇌는 대부분 사고 회로가 서로 유사하고, 일정한 학습 원칙을 갖고 있다고 알려져 있습니다.[2] 하지만 선호하는 학습 방법은 다를 수 있습니다. 학습 과정에서 힘들지만 짧게 계단을 이용하는 아이가 있고, 경사가 완만한 빗면을 올라가는 것을 즐기는 아이가 있죠. 우리 교육은 일반적으로 빠르게 계단을 올라가는 아이들을 칭찬하는 분위기지만, 빗면으로 느긋하게 올라가는 아이들의 선택도 충분히 존중받아야 합니다.

아이들의 기질과 그에 따른 간단한 학습 양식을 살펴보는 것만으로도 학습 방식에 대해 훌륭한 통찰을 얻을 수 있습니다. 기질은 학자마다 다양하게 나누는데요, 이 책에서는 요즘 가장 많이 사용되는 MBTI를 통해 기질에 따라 선호하는 학습 스타일을 알아보겠습니다.

MBTI는 다음과 같이 대조되는 8가지 성격 특성들의 조합으로, 총 16가지 성격 유형이 나옵니다.

E(외향형)	I(내향형)
N(직관형)	S(감각형)
T(사고형)	F(감정형)
P(인식형)	J(판단형)

성격 유형별 학습 양식

기질 유형	학습에서의 특징	학생의 반응 예
S(감각형)	• 직접 다룰 수 있는 구체적인 자료를 활용한 학습을 선호 • 교사가 직접 가르쳐주기를 선호(학습의 효율성을 중요하게 생각함)	"선생님이 알려주신 내용을 요약 공책으로 정리하니까 확실히 복습이 되네."
N(직관형)	• 전체적인 흐름을 파악해 학습하기를 선호 • 단계적이고 직선적인 방법보다 창조적인 작업을, 연습하는 것보다 새롭게 시도하는 것을 선호	"이거 말고 새로운 방법으로 풀 거야."
T(사고형)	• 논리적으로 구성된 자료와 수업 활동에 논리적으로 반응하는 것을 선호 • 논리적이고 체계적으로 조직된 환경이나 문제 상황을 선호	"그래서 결론이 뭐지? 내가 여기서 무엇을 배워야 하지?"
F(감정형)	• 깊은 배려를 요구하는 주제나 인간적인 측면에서 접근할 수 있는 학습 환경이 매우 중요 • 과학적인 원리나 역사적 사실보다는 과학자의 삶이나 역사적인 인물을 본받는 것을 선호	"친구랑 같은 학원이 좋아요." "나도 퀴리 부인 같은 과학자가 될 거야."

로렌스(Lawrence)라는 사람은 1997년에 MBTI 성격 유형별 학습 양식을 연구했습니다. 인식과 판단 방법을 구별하기 위해 8가지

요소 중 S/N, T/F 이 네 가지만 가지고 위와 같이 성격 유형별 학습 양식을 정리했습니다.

우리 아이는 어떤 유형에 속한다고 생각하시나요? 일반적으로 초등 시기의 학생들은 감각적이고 감정적인 성향이 강하며 학년이 올라갈수록 직관형과 사고형이 늘어난다고 알려져 있습니다.[3]

장점은 살리고 단점은 보완하자

기질은 타고나는 것이기 때문에 노력으로 바꿀 수 없습니다. 그러므로 기질을 인정하고 존중하며 교육하는 것이 가장 효과가 좋습니다. 내향적인 아이는 혼자 쉴 수 있는 시간과 공간을 충분히 줄 때 내향성의 장점인 성찰과 사색이 극대화됩니다. 외향적인 아이는 혼자 공부하기가 힘들 수도 있으니 친구들과 즐겁게 어울리면서 공부하면 외향성의 장점을 강화할 수 있겠죠.

초등 시기에는 장단점의 폭이 크기 때문에 단점의 보완도 중요합니다. 아이가 기질적인 단점을 보완함으로써 기질을 다룰 수 있도록 주변에서 도와주어야 하지요. 저는 기질을 존중하면서 단점도 보완하는 방법으로 3+1을 제안하고 싶습니다. 기질에 맞는 방법은 세 가지 정도 적용해서 효율을 충분히 올린 다음, 기질에는 다소 맞지 않지만 꼭 필요한 활동도 하나 정도 끼워 넣는 방법입니다. 스피드가 필요한 게임을 좋아하는 아이에게 그런 활동을 세 가지 정도 충분히 시킨 다음, 마지막으로 한 가지 정도는 머리를 많이 쓰고 천천히 고민해서 해결해야 하는 게임을 추가로 넣는 식입니다.

초등 시기는 성인에 비해 외향적인 성향이 강할 때입니다. 그런데 타고난 기질마저 외향적인 아이를 둔 부모님들은 학습 지도를 힘들어하실 때가 있어요. 아이가 앉아서 공부하기를 너무나 싫어한다는 것이죠. 이런 아이들에게는 친구를 만나 놀 수 있는 시간을 충분히 주고, 체육 활동도 하고, 앞에 나서서 끼를 발산하도록 충분한 기회를 준 다음(3), 집에 와서는 주어진 공부량을 채우도록 하는 식(+1)으로 리듬을 만들어주면 좋습니다.

주의력 단련하기

학습의 시작은 주의력

"주목."

학생 때 많이 들어보셨죠? 주의 집중에 가장 흔히 쓰는 방법이며 지금도 초등학교에서는 용어만 다를 뿐 다양한 방법으로 사용되고 있습니다. 학생들의 주의력을 학습으로 끌고 들어오는 방법입니다. 학생들은 소리가 나는 쪽으로 몸과 정신을 집중시키죠. 주의를 기울이면 비로소 학습이 시작됩니다.

요즘은 주의력이라는 단어가 대중에게 익숙하기도 합니다. 아이를 키우면서 누구나 한 번쯤 '우리 애가 혹시 ADHD 아닐까?' 하는 생각을 해보게 되지요. 굉장히 익숙해진 단어, ADHD는 바로 '주의력' 집중 장애입니다. 오랜 시간 주의력을 지속하지 못하는 것이 이 병의 특징이에요. 생각보다 많은 아이가 이 증상을 보이고 있으며, 요즘은 매체에서 워낙 많이 보도되어 친숙해진 병명이기도 합니다.

ADHD가 무서운 이유는 학습을 시작할 수 없다는 점 때문입니다. 이는 질병이기 때문에 약물을 써야 한다고 알려져 있습니다. 일반적인 아동들은 어떨까요? 주의력에 장애가 있는 아동들이 약물에만 의존하지는 않듯이, 모든 아이들은 학교에서 '주의 집중'을 배우고 익힙니다. 학습의 시작인 주의도 학습이 가능하다는 말이죠.

피아제(Jean Piaget)는 교육학을 말할 때 빠질 수 없는 학자입니다. 아주 중요한 이론을 많이 만들었거든요. 이 피아제가 어린아이들을 대상으로 재미있는 실험을 했습니다. (a)와 (b)에서 두 수의 크기는 어떤가요?

(a) ○○○○○○○
(b) ○ ○ ○ ○ ○ ○ ○

어린아이들은 두 줄의 구슬 개수가 다르다고 말합니다. 정말인지 궁금해서 7세 아이에게 "a랑 b 중에서 어떤 수가 더 큰 것 같아?" 하고 물어봤습니다. 한참 생각하더니 모르겠다고 하더군요. 더 생각해보라고 했더니 (b)를 찍었습니다. 여러분도 주변에 어린이가 있다면 물어보세요. 아이들의 인지발달 수준을 알 수 있습니다. 이 문제를 초등학생들에게 낸다고 생각해볼게요. 대개 초등학교 3학년 이상이라면 '두 수는 같다'라는 사실을 쉽게 말할 수 있을 겁니다(조금 머뭇거릴 수도 있습니다). 그런데 왜 어린아이들은 이걸 모를까요?

인지신경과학자인 스타니슬라스 드앤(Stanislas Dehaene)은 이를 '집행 제어 능력' 때문이라고 말합니다. 말이 좀 어렵지요. 7세 아이가 오답을 말한 이유는 집행 제어 능력이 아직 충분히 발달하지 못해서입니다. 몇 개인지 물었으니 구슬의 수에 주목해야 하는데, 구슬의 간격이 벌어져 있다는 사실에 잘못 '주목'한 것이죠. 수학을 잘하려면 이렇게 겉으로 보이는 특징들(구슬의 크기, 색깔, 간격, 종류)에 대한 주의를 억제하고 추상적인 특징(수)을 확대하는 법을 배워야 합니다.[4]

집행 제어 능력의 다른 예로 제가 학생들을 집중시킬 때 자주 사용하는 방법이 있습니다.

"박수 3번 시작!"

(짝짝짝)

"박수 4번 시작!"

(짝짝짝짝)

"박수 5번 시작!"

(짝짝짝짝짝)

"박수 0번 시작!"

(?!)

집행 제어 능력을 사용하지 않고 있던 학생, 다시 말해 제 말을 건성으로 듣고 있던 학생은 마지막에 박수를 칩니다. 우리 뇌는 주의력을 사용하지 않고 자동화해버리기를 좋아하거든요. 그만큼 무언가에 주의를 기울이는 것은 에너지를 사용하는 일입니다. 하지만 수학 문제를 잘 풀거나 실수를 줄이는 것은 편한 흐름대로 가려는 충동을 절제하고 주어진 문제 상황을 깊이 생각해야 한다는 의미이기도 합니다. 저 역시 이 부분이 많이 약해서 일상생활에서 실수를 많이 합니다. 가끔 "우리 애는 다 아는 걸 틀려요" "다 풀어놓고 답을 안 써서 틀리지 뭐예요"라고 답답해하시는 분들이 있는데, 대개는 주의력이 문제입니다. 주의력을 끝까지 유지하지 못하는 것이죠. 이럴 때는 적절한 훈련으로 도움을 주면 좋습니다.

주의력 발달시키기

게임

간단한 게임으로 집행 제어 능력을 효과적으로 발달시킬 수 있습니다. "게임이라니, 설마 컴퓨터 게임은 아니죠?" 하고 물어보실 수도 있을 텐데요, 컴퓨터 게임도 포함됩니다. 예를 들면 닌텐도에 나오는 '청기백기' 게임 같은 것이죠. "청기 올려. 청기 올리지 마. 청기 올리지 말고 백기 올려"라는 명령어에 주의력을 요구하는 대표적인 게임입니다. 이런 식으로 허를 찌르는 원리를 이용해 끝까지 주의를 기울이지 않으면 레벨 업을 할 수 없는 것들이 있어요.

그러므로 게임도 잘만 사용하면 반사적인 반응을 억제하고 깊이 생각하도록 유도할 수 있습니다. 물론 배틀그라운드 같은 서바이벌 슈팅 게임은 제외입니다.

보드게임도 좋은 방법입니다. 예를 들면 '할리갈리' 시리즈가 있습니다. 할리갈리는 직산 능력을 키우기에도 좋고 집행 제어 능력을 기르기에도 아주 좋은 게임이라서 여러모로 추천합니다. 카드를 가져가려면 '같은 과일이' '5개가 되는지'에 온 주의를 집중해야 합니다. 할리갈리 디럭스는 고학년도 재미있게 할 수 있습니다.

신체 조절

신체의 조절도 주의력 발달에 아주 중요한 부분입니다. 앞에서 제가 사용했던 박수 치기도 주의를 기울여 몸을 조절하는 아주 간단한 방법입니다. 교사들은 주의 집중에 엄청난 노력을 기울입니다. 집중력이 짧은 아이들이 집중력을 유지하도록 도와주는 것이 성공적인 수업의 관건이니까요. 제 경험상 주의 집중을 위해 몸을 움직이는 것이야말로 최고의 방법입니다.

실제로 자기 몸을 얼마나 잘 제어할 수 있는지가 학습에 많은 영향을 미칩니다. 유치원 체육 시간이나 생활체육교실에서 흔히 하는 장애물 넘어서 뛰기, 평균대 운동 같은 것이 아이들에게는 매우 중요한 활동입니다.

그런 의미에서 태권도처럼 특정 동작을 배워야 하는 신체 활동이나, 악기 연주 같은 활동은 어릴 때부터 하는 것이 좋습니다. 특히 어린 나이에 악기를 연주하는 것은 집중력과 자기통제력을 기르기에 좋은 방법이라고 합니다. 악보를 보면서 손가락과 호흡까지 조절하는 것은 성인에게도 어려운 일입니다. 실제로 음악가들은 음악가가 아닌 사람들에 비해 뇌 피질, 특히 배외 측 전전두엽 피질이 더 두껍다고 하네요. 모두 집행 제어에서 중요한 역할을 하는 뇌 영역입니다.[5]

주의력의 친구, 절제력

세상에는 공부보다 재미있는 일이 참 많습니다. 수업이나 숙제가 항상 재미있기란 불가능에 가깝지요. 그러니 주의를 집중하려면 주변에 더 재미있어 보이는 유혹에도 흔들리지 않는 절제력이 필요합니다. 초등학생 수준으로 말하자면 '조금 힘들어도 참을 수 있어야' 합니다. 절제할 수 있다는 것은 스트레스 상황에서 아이가 자신의 정신과 신체를 조절할 수 있다는 뜻입니다. 이런 능력이 학습과도 연결됩니다.

절제력은 개인차가 있지만 교육의 영역이기도 합니다. 아이가 절제력을 키우기 위해 부모님이 무엇을 도와주면 좋을까요? '일상의 명확한 규칙'이 그 답이 될 수 있습니다. 허용과 금지의 영역이 명확하면 아이들은 안정감을 느낍니다. 한국이 낳은 천재 수학자 허준이 박사님도 인터뷰에서 어린 시절에 대해 "예측 가능한 일상의 안정감이 수학 같은 추상적인 학문에 관심을 가지는 데 큰 도움이 되었다"고 말씀하시더군요.[6]

절제력을 키울 때 가장 중요한 점은 강압이나 힘이 아니라 명료

함과 반복입니다. 아이가 지켜야 할 일을 어른이 먼저 잘 알고 '정확하게' '반복해서' 알려주는 것이죠. 이 과정에서 필요한 것이 있다면 도와주고, 힘들어하면 격려해주세요. 절제의 힘은 아이들의 지적 잠재력을 극도로 끌어올립니다.

자율성 보장하기

앞에서는 절제하라고 해놓고 자율성은 또 뭐냐고요? 자율성의 범위는 '절제해야 하는 부분을 제외한 모든 것'입니다. 사전에서 '자율'의 뜻을 찾아보면 이렇게 나옵니다. "남의 지배나 구속을 받지 아니하고 자기 스스로의 원칙에 따라 어떤 일을 하는 성질, 또는 자기 스스로 자신을 통제해 절제하는 일"이라고요.

요즘 아이들이 굉장히 방만하게 크고 있는 것 같지만 한편으로 보면 그렇게 자율적으로 자라고 있는 것 같지도 않습니다. 학습에서 자율성은 왜 중요하며, 어떤 의미가 있을까요? 요즘 초등학생은 학습에 자율성이 있을까요? 얼마나 자율적일까요? 아니, 얼마나 자율적이어야 적절한 걸까요?

자율성이 있어야 의욕이 생긴다

발달심리학자 수전 엥겔(Susan Engel)은 저서 『아이의 생각은 어떻게 만들어지는가?』에 환경의 차이에 따른 아이들의 창의력을 기술했습니다. 이 책에 소개한 실험을 통해 말하고자 하는 것은 '자발성이 있어야 학습한다'는 것입니다. 아이들은 두 그룹으로 나뉩니다. 한 그룹에는 발명의 의미를 알려주고 발명을 해보도록 지시합니다. 다른 그룹에는 발명을 재촉하지 않고 그냥 놀라고 하지요. 실험 결과 두 번째 그룹이 목표에 훨씬 더 강한 집중을 보였습니다. 또한 지시를 받은 그룹의 아이들은 자신이 무엇을 만들고 있는지, 어떻게 만들려고 하는지 설명하기를 어려워했다고 합니다. 이 실험 결과를 보고 오싹했습니다. 학교에서 자주 볼 수 있는 장면이거든요. 다음과 같은 문답이 수업 시간에 흔히 오고 갑니다.

"자, 이 문제는 어떻게 해결하면 좋을까?"

"모르겠어요."

"우리가 지금 무엇을 공부하고 있지? 주제가 무엇이었나요?"

"……."

학교에서도 많은 경우 학습 내용은 아이들에게 그저 주어집니다. 아이들이 학습 주체가 되는 일은 생각보다 많지 않으며, 학교, 학원, 가정 등 대부분의 환경에서 얌전한 팔로워가 되기를 요구받는 경우가 훨씬 많습니다. 대부분 결과는 그리 좋지 않죠. 자율성을 존중받지 못하면 학습 능력도 뒷걸음질합니다. 심각한 경우 외부의 지시에 따르는 학습 인형이 되어버리기도 합니다. 자유는 인간에게 거의 본능과 같은 것인데, 이런 힘을 잃어버리면 그 자리에는 분노와 허무함이 남습니다. 학습할 힘과 의욕이 남아 있을 리 만무하지요.

어른들이 아이들을 얽맬 수 있는 무기는 참 많습니다. 공부, 현재 상황, 보장되지 않은 미래 등 한결같이 무시무시한 것들뿐이죠. 그렇지만 아이들은 잘 할 거라고 믿어주고 실제로 선택권을 주었을 때 정말 잘 해냅니다. 성장 과정에서 어느 순간, 자신의 길을 스스로 개척할 수 있다는 자신감이 용솟음칠 때가 있어요. 그런 아이는 수업 시간에 빛나는 얼굴로 앉아 있습니다. 반면 불만이 가득한 아이도 있고, 이미 패배뿐인 싸움에 굴복하고 침울한 얼굴로 다른 일에 몰두하는 아이도 있습니다. 어떤 아이의 학습 능력이 뛰어날지는 짐작이 가시죠?

자율성이 메타인지를 기른다

자율성은 메타인지의 발달에도 영향을 미칩니다. 메타인지는 인지에 대한 인지입니다. 즉 자신이 무엇을 알고 무엇을 모르는지를 파악하는 것, 또는 현재 자신의 상태를 모니터링하는 능력이지요.[7] 이 메타인지가 학습과 긴밀한 관련이 있다고 해서 요즘 많은 사람이 관심을 기울입니다. 학업 성적이 상위 1%인 아이들을 만드는 결정적 차이는 메타인지였다는 연구 결과는 유명합니다. 상위 1%의 아이들이 다른 아이들과 달랐던 점은 자신이 무엇을 모르는지, 무슨 문제를 틀릴지를 정확히 알고 있었다는 겁니다.

이런 메타인지의 씨앗은 자율성이라는 밭이 있어야 싹을 틔웁니다. 메타인지를 키우려면 자기 자신의 상태를 스스로 판단하는 과정이 필수이기 때문입니다. 『메타인지 학습법』의 저자 리사 손 교수님은 메타인지 능력은 경험에 비례하지 않으며 어른들이 아이들을 과소평가하고 있다고 말합니다. 아이들이 때로는 더 훌륭한 메타인지를 가지고 있다는 것이죠. 우리는 어른이고 경험과 나이가 더 많다는 이유로 아이들을 과소평가하고, 아이가 학습하는 과정에 지나치게 관여함으로써 아이가 스스로 메타인지를 키울 수 있는 기회를 빼앗는다는 겁니다.

『놓아주는 엄마 주도하는 아이』에서는 자율성을 기르는 방법으로 4단계를 제안합니다.

- 1단계(무의식적 무능): "괜찮아, 수학은 공부 안 해도 잘할 수 있어."
- 2단계(의식적 무능): "망했다! 수학 공부를 좀 해야겠어."
- 3단계(의식적 유능): "정말 열심히 공부했어. 이제 시험을 잘 볼 수 있을 거야."
- 4단계(무의식적 유능): "아주 오랫동안 해왔기 때문에 나에게 수학은 숨쉬기와도 같지."

대부분 4단계까지 이르기는 힘들고, 그럴 필요도 없습니다. 우리가 바라는 것은 3단계입니다. 그러나 1, 2단계를 거치지 않고서는 의식적인 유능에 이를 수 없습니다.[8] 시행착오가 꼭 필요하고, 기왕 겪을 일이라면 좀 더 어릴 때 경험하는 것이 좋겠죠. 자녀의 가장 어린 날은 지금입니다.

자율과 절제의 균형

아동 내면의 힘을 믿으라고 강조한 교육자는 많았습니다. 하지만 내 아이의 문제에 우리는 언제나 지나칠 정도로 걱정이 많지요. 저 역시 아이를 키워보니 누구에게도 뒤지지 않는 '걱정맘'이 되더군요. 자율적으로 해내도록 옆에서 도와주는 것은 생각보다 어려운 일입니다. 이 험한 세상에서 문밖으로 한 발짝 나가기만 해도 길은 잘 건너서 무사히 가는지, 친구와 다툼은 없는지, 공부는 잘 하는지 불안하고 걱정스러운 일투성이니 말이죠. 하물며 학습 과정에서 언제 아이에게 손을 내밀고, 언제 혼자 나아가도록 내버려둘지 판단하는 일도 결코 쉽지 않습니다.

저는 아이의 자율성이 아이에 대한 부모의 신뢰를 바탕으로 높아진다고 생각합니다. 초등학생은 당연히 자율성을 기르는 과정에서 실패할 수 있습니다. 자녀에게 '실수할 수 있지만 너는 결국 해낼 것이다'라는 따뜻한 시선과 믿음을 주세요. 더불어 아이에게 자신감을 심어주는 것도 중요합니다. 부모님의 믿음을 바탕으로 자율성과 자신감을 높이는 방법은 일상의 작은 습관들을 만들고 지키는 것입니다. 이렇게 하면 일상에서 매일매일 할 일을 잘 끝냈다는 성공을 경험할 수 있기 때문입니다.

올바른 공부 습관 형성하기

초등 시기의 중요한 과제 중 하나는 습관 형성입니다. 학교에 가고, 집에 와서 숙제를 하고, 씻고 잠자리에 드는 이 모든 활동을 생활 습관과 학습 습관, 두 가지로 구분할 수 있습니다.

생활 습관은 학습의 초석

먼저 생활 습관입니다. 『우리 아이 수학 영재 만들기』의 저자 전평국 교수님은 저서의 제목대로 아이를 수학 영재로 만드는 데 성공한 분입니다. 전평국 교수님이 말하는 자녀의 MIT 합격 비결은 바로 '바른 생활 습관'과 '규칙적인 생활 리듬'이라고 합니다. 수학 영재가 되는 비결이 생활 습관이라니 놀랍지 않나요? 실제로 생활 습관과 성적은 아주 밀접한 관련이 있습니다. 생활 습관이 바르고 규칙적이라는 것은 자기통제력이 있고 시간 운용을 잘한다는 뜻인데, 좋은 성적을 받으려면 이 두 가지가 반드시 필요하니까요.[9] 또한 유아 시기부터 아이들이 예측 가능한 하루를 보내는 것이 정서적인 안정감을 준다고 하지요. 초등학생이 되면 이 규칙적인 일과 안에 숙제나 학습 스케줄을 적당히 넣어주면 더할 나위 없습니다.

교사로서 제가 관찰한바 공부를 잘하는 아이들은 예외 없이 생활 습관이 좋았습니다. 교사들이 인정하는 우등생의 자질은 좋은 생활 습관을 가진 것입니다. 구체적으로 살펴볼까요?

- 주변 정리정돈을 잘한다.
- 친구들과 사이좋게 지낸다.
- 맡은 일(1인 1역 같은 학급 내 역할 분담, 학습 과제 수행도)에 최선을 다한다.
- 단체생활의 규칙을 이해하고 성실하게 지킨다.
- 쉬는 시간과 수업 시간을 구분하며 시간을 잘 지킨다.
- 인사를 잘하고 어른에게 예의 바르게 말한다.

이제 보니 성적표를 쓸 때 많이 사용하던 문장들이네요. 학년 말 초등학교 성적표는 '행동발달사항'이라고 해서 학생의 1년간 생활에 대한 교사의 평가가 나옵니다. 여기에 위 요소들에 대한 긍정적인 평가가 있으면 최고의 칭찬이라고 생각해도 좋습니다. 그리고 이런 말이 들어가 있는 어린이들은 99.9% 확률로 성적도 좋습니다.

어떤 습관이든 어리고 유연할 때 스며들어야 습관화하기가 편한 법입니다. 초등학생은 길어도 두세 달만 꾸준히 실천하면 습관이 될 정도로 유연합니다. 가정에서 아이들이 실천하면 좋은 생활 습관은 다음과 같습니다.

- 일찍 자고 일찍 일어나기(혹은 잠자리에 드는 시간과 일어나는 시간 규칙적으로 지키기)
- 식사 잘 챙겨 먹기
- "잘 먹겠습니다" "학교 다녀오겠습니다" "고맙습니다" 등 인사 잘하기
- 책상 위, 필통 속 등 주변 정리 잘하기

성적의 바로미터, 성실한 학습 태도

초등학교에도 담임선생님이 아닌, 특수한 교과를 담당하는 교과 선생님이 있습니다. 학교나 학년에 따라 차이가 있지만 주로 영어나 과학, 음악 등의 과목이 교과과목으로 배정됩니다. 교과 교사를 해보면 담임 교사일 때와는 또 다른 인사이트를 얻을 때가 있습니다. 한 학년을 다 맡는 경우도 있어서 많은 아이들과 함께하다 보면 역시

학습 습관이 눈에 띕니다. 특히 숙제를 하는 태도에서 정말 차이가 많이 납니다. 과제를 할 때나 혼자 예습, 복습을 할 때 짧은 시간이라도 제대로 집중해서 하는 능력을 길러주는 것은 자기주도학습의 초석이 됩니다. 아니, 초등 시기에는 혼자 숙제만 잘해도 그 자체가 자기주도학습이라고 볼 수 있습니다.

당연한 말 같지만, 공부를 잘하는 아이들은 숙제를 정말 성실하게 해 옵니다. 난이도를 높이든 낮추든 기복 없이 완벽하게 해 오는 경우가 대부분입니다. 반면 과제를 안 하는 것이 습관이 된 친구들도 분명히 있습니다. 일례로, 과제를 받아가거나 간단한 복습을 시키는 것도 다른 아이들에 비해 힘든 아이들이 있어요. 초등학생이 공부를 더 하기 싫어하는 건 당연하지요. 하지만 학교에서 선생님 말씀을 들어야 한다는 사실도, 최소한의 숙제는 해야 한다는 규칙도 소용없을 만큼 싫어한다면 문제입니다. 대개 이런 아이들은 스스로 학습 과제를 해내는 힘이 부족한 경우가 많습니다. 같은 일에 남들보다 품이 많이 들다 보니 안 하고 넘어가려 하고, 이런 흐름이 습관이 되면서 학습에도 악영향을 주는 것이죠. 우리 아이가 이런 상황이라면 꾸중보다는 이해와 도움이 필요하다고 생각하시면 좋겠습니다.

한편 처음으로 어렵고 양이 많은 숙제를 내준 일도 있었습니다. 다 해 올 거라고 기대하지 않았는데 생각보다 많은 학생이 해 와서 칭찬하고, 아직 숙제를 다 하지 못한 학생들이 숙제를 완성할 수 있도록 약간의 시간을 더 주었습니다. 자리를 돌다가 아이들의 대화를 들었습니다.

"아, 숙제 안 가지고 왔네."

"너 사실 안 했지?"

"어."

"진짜? 안 했어? 대박."

"아니야. 사실 했어. 흐흐."

"그렇지? 네가 숙제 안 한 줄 알고 완전 놀랐잖아."

본의 아니게 이런 대화를 들으면서 미소를 감출 수 없었어요. 그 학생은 평소에 수업 태도가 좋아서 눈에 띄는 학생이었거든요. 다른 친구들도 언제나 수업을 귀담아듣고 숙제를 확실하게 하는 친구의 성품을 알고 있었던 겁니다. 학생의 실력 또한 두말할 나위 없이 훌륭했습니다.

오히려 어른들이 묵묵한 성실함을 평가절하하는 세상 같습니다. 하지만 확실히 말할 수 있는 것은 학업에서 이런 성실함은 분명한 보상을 받는다는 사실입니다.

안정된 정서 제공하기

인지과정을 휘두르는 감정의 중요성

언뜻 학습과 무관해 보이는 요소들에 관해 길게 서술하는 데 지루함을 느끼는 분도 있을 것 같아요. 그러나 공부와 가장 무관해 보이는 감정의 사용은 아이들이 공부하는 데 아주 중요한 역할을 합니다. 영재들의 기질에 관해 재미있는 자료를 하나 본 적이 있습니다. 일반적으로 영재 아동은 비학습적인 기질에서 일반 아동과 차이를 보인다고 알려져 있습니다. 특히 수학, 과학 영재 아동이 낙천성, 인내심, 자기조절력, 연대감 등의 성격 척도에서 기준집단보다 성숙한 모습을 보인다는 사실은 의미하는 바가 크지요.

학습에 능숙한 아동들은 충동적이거나 흥분을 잘하거나 무절제하게 바로 반응하기보다는 분석적이고 체계적이며, 무엇보다 지루하고 단조로운 일도 잘 참고 견딜 수 있는 능력이 있습니다. 보상 없이 자신이 시작한 일을 일정 기간 유지하고, 어려움과 좌절에 부딪쳐도 쉽게 포기하지 않는 습성도 있지요.[10] 나열한 특성들을 살펴보면 사실 어른도 갖추기 힘든 특성이 많습니다. 이런 연구 결과는 우리에게 정서적인 안정과 인격적인 성숙함이 높은 학업 성취로 이어진다는 사실을 시사해줍니다.

"젊은이는 집에 들어가서는 부모님께 효도하고 나가서는 어른들을 공경하며, 말과 행동을 삼가고 신의를 지키며, 널리 사람들을 사랑하되 어진 사람과 가까이 지내야 한다. 이렇게 행하고서 남은 힘이 있으면 그 힘으로 글을 배우는 것이다."

『논어』「학이(學而)」 편에 나오는 말입니다. 옛 성인들에게는 어떻게 이런 지혜가 있었을까요? 젊은이들이 학습에 앞서 인격을 도야해야 하는 이유가 4차 산업혁명 시대로 불리는 이때 과학적으로 속속 증명되고 있다는 사실이 새삼 신기하기만 합니다.

뇌과학적으로도 학습의 시작인 주의력을 이끄는 것은 '감정'입니다. 초등 연령의 아이들은 학습에 이성적이기보다는 정서적으로 훨씬 빨리 반응할 가능성이 높으며, 수학학습에 집중한다는 것은 그날의 학습 목표에 대한 감정적인 연결고리를 찾으려는 것을 의미합니다. 저학년 학생들에게 수학학습의 목표나 의의를 물어본다면 이렇게 대답하는 아이가 많습니다.

"제가 수학을 잘하니까 엄마가 좋아해요."

부모님을 기쁘게 한 뿌듯함이 아이들을 움직이는 것이죠. 하지만 이런 외부 감정에 이끌려 공부하다 보면 초등 고학년쯤에는 소진될 수도 있습니다. 수학은 학습 자체에 긍정적인 정서를 가지기 힘든 과목입니다. 그러니 적어도 부정적인 마음을 갖지 않도록 돕는 것이 중요하겠지요. 아이들의 학습에 긍정적인 정서를 심어주는 가장 좋은 방법은 아이에게, 아이의 발전 과정에 집중하는 것입니다. 다른 말로 하면 '다른 친구와 비교하지 않는 것'이 되겠네요.

즐거움은 학습의 원동력

학교를 뜻하는 영단어 '스쿨(school)'의 어원은 라틴어 '스콜라(schola)'입니다. 스콜라는 '여가'라는 뜻이죠. 고대 그리스에서 꽃피운 학문들은 여가를 즐겁게 보내는 수단이었습니다. 그리스에서 스콜라를 즐기던 남성들의 뒤에는 노예들이 있었다는 점을 생각해보세요. 그 남성들은 빨래나 청소를 할 필요도 없었지만 누군가를 이기려고 경쟁할 필요도 없었을 겁니다. 극도로 편안하고 안정된 상태에서 수학의 정수라고 불리는 연역법(일반적인 사실을 바탕으로 특수한 원리를 이끌어내는 추론법)이 탄생했지요.

수학학습을 위해 아이를 생활과 단절시키라는 말은 아닙니다. 다만 추상적이고 사변적인 분야, 즉 경험이 아니라 이성으로 판단하는 수학을 생각하는 데 스트레스 없이 편안한 환경과 생활의 안정감이 큰 역할을 한다고 볼 수 있습니다. 그래서 저는 즐겁게 학습하는 것이 정말 중요하다고 생각합니다. 이런 심리적인 요소들은 가정의 문화와 부모의 영향력이 큽니다.

지금까지 이야기한 모든 요소는 서로 영향을 주는데요, 결국 수학학습은 '일상적인 규칙과 습관 속에서' '내가 선택한 방법으로' '성향에 맞게' '즐겁게' 하는 것이 가장 이상적입니다. 너무 이상적이라고 생각할 수도 있지만, 이미 많은 가정에서 하고 있는 것이기도 합니다. 평소 모든 학습 외 요소들을 엄격하게 적용하려고 하기보다는, 아이가 힘들어하거나 어떤 문제가 생겼을 때 이 6가지 중 무엇이 부족했는지 생각해보는 척도로 활용하면 좋겠습니다.

수학학습에 영향을 주는 핵심 요소

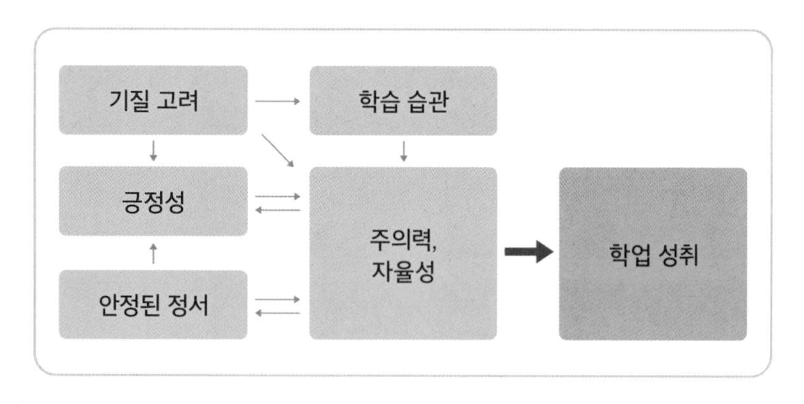

진짜
선행학습을 하라

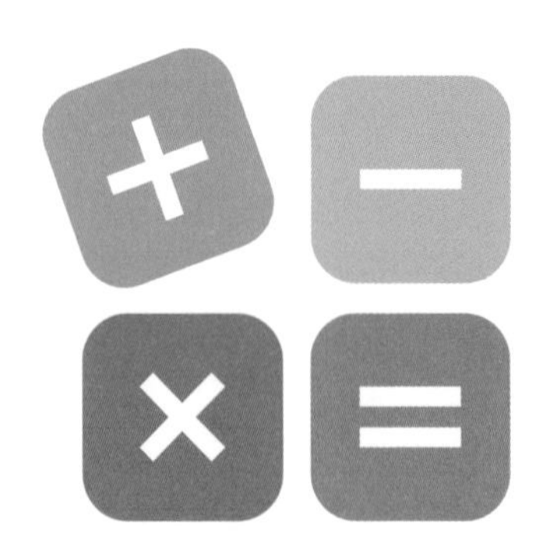

수학학습에 필요한 요소들을 충분히 이해했다면, 이제는 수학학습의 역량을 강화한다는 의미를 이해하셨을 겁니다. 초등 시기에 배워야 할 개념들은 그리 많거나 어렵지 않습니다. 초등은 개념 자체에 집중하는 것도 중요하지만 역량을 갖추는 것이 훨씬 중요한 시기입니다. 수학학습의 역량을 강화한다는 말은 단순히 열심히 공부하는 것을 넘어서 보다 종합적인 발달을 지향한다는 의미입니다.

그런 점에서 선행학습이 당연시된 지금의 현실을 완전히 바꿀 수야 없겠지만 포인트를 조금 옮길 필요가 있습니다. 제가 특별히 선행학습이라는 말을 콕 집어 사용하는 이유는 선행학습이 충분히 좋게 활용될 수 있으나 좋지 않게 변질된 면이 크기 때문이에요. 이 장에서는 수학적 역량을 강화하고 생활 속에서 실천하는 진정한 선행학습의 의미와 그 활동들을 알아보겠습니다.

선행학습의 현주소

일반적으로 선행학습이라고 하면 선(先) 진도를 말합니다. 흔히 지금 배우고 있는 학년의 내용을 현행, 그보다 앞선 내용을 선행이라고 부르지요. 현재 선행학습의 정도를 살펴보면 '거의 대부분 선행학습을 하고 있다'가 현실인 것 같습니다. 특히 초등학교 저학년에서 선행을 하지 않는 아이는 거의 없다시피 합니다. 적어도 다들 시도는 하고 있습니다. '7세쯤 되면 한 자리 수 덧셈은 하고 가야지', 아이가 잘 따라만 와준다면 '받아올림이 있는 덧셈까지 하고 가야지' 하는 생각이 일반적이라는 느낌을 받았거든요.

그렇다면 초등학생의 선행학습 실태를 구체적인 데이터로 살펴보겠습니다.

초등학생의 선행학습 시작 시점 비율

4학년 이전	5학년	6학년
12.99%	28.23%	19.13%

초등학생의 선행학습 실태 면담 결과[11]

구분	김○○	이○○
선행학습 결정 주체	엄마	엄마
선행학습 시작 시기	초등학교 3학년 2학기 겨울방학	초등학교 3학년 2학기 겨울방학
선행학습 내용	국어, 수학, 영어, 과학	수학, 영어
선행학습 유형	학원	학원
선행학습 유형 선택 기준	접근성	주변의 소문
선행학습 비용(월 기준)	28만 원	60만 원, 35만 원

2015년 연구 결과지만 현재라고 크게 바뀐 것 같지 않습니다. 많은 아이가 초등학교 4학년 이전에 선행학습을 시작하며, 그 형태는 '엄마가 알아봐준 학원'이라는 사실을 알 수 있죠. 여기서 몇 가지 의문이 생깁니다. '학교 수업이 있는데 왜 따로 선행학습을 하는가?' '과연 선행학습이 수학 성취에 도움이 되는가?' 하는 점입니다.

사교육 종사자를 제외하면 대체로 선행학습이 효과가 있다고 생각하는 교육자는 매우 드뭅니다. 개인적으로 약간의 선 진도가 학생들에게 도움이 될 때가 있다는 사실에는 동의합니다. 교육과정은 그 학년에 가르쳐야 할 내용을 배분한 형태이기 때문에 좀 더 깊이 공부해야 할 부분과 간단히 다루고 넘어가도 될 부분을 세세하게 구분해두지는 않았습니다. 학생 개인의 습득력도 차이가 있어서 학생에 따라 한두 달에서 한 학기 정도의 선 진도가 필요할 수도 있습니다. 하지만 그 이상은 교육적인 관점에서 납득하기 어렵습니다. 많은 학생이 선행을 한답시고(정말 이 단어를 고치고 싶지 않습니다. 한답시고!) 현행을 까먹기 때문입니다.

수학교육과정은 다음 그림처럼 나선형 형태로 진행됩니다.

나선형 교육과정

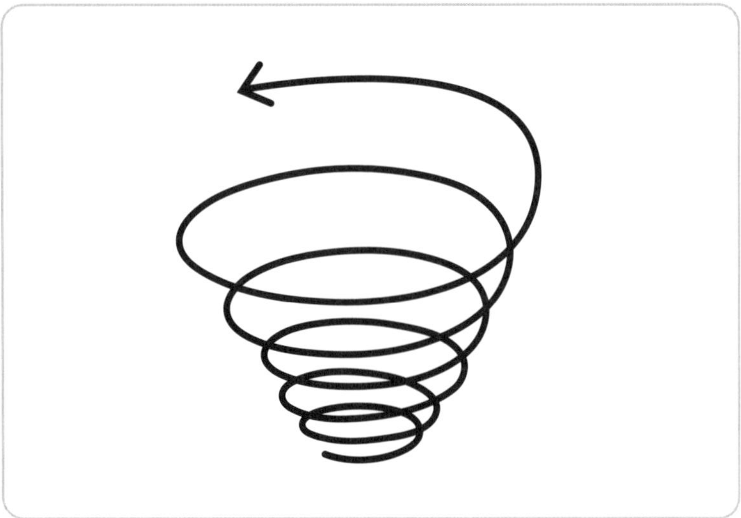

빙빙 돌면서 점점 높이, 또 넓게 퍼져가지요? 수학은 개념 간의 연계성이 높은 학문입니다. 자연수의 한 자리 수 덧셈이 나왔다면 다음에는 두 자리 수의 덧셈, 그다음에는 세 자리 수의 덧셈, 분수의 덧셈, 소수의 덧셈, 유리수의 덧셈, 이런 식으로 개념을 확장시키며 배워갑니다. 그래서 예습과 복습, 특히 복습을 통해 현행에서 개념을 완벽하게 익히는 것이 수학학습의 중요한 성공 요인이 됩니다. 제대로 공부한 학생이라면 다음과 같이 교육과정을 따라가는 모습을 보일 것입니다.

현행학습을 잘 이해한 학생의 개념도

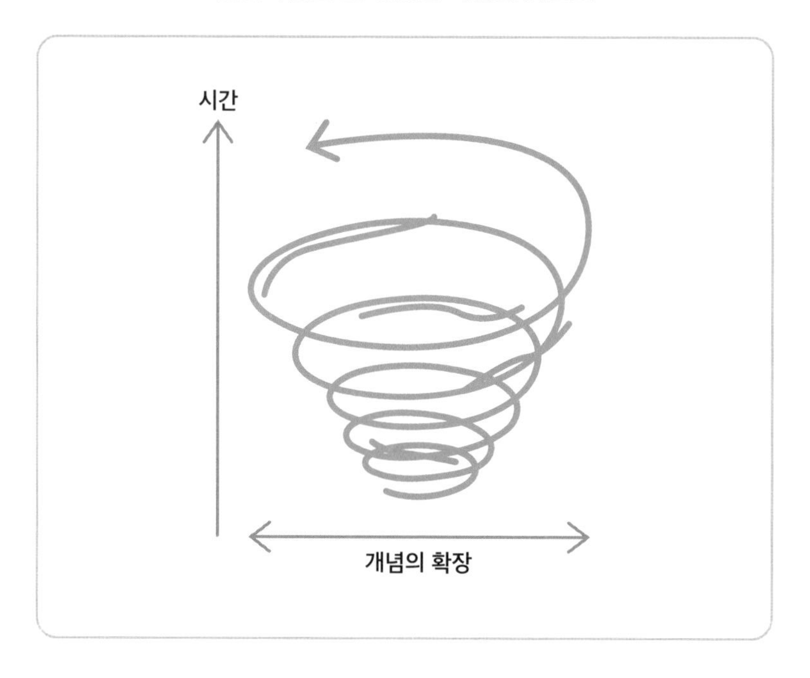

그림을 보면 교육과정의 나선 형태를 무난하게 잘 따라가고 있지요? 이상적인 케이스입니다. 그런데 선행을 하는 경우 다음과 같은 형태가 됩니다.

지속적으로 선행학습을 한 학생의 개념도

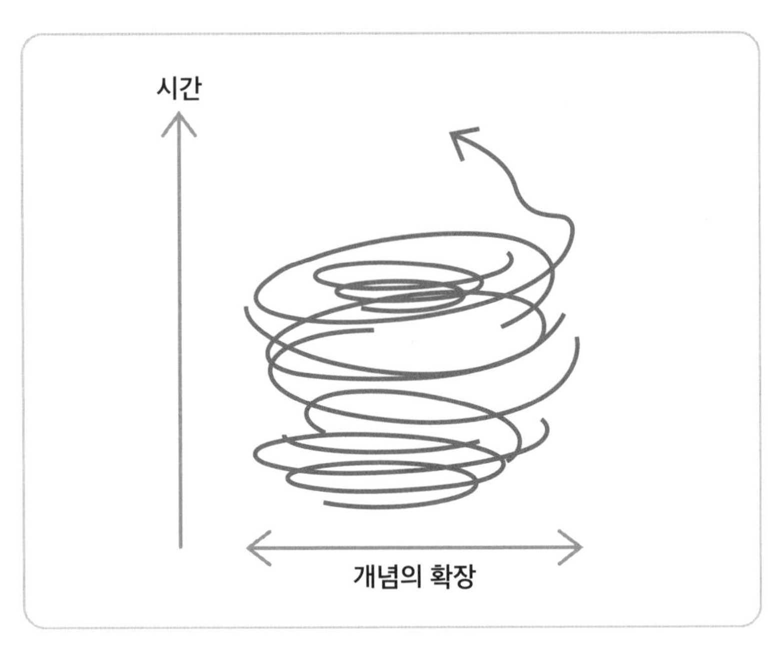

효율적으로 보이나요? 특히 한 학년씩 훌쩍 선행을 하면 정신없이 이 개념과 저 개념 사이를 왔다 갔다 하기 때문에 선행은 선행대로, 현행은 현행대로 따로 공부해야 해서 학습량이 가중되고 그 과정에서 아이가 혼란을 느끼기 쉽습니다. 개념 이해가 명확하지 않고 체계가 뒤섞이면 응용력도 높일 수가 없습니다. 많은 부모님이 뒤에 나오는 더 어려운 문제를 풀고 나면 이전 단계의 문제들은 쉽게 해결할 것으로 생각하고 선행학습을 시킵니다. 그러나 실제로는 많은 학생이 선행 개념들을 '대충' 훑느라 현행 개념들마저 놓치는 것을 너무 많이 봐왔습니다. 개념을 탄탄하게 하려면 다양한 경험과 방향성을 고려하면서 현행부터 다지는 게 정석인데, 더 상위 개념을 빠른 시간에 가르쳤다는 건 문제 푸는 기술만을 알려준 것에 가깝습니다. 이렇게 부실하게 개념을 쌓아가다 보면 완전 학습과는 점점 멀어지게 되겠죠. 많은 시간과 비용과 노력을 들이는데 성적은 나아지지 않고, 학습에도 발전이 없는 최악의 상황이 벌어집니다.

또한 대부분 선행학습이 외부 요인에 의해서 이루어진다는 점도 문제가 됩니다. 초등학생이 스스로 선택해 선행학습 학원을 다니는 경우는 거의 없습니다. 학원 선택의 주체는 대부분 부모님이죠. 선행학습을 했다고 현행 수업을 대충 듣는 학생들에게 이런 마음이 있는 건 아닐까요?

'이 지겨운 수학, 또 들어야 해? 난 이미 공부했단 말이야.'

이미 개념을 한 번 배웠음에도 불구하고 그 개념에 관심이 없거나 거부감을 보인다면, 정서적으로 수학에 심각한 거부감을 느끼고 스트레스를 받고 있는 상황일 것입니다. 이 경우에도 선행을 한 것이 아무 의미가 없을뿐더러 제대로 된 방법으로 공부하지 못했다는 것을 알 수 있지요.

"선생님, 저 어제 수학 학원에서 4시간 공부하고 왔어요."

"내가 너에게 그렇게 많은 것을 가르쳤던가?"

"진짜예요, 선생님. 얘 저랑 같은 학원 다녀요."

"5학년이 하루에 4시간이나 공부할 게 있어?"

"시험 기간이라 특별히 더 해야 한대요."

고학년을 가르치다 보면 심심찮게 듣는 말입니다. 정말 이해가 안 갔는데, 선행학습을 알고 나니 아귀가 맞다는 생각이 들었습니다. 특히 학원에서 주도하는 선행학습은 학원의 교습 시간을 늘리고 학원비도 올리는 영업 전략으로 사용될 때가 많습니다.[12] 정말 학습자를 위한다면 선 진도 우선의 마케팅이 이렇게 성행할 수는 없다고 생각합니다.

그릇을 키우는 선행학습

사교육의 효과는 초등 저학년 때 가장 크고, 학년이 올라갈수록 줄어들다가 중학교 3학년 시기가 되면 사실상 사라지는 것으로 나타났습니다.[13] 특히 초등학생에게 사교육에만 전적으로 의지하는 선진도 위주의 선행학습은 효율이 극히 떨어집니다. 정작 중요한 학습의 기초체력은 부족한 경우도 많습니다. 저는 이 선행학습의 의미를 좋은 쪽으로 바꾸고 싶습니다. 남들보다 더 빨리 진도를 빼는 게 아니라, 학습에 필요한 태도와 역량을 준비하는 것으로요.

나쁘게 변질된 부분이 많아서 그렇지, 미리 차근차근 준비한다는 의미에서는 선행도 좋다고 생각합니다. 준비해야 할 것은 준비하지 않고, 준비할 필요가 없는 데 시간과 돈을 쓰기엔 우리 아이들의 빛나는 하루하루가 너무 아깝잖아요.

새롭게 정의하는 선행학습

학습에 필요한 역량과 태도를 준비하는 것

일찍부터 열심히 문제를 풀고, 몇 년 치 선행학습을 하는 학생이 참 많습니다. 그런데 도무지 효율적으로 보이지가 않아요. 이렇게나 열심히 했으니 남들보다 더 성과가 나야 하는데, 현실은 그냥 일찍부터 찌들어 있다가 공부에 더 집중해야 할 고등학교 때 힘이 빠져버립니다. 최악의 경우 정서가 흔들리면서 중간에 와르르 무너지기도 하지요. 우후죽순으로 생기는 전국 수학 학원들의 최대 수혜자가 정신과라는 말이 괜한 소리가 아닙니다.

피겨 스케이팅에 비유하면 초등은 지상 연습의 시기입니다. 무조건 빙상에 올라가서 돌고 또 도는 것보다는, 지상에서 충분히 연습해보며 가능성의 토대를 넓혀나가는 것이 더 중요합니다. 이 시기의 아이들은 그야말로 무한한 잠재력을 가졌으니까요.

그렇다면 구체적으로 어떤 활동이 학습 역량을 키우는 선행학습이 될까요? 입학 전 혹은 방학 기간 동안 학생들이 가정에서 준비해두면 좋은 학습 요소들이 있습니다. 가정에서 할 수 있고, 가정에서 해야 하며, 학습에 큰 영향을 미치기 때문에 초등학생에게 중요한 학습의 토대지요. 바로 문해력, 체력, 수학적 경험입니다. 하나씩 자세히 살펴보겠습니다.

문해력 키우기

문해력에 대한 관심이 뜨겁습니다. 문해력이란, 문자를 해독하는 능력을 말합니다. 단순히 글을 읽을 줄 아는 것뿐만 아니라 '글의 의미를 파악하는 읽기'까지 포함하는 능력이지요. 초등학교 때는 물론이고 중고등 시기에 좋은 점수를 얻고 싶다면 문해력을 갖추는 것부터가 시작입니다. 그 어떤 엄청난 교육도 문해력의 토대가 없이는 이루어질 수 없거든요. 특히 초등 시기 문해력은 그대로 학습 능력과 직결됩니다.

문해력과 수학 실력은 함께 간다

문해력이 수학 실력과도 상관이 있을까요? 결론적으로 문해력이 뒷받침되지 않으면 수학 실력이 향상되지 않습니다. 아이들을 가르치다 보면 이 상관관계를 직접 확인할 수 있어요. 가장 최근에 했던 수업으로 예를 들어보겠습니다.

몇 그룹의 학생들과 수학 놀이를 하는 상황이었어요. 설명을 하지 않은 상태에서 먼저 놀이 학습지를 학생들에게 나눠주었습니다. 의도하진 않았지만 아이들이 이미 수준별로 모여 있었고, 학습지에 제시된 설명은 5~6줄 정도였습니다. 어떤 팀은 학습지를 쓱 훑어보더니 "와, 재밌겠다! 선생님, 저희 바로 시작해도 되죠?" 하고 바로 놀이를 시작했습니다. 반면 어떤 팀은 고개만 갸우뚱거리고 있었습니다. 놀이 방법을 이해하지 못했기 때문이에요. 놀이를 이해하는

데 시간을 너무 많이 썼으니 정작 놀이할 시간은 부족했고, 놀이가 원활하게 이루어진 팀에 비해 '놀이를 통해 수학 개념을 이해하고 연습한다'는 본래의 목적도 잘 이루어지지 않았습니다.

인간은 4 이하의 작은 수를 파악하거나 대강의 크기를 비교하는 능력을 선천적으로 타고납니다. 뇌 속에 이를 담당하는 영역이 따로 있다고 해요. 하지만 정확한 계산이나 복잡한 수학 능력을 발휘하는 데 필요한 뇌 부위는 따로 없습니다. 알이 2개인지 3개인지를 구분하는 일은 생존에 꼭 필요하지만, 234×21의 값을 구하는 일은 자연에서 아무런 의미가 없으니까요. 그러므로 정확한 계산을 수행하거나 복잡한 연산 문제를 처리하는 능력은 다른 뇌 영역에서 빌려옵니다. 그게 바로 언어 영역을 담당하는 부분이죠. 그러니 언어 영역이 충분히 발달하지 않았다면 수학을 학습하는 데 어려움을 겪을 확률이 높습니다. 반대로 언어능력이 충분히 발달해 있다면, 연산 연습을 매일 따로 하지 않아도 큰 어려움 없이 문제를 해결할 수 있습니다.

문해력이 중요한 또 다른 이유는 수학 용어 때문입니다. 수학 용어들은 대부분 한자어로 이루어져 있고, 이 개념을 이해하려면 문해력이 필요할 때가 많습니다. 예를 들어 다음과 같은 개념 설명을 읽어보겠습니다.

- 두 수를 나눗셈으로 비교하기 위해 기호 :을 사용해 나타낸 것을 비라고 합니다.
- 두 수 3과 2를 비교할 때 3:2라 쓰고 3 대 2라고 읽습니다.

- 3:2는 '3과 2의 비' '3의 2에 대한 비' '2에 대한 3의 비'라고도 읽습니다.
- 비 3:2에서 기호 :의 오른쪽에 있는 2는 기준량이고, 왼쪽에 있는 3은 비교하는 양입니다.

6학년 1학기에 나오는 비에 대한 설명입니다. 길이도 길고 정확하게 이해하려면 말이 꽤 어렵습니다. 이런 개념을 혼자서 여러 번 읽고 이해할 수 있는 아이와, 모르겠다고 넘기고 문제부터 풀거나 학원식 요점 정리가 필요한 아이의 역량 차이를 짐작하실 수 있을 겁니다.

또한 요즘은 서술형으로 제시되는 수학 문제가 많습니다. 이전 교육과정에서 스토리텔링 수학이 강조되고 교과서로 나오면서 이에 대한 찬반양론이 많았습니다. 반대하는 쪽의 주요 논지는 아직 문해력이 충분하지 못한 학생들의 학습 부담을 가중시킨다는 것이었지요. 충분히 설득력 있는 말이지만, 워낙 현대 교육이 맥락과 생활 속 문제를 강조하는 추세라 서술형 문제가 줄어들 것 같지는 않습니다.

만약 아이의 성적이나 학습 태도 때문에 고민이라면 기본적으로 문해력 키우기부터 시작해야 합니다. 아이가 상위권이나 최상위권으로 좀 더 뛰어나게 올라가기를 원한다면, 역시 문해력을 키우는 작업을 해야 합니다. 문해력은 그 어떤 학습보다 선행해야 합니다. 가끔 언어능력이 별로 좋지 않은데 수학을 잘하는 아이들을 볼 수 있는데요, 수학의 문제 풀이 과정을 좋아하고 즐기는 경우입니다. 당장 초등 때는 괜찮을 수도 있지만, 한계가 생길 수밖에 없습니다.

조금씩이라도 문해력을 보완해야 나중까지 수학에 대한 흥미를 유지할 수 있습니다.

체력 키우기

체력이 실력이다

수능 성공 사례담을 보면 '어느 날 갑자기' 공부를 해야겠다고 마음먹고 1~2년 만에 고속 질주해 수능 고득점을 이룬 사례들이 꽤 보입니다. 물론 흔한 일은 아니지요. 그런데 그 흔치 않은 사례 중에서도 여학생의 사례는 유독 찾아보기 힘들었습니다. 그 이유는 '체력' 때문입니다. 1~2년 만에 수능 1등급 신화를 쓴 사람들은 1년 정도 하루에 3시간씩 자면서 공부할 체력이 비축되어 있었어요.

흔히 고등 시기를 스퍼트를 내야 할 때라고 표현합니다. 스퍼트는 육상 용어로, 마지막 결승선이 가까이 왔을 때 전력을 다해 달리거나 상대방을 앞지르는 것을 말합니다. 계주 경기를 하면 가장 기록이 좋은 주자를 마지막에 배치하는 이유가 스퍼트의 효과를 만들기 위함이죠. 이렇게 필요할 때 엄청난 스퍼트를 내는 데 가장 중요한 요소는 체력입니다.

한 분야에서 대성한 거장들은 건강 관리를 잘합니다. 평소에 시간을 내어 운동을 열심히 하지요. 하고 싶은 모든 활동, 이루고 싶은 모든 일은 건강한 체력이라는 베이스캠프가 튼튼하게 구축되어 있어야 가능하다는 걸 알기 때문입니다. 하지만 체력이라는 게 미리 1년치 운동을 열심히 해두고, 한 달 치 좋은 음식을 먹어두는 식으로 올릴 수 있는 게 아니지요. 운동은 꾸준히 해야 하고, 기본적인 식습관이 좋아야 합니다. 그러니 좋은 체력 습관을 만드는 것은 중요한 선행학습일 뿐만 아니라 자녀의 평생 삶의 질을 좌우하는 자산임이 분명합니다.

먹는 게 남는 것이다, 체력으로

"아침 안 먹었니? 이제 2교시인데 왜 이렇게들 힘이 없어요?"

아이들이 유난히 집중을 못 하는 날이 있습니다. 답답해서 이렇게 질문하면 갑자기 아이들이 와글와글 식사에 대한 성토의 장을 엽니다.

"저는 원래 아침 안 먹어요."

"배고파요."

"나는 볶음밥 먹고 왔는데."

"오늘 늦잠 자서 우유만 마시고 왔어요."

주로 저학년은 아침에 무엇을 먹고 왔는지도 알게 되고(굳이 메뉴까지 알고 싶지는 않았는데 말이죠), 고학년은 아침 식사를 얼마나 안 하는가를 알게 됩니다. 초등학생은 먹는 것에 상당히 진심이기 때문에 식사를 잘 챙겨주는 게 부모님과의 관계에도 영향을 미치는 것 같더라고요. 저도 요리를 워낙 못해서 이 부분이 스트레스이긴 한데, 마치 이벤트를 잘 챙기는 선생님이 인기가 많은 것과 비슷한 원리가 아닌가 싶습니다. 아무튼 아이들은 밥을 잘 먹지 않으면 집중력이 현저히 떨어집니다. 요즘처럼 먹거리가 풍요로운 시대에 놀라운 일이죠?

건강한 식단은 해마의 부피를 증가시켜 뇌 구조에 긍정적인 변화를 미칠 수 있습니다.[14] 해마는 기억력을 관장하는 뇌 부위로, 학습과 밀접한 연관이 있는 곳입니다. 그러니 뇌 발달을 위해 첫 번째로 해야 할 일이 이런저런 다른 활동들보다 양질의 식사를 제공해주는 것인지도 모릅니다.

운동의 진짜 효과는 뇌가 좋아지는 것

초등학생들을 보고 있으면 '지금은 뛰어야 할 때'라고 프로그래밍된 것 같다는 생각이 들 정도입니다. 대부분의 어른이 뛰고 움직이는 것을 얼마나 힘들어하는지 생각하면 초등학생들의 이런 움직임에 대한 욕구는 신기할 정도지요. 실제로 움직임은 어린이의 뇌에 직접적인 영향을 줍니다. 피츠버그대학교 연구에서는 운동을 많이 해서 건강한 어린이는 해마의 크기가 12% 더 크다는 것을 밝혔습니다.[15] 뇌 가소성을 증가시키는 운동은 주로 유산소 운동이라고 합니다.

하지만 초등학생도 학년이 올라가고 학습량이 많아지면 제일 먼저 태권도처럼 몸을 쓰는 학원을 끊게 된다고 하지요. 안타까운 일입니다. 뇌가 좋아하는 일을 자연스럽게 하고 있는 어린이들을 어른들이 억지로 앉혀놓는 것은 아닌지 고민해볼 필요가 있습니다.

식사, 수면, 운동이 충분한 건강한 환경이야말로 부모가 아이에게 제공해줄 수 있는 가장 큰 선물입니다. 아이들이 직접 수행하기는 힘든 부분이죠. 아이들의 영양과 운동은 부모님이 챙겨주셔야 합니다. 식습관과 운동 습관은 비단 학습뿐만 아니라 인생 전체에 큰 영향을 미치니까요. 잘 먹고, 잘 자고, 몸을 열심히 움직이는 것이 자라나는 아이들에게는 최고의 두뇌 발달법입니다.

수학적 경험 제공하기

공자님 말씀에 "들은 것은 잊어버리고, 본 것은 기억하며, 직접 해본 것은 이해한다"라는 말이 있습니다. 특히 수학을 가르치다 보면 이 말이 그렇게 와닿을 수가 없습니다. 아이들은 외우고, 주입하고, 욱여넣은 것들을 봄바람에 먼지 날리듯 쉽게 잊어버립니다. 하지만 인상적인 경험이나 활동을 했다면 두고두고 기억한답니다. 수학은 흔히 굉장히 딱딱하고 엄격한 학문이라는 느낌이 듭니다. 그렇기 때문에 초등학생에게 가장 활성화된, 신체와 감정이라는 영역도 함께 사용해 학습할 필요가 있습니다.

방과후교실을 운영하면서 3학년 학생들에게 분수를 가르친 적이 있는데요, 그때 저도 확실히 알게 되었습니다. 학생들은 3학년 1학기에 처음 분수를 배우는데, 3학년 2학기에는 분수에 대해 많은 것을 잊어버린다는 사실을 말이죠. 또 한 가지 인상적이었던 점은 분수를 그려보라고 했을 때 많은 학생이 굉장히 어려워했다는 것입니다. 성적이나 실력과도 크게 상관이 없더군요. 이 사실을 종합해보며 체험의 중요성과 부재를 동시에 느꼈습니다. 학생들이 수학을 더 재미있게, 더 효율적으로 학습하기 위해서는 그 개념과 관련된 더 많은 '경험'이 필요합니다.

다년간 아이들을 관찰해오면서 특별히 수학과 관련된 경험들이 있음을 깨달았습니다. 수학을 힘들어하는 아이들은 수를 다루어본 경험 자체가 많이 없습니다. 반면 수학을 잘하는 아이들은 계산이나 측정 등의 경험이 많고 자연스럽게 이를 교과 내용과 연결시키는 모습을 볼 수 있었습니다.

이와 관련해서 재미있는 연구 결과를 본 적이 있습니다. 초등학생 자녀를 둔 부모님이라면 대부분 체험을 중요하게 생각하실 텐데요, 이 연구에서는 부모님과 다양한 체험을 시켜보고 그에 따른 과학적 태도에 대한 차이를 조사했습니다. 그렇다면 문제를 내보겠습니다. 박물관, 미술관, 과학관 방문 중에서 과학적 태도에 의미 있는 변화를 준 체험은 무엇이었을까요? 네, 바로 과학관 방문이었습니다. 과학과 연관된 체험이 과학적 태도에 변화를 준다는 이 당연한 연구 결과를 통해 우리는 '관련된 경험이 관련된 지식과 태도를 자극한다'는 결론을 얻을 수 있습니다. 수학적 경험 제공하기에 관해서는 다음 장에서 더 자세히 다루겠습니다.

수학적 경험 제공하기

수학적 탐구에 초점을 맞춘 '수학적 경험'은 아이들의 수학적 소양을 효과적으로 강화할 수 있습니다. 그렇다면 가정에서 제공해줄 수 있는 수학적 경험에는 무엇이 있을까요?

수학적 경험이란?

학창 시절 저는 문해력 수준이 높은 편이었습니다. 그래서 문해력이 뛰어나지만 수학을 못하는 학생들, 즉 저의 어린 시절을 떠올리게 하는 학생들에게 항상 관심이 많았습니다. 전체적인 이해력이 높은데도 수학만은 정복하지 못하는, 의외로 많은 비중을 차지하는 이 학생들의 존재는 수학 과목의 어려움을 보여줍니다. 문해력의 중요성은 아무리 강조해도 지나치지 않지만, 수학만큼은 문해력이라는 바탕 위에 뭔가가 하나 더 필요하다는 것도 알 수 있죠. 그것이 바로 수학적 경험입니다.

수학교육의 목표에서는 모든 수학 지식과 능력을 일상의 경험을 통해 익히자고 강조하지만, 정작 그 방법에 대한 연구는 많이 없는 것이 사실이죠. 수학적 경험이라는 용어 자체도 널리 쓰이는 말은 아닙니다. 저는 수학적 경험이라는 말을 이렇게 정의합니다.

수학적 경험

학생들이 수학을 친근하고 자신 있게 대하는 태도와 수학적 사고력을 강화하도록 돕는 모든 활동

3학년 1학기에 나오는 분수의 개념으로 예를 들어보겠습니다. 교과서에는 "전체를 똑같이 4로 나눈 것 중의 하나를 $\frac{1}{4}$이라고 쓰고, 4분의 1이라고 읽습니다"라고 나옵니다. 학생들이 분수를 완전히 익힐 수 있도록 '경험'하려면 어떻게 해야 할까요? 다음은 분수의 도입에서 주로 사용하는 수학적 경험의 예시입니다.

경험 1. 놀이하기

▶ 준비물: 색종이 1장을 16등분한 분수 조각과 학습지

● 학습지 예시 ●

<분수를 모아라! 가위바위보>

1. 가위바위보! 이긴 사람은 진 사람에게 색종이 한 조각을 받을 수 있습니다. 최대한 많이 모아보세요.
2. 시합이 끝나면 내가 받은 색종이를 아래 칸에 붙여보세요.

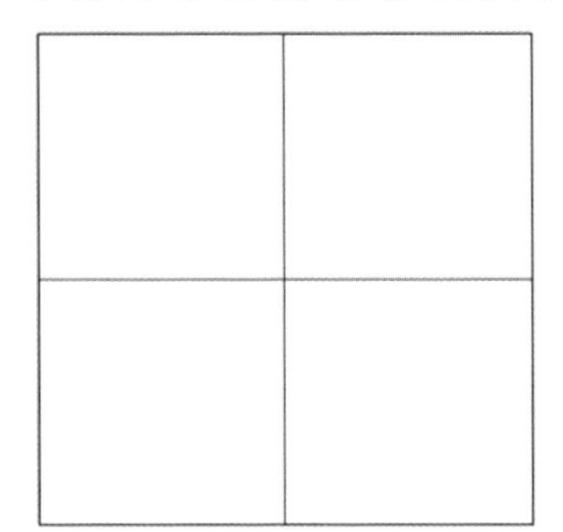
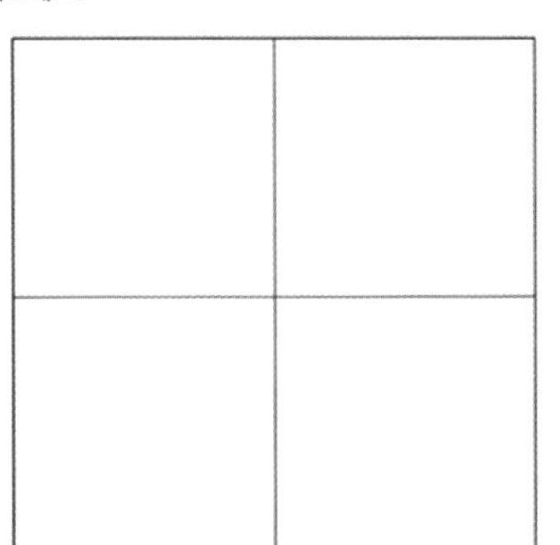

▶ **놀이 방법**: 가위바위보를 합니다. 이긴 사람은 상대편의 $\frac{1}{4}$조각을 하나 가져올 수 있습니다. 먼저 학습지를 다 채운 사람이 이깁니다.

▶ **포인트**: 틈틈이 점수를 물어봅니다.

교사: $\frac{1}{4}$을 8개나 가져갔어?

학생 A: 네, 저는 벌써 2점이에요!

교사: 너는 몇 점이니?

학생 B: 저는 이제 $\frac{3}{4}$이에요.

학생 A: 너 세 번밖에 못 이겼니?

학생 B: 어. 너 가위바위보 왜 이렇게 잘해?

경험 2. 그려보기

▶ **준비물**: 같은 도형을 여러 개 그린 칠판 또는 종이

▶ **놀이 방법**: 다양한 분수를 그려봅니다.

▶ **포인트**: $\frac{1}{4}$, $\frac{1}{2}$처럼 쉬운 것을 먼저 제시합니다. 보통 분모가 2의 배수인 분수는 어렵지 않게 그립니다. $\frac{1}{3}$이나 $\frac{1}{5}$은 마지막에 제시하고 깊이 고민해볼 시간을 주세요. 1이나 0도 함께 제시해주면 개념을 확실히 잡는 데 도움이 됩니다.

• 그려보기 예시 •

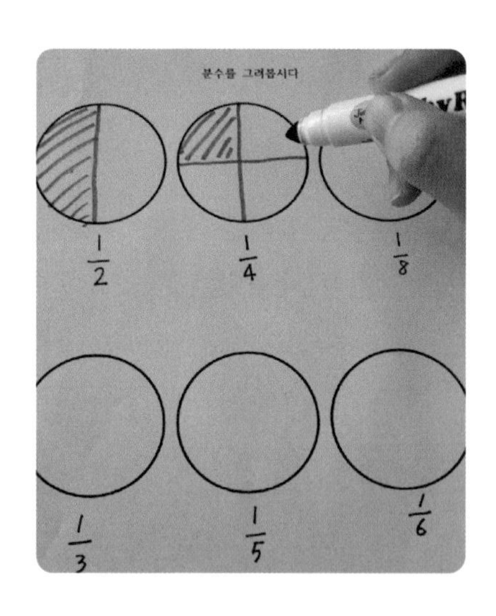

경험 3. 보드게임하기

- ▶ **준비물**: 보드게임 쉐어로
- ▶ **놀이 방법**: 카드를 플레이어 수만큼 똑같이 나누어주고, 1장씩 자기 앞에 카드를 냅니다. 제시된 카드 중 크기가 같은 수가 있다면 종을 칩니다. 먼저 종을 친 사람이 카드를 가지고 갑니다.

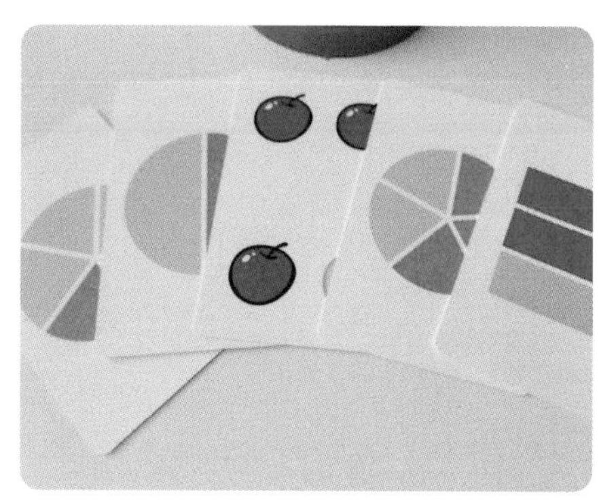
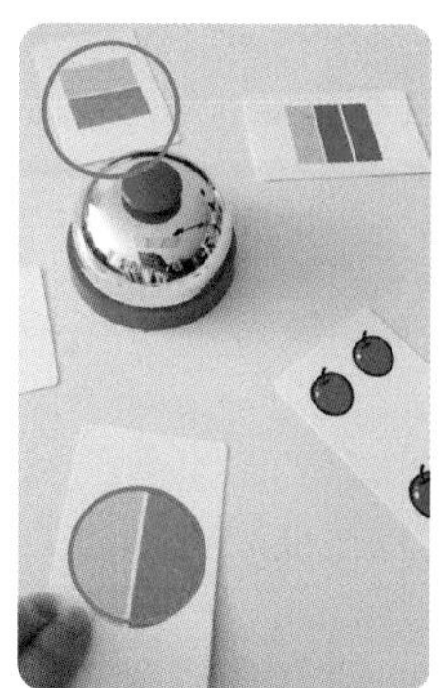

- ▶ **포인트**: 분수의 크기를 직관적으로 비교하는 데 아주 유용한 게임입니다. 다만 순발력이 필요하기 때문에 분수의 크기에 대한 예습을 해야 합니다. 먼저 카드를 보여주면서 분수의 크기를 충분히 눈에 익히고 게임을 시작하면 실력 차가 줄어들어 좀 더 재미있고 의미 있게 게임을 할 수 있습니다.

분수를 글과 눈으로만 배우지 않고 위 예시처럼 분수를 구성하고, 그려보고, 놀이해보며 다양하게 익힌 친구들은 분수의 개념과 성질을 쉽게 잊지 않습니다. 특히 쉐어로 같은 분수 게임을 활용하면 분수의 크기를 직관적으로 익히기 때문에, 음식을 자르거나 나누는 등 생활 속 활동에서 분수의 개념을 자연스럽게 떠올릴 수 있을 것입니다. 제가 사용한 활동들은 하나의 예시이며, 분수를 '경험' 할 수 있는 방법은 이 외에도 다양합니다.

모든 개념을 이렇게 자세히 해줄 수는 없으며 그럴 필요도 없습니다. 다만 처음 접하는 낯선 개념이나 중요한 개념을 배울 때 충분히 익숙해지고 이리저리 조작해 완전히 파악할 수 있도록 의미 있는 경험을 제공해주자는 것입니다.

수학적 경험을 제공하는 방법

수학적 경험의 포인트는 '아이가 수학 개념과 관련된 활동을 직접 해본다'는 데 있습니다. 특히 초등수학은 교과서에도 생활 연관형으로 나와 있고, 그렇게 배우는 것이 발달단계에도 맞습니다. 시중에 나와 있는 수학 놀이를 가정에서 직접 해주시는 것도 아주 좋은 방법이 될 수 있습니다. 놀이는 최고의 교육입니다.

다만 재미있으면서 의미도 있는 교육적인 놀이를 만들기가 생각보다 쉽지 않습니다. 부모님들이 그냥 하시면 어려울 수도 있고, 시중에 나오는 자료들은 집에서 부모님이 해주시기에 너무 복잡하거나 수학적으로 크게 의미가 없는 것들도 많습니다.

제가 확실하게 도움을 받았던 책들을 소개할게요. 아이에게 수학적으로 의미 있고 재미도 있는 경험을 제공하는 데 든든한 가이드가 되어줄 것입니다.

집에서 활용할 만한 활동책

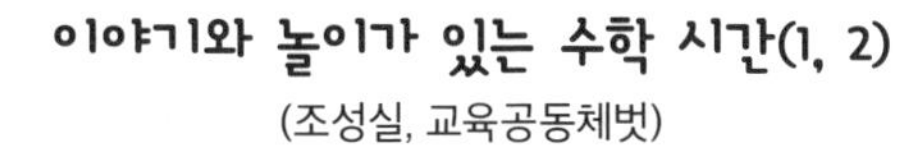

(조성실, 교육공동체벗)

초등 교사를 대상으로 쓴 책이지만 부모님들이 읽기에도 어렵지 않습니다. 아이들이 여럿 있는 교실 상황을 생각해 만든 활동인데, 의외로 2~3명 정도의 소수 인원이 함께해도 재미있더라고요. 재료도 간단하고 학습지 자료가 따라오기 때문에 활용도가 높습니다.

조금 두툼하다 싶은 책 2권 안에 초등에서 다루는 모든 개념과 그에 따른 활동이 모두 들어 있습니다. 아직까지 이보다 훌륭한 초등수학 활동책을 본 적이 없습니다.

우리 아이 수학 영재 만들기

(전평국, 롱테일북스)

교원대학교 수학과 전평국 교수님의 저서입니다. 일상생활 속에서 수학 개념들을 제대로 알려주기가 쉽지 않은데, 이 책은 초등 각 영역별 개념들을 생활 속에서 어떻게 자연스럽게 습득시키면 좋을지를 쉽게 알려줍니다.

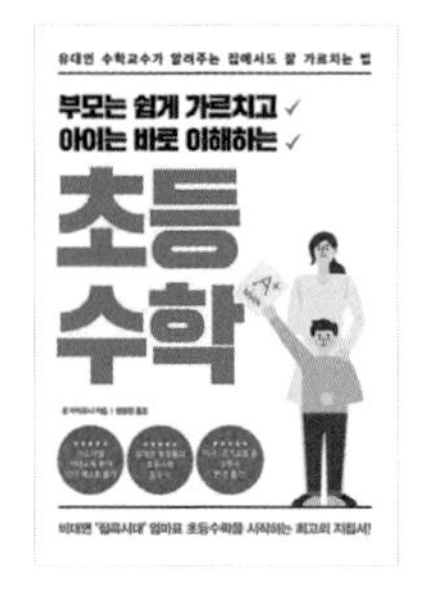

부모는 쉽게 가르치고 아이는 바로 이해하는 초등수학

(론 아하로니, 글담)

이스라엘 수학 교수인 론 아하로니가 가정에서 아이들을 가르치고 싶은 부모를 위해 쓴 책입니다. 모든 활동을 세세하게 알려주지는 않지만 활동의 중요성을 강조하며, 액티브한 경험보다는 해당 개념을 익히는 데 꼭 필요한 수학적인 활동의 예시가 많습니다. 특히 초등에서 가장 비중이 큰 사칙연산에서 어떤 부분을 강조해 가르쳐야 하는지 친절하게 알려줍니다.

이런 활동책을 활용할 때 주의할 점은 하나부터 열까지 전부 하려고 하면 안 된다는 것입니다. 책 1권에서 교구 하나, 활동 하나만 건져도 성공이라고 생각하는 느긋한 마음이 필요합니다. 활동북이라는 게 참 내 맘 같지 않아요. 수학뿐만 아니라 모든 학습의 기본은 이해와 기억입니다. 때로는 활동보다 문제집을 푸는 것이 더 좋은 단원도 있고, 활동 자체는 좋은데 우리 아이가 별 이유도 없이 싫어할 수도 있습니다. 모두를 만족시킬 수 있는 만능 책이 있다고 가정하는 건 인간의 다양성을 우습게 보는 것이죠. 또한 저학년 수학을 머리에 쏙쏙 들어오면서 재미있게 가르치기는 부모님들이 일반적으로 생각하는 것보다 어렵답니다.

엄마는 엄마고 교사는 교사입니다. 엄마가 교사가 되려고 하지 마시고, 부담 없이 활동하고, 함께 놀아주세요. 제시된 도서를 참고해 좋은 활동을 한다면 문제 풀기나 개념 정리는 학교와 문제집이 알아서 해줄 것입니다. 구체적인 활동은 4장에서 다시 설명하겠습니다.

문제를 많이 다루어봐야 수학을 잘하겠지요?

문제 풀이는 배운 내용을 이해하고 확인할 때 필수적인 활동입니다. 선생님 설명을 듣고, 혹은 교과서에 있는 개념을 읽고 다 이해했다고 생각해도, 막상 문제를 풀면 틀리거나 어떻게 개념을 적용해야 하는지 알쏭달쏭할 때가 많습니다. 연습문제를 풀어보며 다양한 문제 상황을 접하고, 이 개념을 모든 상황에 적용할 수 있는지 스스로 점검해볼 수 있어요. 이게 문제 풀이의 역할이자 순기능입니다. 그런데 가끔 이 목적과 수단이 뒤바뀐 것처럼 보일 때가 있습니다. 개념을 익히기 위해 문제를 푸는 건지, 문제를 풀기 위해 개념을 익히는 건지 헷갈리더란 말이죠.

문제 풀이식 학습을 해야 하는 이유와 상황이 있습니다. 문제 풀이로 학습을 시킬 경우 일단 가르치는 사람의 전문성이 크게 필요하지 않습니다. 개념과 문제가 문제집에 다 제시되어 있기 때문이죠. 풀어야 할 문제의 범위를 알려주고, 채점하고, 오답을 알려주는 과정을 반복하면 됩니다. 그러니 가정에서 학습할 때는 문제 풀이식으로 공부하는 게 가장 안전하고 확실한 방법입니다. 실제로 이런 이유로 많이들 하시지요. 이렇게 잘 활용하면 아무 문제가 없습니다. 학습자입장에서도 공부한 양이 눈으로 확연히 보이니까 성취감이 생깁니다. 손때 묻은 문제집은 열심히 공부한 증거가 되지요. 이런 성취감도 학습에 중요한 요소이므로 잘 활용하면 좋습니다.

그렇다면 잘못된 문제 풀이와 그 문제점은 무엇이 있을까요? 문제 풀이식 학습은 앞서 지적한 선행학습과 좋은 짝꿍입니다. 초등수학은 수많은 문제를 만들 만큼 수준이 높지 않거든요. 하지만 선행 진도를 나간다면 더 많은 문제를 제공할 수 있습니다. 출제자 입장에서는 문제를 만들기도 더 쉬울 겁니다. 그 외에도 다음과 같은 폐해가 있지요.

무조건 많이 풀기 → 흥미와 동기 상실

초등학생이 문제 풀이의 바다에 빠졌을 때는 연산 문제집이 꼭 함께하게 됩니다. 부모님들도 연산 문제를 푸는 게 그리 재미있지 않았던 기억이 나시죠? 가뜩이나 공부가 재미있기는 쉽지 않은데, 문제만 계속 풀면 더욱 그렇습니다. 그래서인지 대부분의 학생은 연산 문제를 주면 정말 싫어합니다. 드물게 수학에 재능이 있어서 "나는 연산 문제 푸는 거 재미있는데?" 하고 자신 있게 말하던 아이도 반복해서 많이 시키면 이내 싫어하게 되는 마법 같은 현상을 볼 수 있어요.

또한 잘못된 성취감을 제공하기도 합니다. 사실 생각 없이 문제를 푼다면 아무리 많이 풀어도 별로 공부가 안 됩니다. 하지만 본인은 긴 시간을 들여 많은 학습지를 풀었기에 공부를 엄청 많이 했다고 착각합니다. 학원에서 몇 시간씩 공부하는지 자랑하는 아이들의 말투에는 이런 마음이 묻어 있습니다. '난 이렇게 오래 공부했으니 할 만큼 했어. 이제 더 이상 수학은 그만할 거야'라는 마음 말이죠.

비슷한 유형만 생각 없이 풀기 → 생각하지 않는 습관

정해진 양의 문제를 풀고, 검사받고, 틀린 문제를 고치고, 다시 비슷한 유형의 문제를 받고, 또 풀고. 이러면 아이의 뇌에 무슨 일이 벌어질까요? 무념무상이 됩니다. 수학 문제를 풀 때 생각보다 많이 일어나는 일입니다. 생각이 없어져요. 아무리 풀어도 문제가 계속 쏟아지면 깊이 생각할 필요도 이유도 없겠죠. 특히 이렇게 문제를 많이 풀 때는 비슷한 유형의 문제들을 반복해서 주는 경우가 많아서, 문제를 읽지도 않고 대강 풀어도 답은 맞는 기가 막힌 경우가 생깁니다. 수학학습의 근본 목적은 수학적 사고력을 키우는 것입니다. 수학적 사고력은 말 그대로 사고를 해야 자랄 수 있습니다. 문제 풀이에 지나치게 시간을 쏟으면 학생들은 되레 머리를 비우게 됩니다. 이런 학습 습관은 중등까지는 어찌어찌 통할지 몰라도, 고등에서 학습 붕괴로 이어집니다.

문제 풀이에 너무 많은 시간을 쏟음 → 발전을 위한 시간 부족

초등에서 학습할 내용은 그리 어렵지 않습니다. 초등에서는 학습 그 자체보다 앞으로 학습할 수 있는 잠재력을 키우는 것이 더 중요하지요. 유아부터 청소년까지 이어지는 긴 시간 동안 우리 아이들은 그릇을 키우는 노력을 해야 하며, 그 노력은 다양한 독서와 체험, 놀이가 되어야 합니다. 중고등학생이 되면 정말로 공부량이 늘어나 초등 시기에 비해 시간이 절대적으로 부족해지지요. 발달단계상으로도 시기적으로도 초등 시기는 많은 체험을 하고 열심히 뛰놀며 뇌와 신체를 발달시킬 수 있는 절호의 기회입니다. 다시 한번 강조합니다. 문제를 많이 푸는 학습은 중고등학생이 되어 시작해도 충분합니다.

놀이 시간을 주어도 친구들이 노는 소리에 귀를 딱 막고 문제집을 꺼내는 아이, 그 아이의 눈가에 거뭇한 다크서클, 속 깊은 곳에서 터져 나오는 초등학생들의 한숨을 들으면 제 마음도 덩달아 칠흑같이 어두워집니다. 열심히 문제를 풀어서 아이들이 얻는 것이 있다면 힘들어도 해내야겠지요. 실제로 학습한 개념을 충분히 적용할 수 있을 만큼의 문제 풀이는 해내야 합니다. 하지만 초등 시기부터 문제 풀이에 집중할 필요는 전혀 없습니다. 개념에 대한 완벽한 이해가 이루어지려면 문제 풀이만으로는 부족하기도 하고요.

선생님 답변:
문제 풀이는 필요한 만큼만 하는 것이 중요합니다. 문제 풀이를 지나치게 강조하는 공부 방식은 수학적 사고력을 훼손합니다.

3장

고등까지 가는 초등수학 로드맵

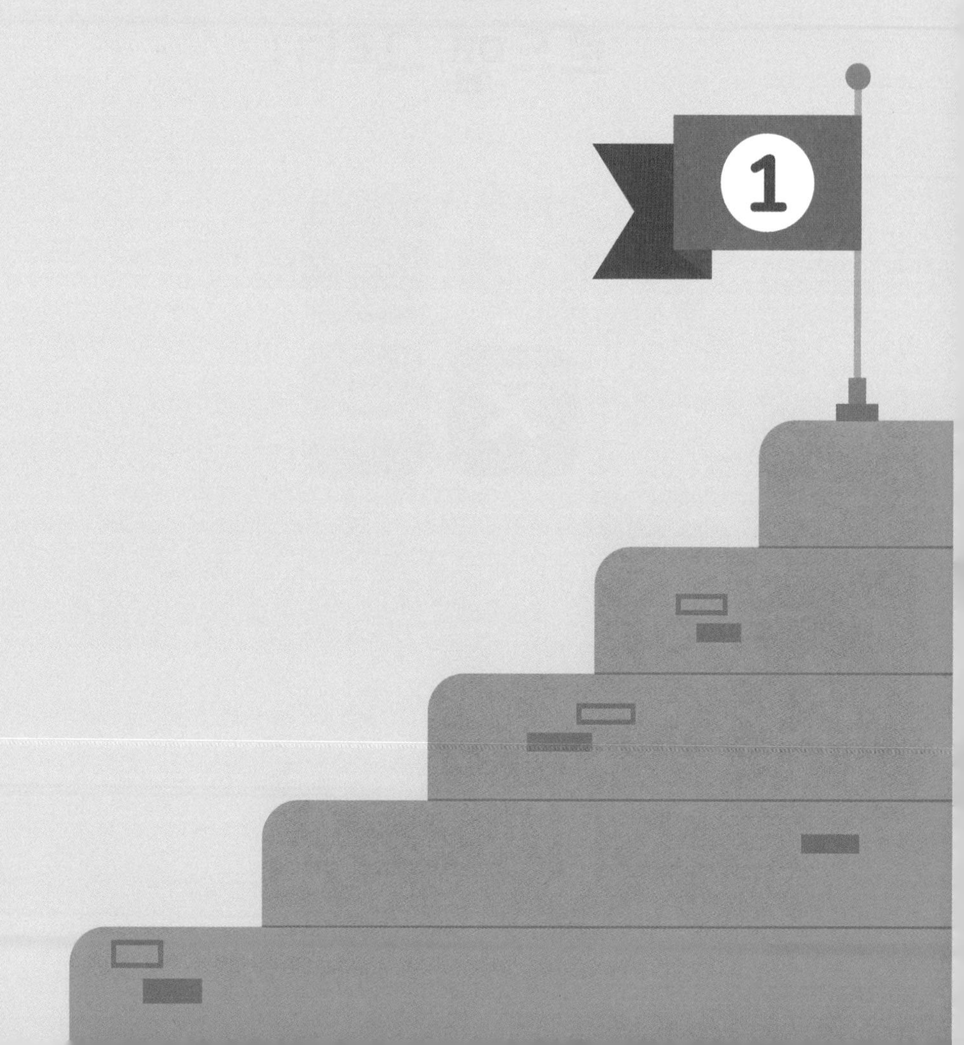

초등수학
로드맵 그리기

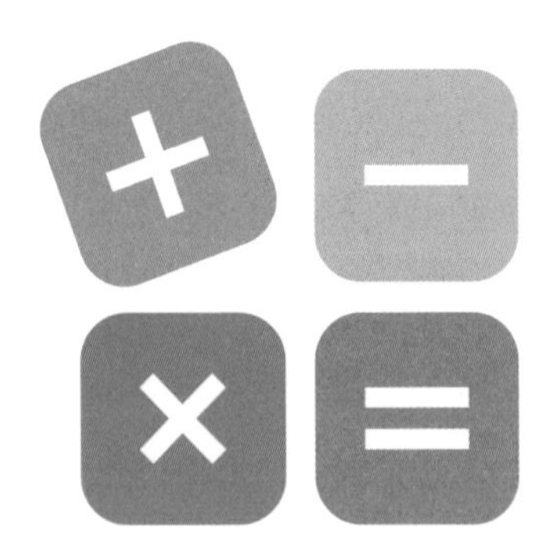

지금까지 우리는 초등교육의 목표와 방법을 다시 점검하고, 수학학습 역량을 키우기 위한 심리적 자산, 그리고 수학학습에 제대로 대비하기 위해 무엇을 선행해야 하는지도 알아보았습니다. 이제 공부할 준비가 된 것 같아요. 정말로 무엇을 어떻게 학습하면 좋은지, 우리 아이의 학년에 맞는 공부 내용은 무엇인지 알아보려고 합니다. 큰 틀에서 세부적인 부분까지 로드맵을 그려가는 과정에서 구체적인 학습 계획을 세우는 데 도움이 되기를 바랍니다.

지금부터 소개할 내용에는 표와 수학 개념들이 많이 나옵니다. 다 우리 아이들이 배우고 익혀야 할 내용이지요. 그러니 무섭거나 싫은 마음은 조금 내려놓고 찬찬히 따라와주세요. 의외로 많이 어렵지 않을뿐더러 자꾸 접하다 보면 재미있기까지 하답니다. 로드맵을 구성하기 위해 초등수학을 큰 틀에서 조망하고, 초등학습의 대전제를 함께 살펴보겠습니다.

수학학습 로드맵이 필요한 이유

요즘은 지도 보기가 생활화되었습니다. 지도는 여러모로 우리 생활을 참 편리하게 해줍니다. 특히 스마트폰 지도는 전혀 모르는 길도 목적지만 정확하다면 최적의 경로로 찾아갈 수 있도록 도와줍니다. 수학학습에서도 이런 스마트폰 지도의 역할을 하는 도구가 있을까, 생각해보았지만 아쉽게도 객관적으로 주어지는 완벽한 경로 같은 것은 없습니다. 우리 아이들은 성향도 수준도 모두 다르니까요.

여기까지 읽으신 부모님은 나름대로 목적지를 결정하셨을 거라 생각합니다. 목적지에 따라 꼭 도달해야 하는 중간 기착지만 잘 점검해도 학습에서의 시행착오를 많이 줄일 수 있습니다. 다만 우리는 학습자가 아니라 학습자를 돕는 위치에 있음을 잊지 마세요. 버스를 탈지 걸어갈지, 세세한 부분은 결국 이 길을 직접 가야 하는 아이가

수학학습 로드맵

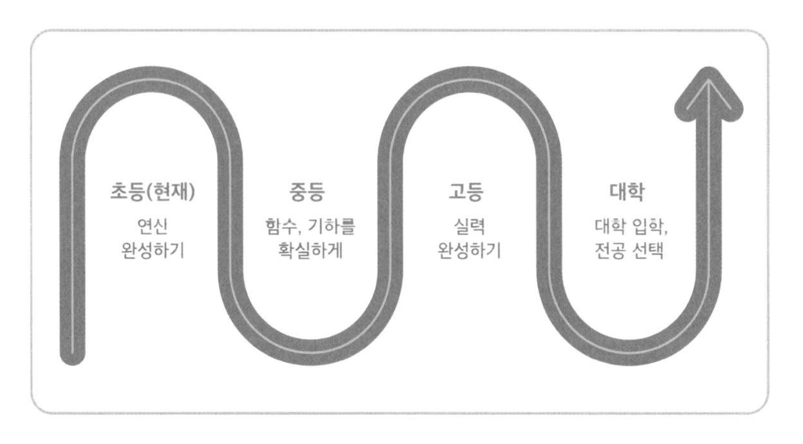

정할 것입니다. 아직 의욕이 넘치는 초등학습자는 목적지 설정과 그에 따른 로드맵을 파악하는 일이 가장 도움을 받아야 할 부분입니다. 이는 아이들 수준에서 하기 힘든 작업이니 어른들의 도움을 받을 필요가 분명 있겠지요.

좋은 계획을 세우는 건 어려운 일입니다. 하물며 초등부터 고등까지 수학의 전 과정을 그리기는 더욱 막연하고 어렵지요. 하지만 고등까지 멀리 보고 수학학습의 방향을 정해야 하는 이유는 분명합니다.

시기별로 꼭 필요한 것을 준비할 수 있다

초등 시기와 중등, 고등 시기마다 학습에 대한 접근법은 분명 다릅니다. 제가 가장 안타까울 때는 중등이나 고등에 사용할 만한 학습법을 초등에서 사용하는 아이들을 볼 때예요. 열심히 하려고 마음

먹고 노력하는데 방향이 잘못되면 그만큼 안타까운 일이 없습니다. 아예 엄두가 나지 않는 경우도 마찬가지입니다. 백지에서 시작하는 것보다는 중간중간 작은 목표들을 확인하면 심적으로 안정될 뿐만 아니라 지금 해야 할 과제에 효율적으로 집중할 수 있습니다.

사교육을 적절하게 활용할 수 있다

목표하는 바가 분명하면 부모님이 중심을 잡고 필요할 때 사교육을 현명하게 이용할 수 있습니다. 학원이든 학습지든 기본 취지는 아이를 위해서 필요할 때 '치고' 목적한 바를 이루어 '빠지는' 것이니까요.

자신 있게 학습을 주도할 수 있다

종종 맘카페에 "3학년 수학 문제 이렇게 푸는 거 맞나요?" "초등학교 5학년 수학이 이렇게 어려워도 되나요?" 등등 수학의 어려움을 호소하는 글이 올라옵니다. 준비하지 않고 갑자기 닥치면 당황스럽고 어렵기 마련이지요. 하지만 분명한 목표와 목표로 향하는 지도 한 장이면 든든하게 길을 떠날 수 있습니다.

초등수학 학습의 대원칙

초등학생은 발달 시기상 구체적 조작기로, 수학의 논리적이고 엄밀한 개념을 익히기 힘든 시기입니다. 교과서에도 집필진들이 최대한 학생들의 수준에 맞추기 위해 고심한 흔적을 볼 수 있습니다. 예를 들어 1~2학년 교과서에는 개념의 정의를 수학적으로 엄밀하게 알려주기보다, 아이들의 눈높이에 맞추어 실물이나 일상생활 속 용어를 사용해 소개하는 모습을 볼 수 있어요. 그런데 학생들을 가르칠 때 이 발달단계를 고려하지 않는 경우가 많습니다. 특히 저학년 부모님은 '무조건 수준이 높으면 좋다'는 욕심은 내려놓는 게 좋습니다. 차근차근 튼튼하게 쌓아가야 도약이 필요할 때 훌쩍 날아오를 수 있습니다.

실물과 교구 사용하기

초등수학 학습의 첫 번째 원칙은 아이들의 발달에 맞추어 적절한 실물과 교구 사용하기입니다. 예를 들어 초등학교 2학년이면 벌써 세 자리 수를 배우기 시작합니다. 수와 자리 수는 아이들도 비교적 많이 경험하고 쉽게 생각하는 영역인데요, 그럼에도 많은 어린이가 100보다 큰 수의 상대적 크기를 이해하지 못한다고 합니다. 그 원인은 아이들이 큰 수를 눈으로 본 경험이 없기 때문이라고 해요.[1] 그러니 100이라는 수가 얼마나 큰 수인지 만들어보고, 세어보고, 수 모형을 만져보고, 조작해보는 것이 이 시기에는 중요하다는 말이죠. 교과서 진도에 맞춘 수 개념 발달을 위해 사용하기 좋은 교구는 다음 표와 같습니다.

수 개념 발달을 위한 교구 사용 시기

학년	1학년	2학년	3학년
도구	• 생활 속 실물 • 수큐브	• 수큐브 • 수모형	• 수모형 • 보드게임
	돈, 돈모형, 계산기		

연령은 교과서 진도를 반영한 것이니 참고만 하시고요, 순서를 기억하시면 좋습니다. 생활 주변의 물건에서 수학화된 교구로 나아가며, 어느 수준 이후에는 실물을 사용할 일은 거의 없어지고 추상적

인 개념만 다루게 됩니다. 이때부터는 본격적인 수학학습의 시작이죠. 그러므로 추상화된 개념을 다루기 전에 실물을 사용해보고, 이 실물의 양감(양이 있는 느낌)을 수학식과 연결시키는 작업은 무엇보다 중요합니다. 수학을 어려워하거나 정서적으로 거부감이 있는 학생들을 살펴보면 초등 시기에 이 단계를 고려하지 않고 학습한 경우가 많습니다.

특히 아이가 수학을 어려워하거나 개념이 부족하다면, 적절한 실물과 교구로 개념을 시각적으로 보여주는 것이 문제를 해결하고 수준을 높이는 열쇠가 될 수 있습니다. 풀어야 하는 문제의 양을 늘리는 것보다 훨씬 효율적이고 확실한 방법입니다.

실물과 교구 사용 단계

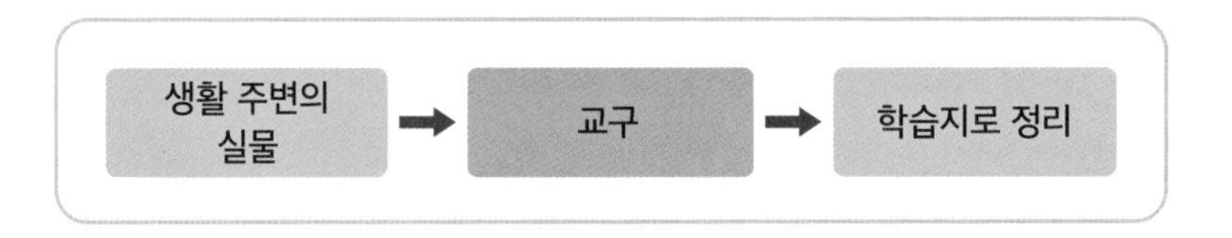

개념 정리하기

두 번째 원칙은 유의미한 경험들을 수학 개념으로 완전히 안착시키기 위해 활동 후 반드시 개념 정리를 해주어야 한다는 것입니다. 이때는 문제 풀이를 활용하는 것도 좋습니다. 더불어 권하고 싶은 정리 활동은 배운 개념을 말이나 글로 다시 출력해보는 것입니다.

여기에 대해서는 2학년 과정의 칸아카데미와 유튜버 놀이, 4장에 나오는 코넬식 수학 공책 쓰기에서 더 자세히 소개하겠습니다. 강조하고 싶은 것은 학습을 하고 나면 반드시 그 개념이 온전히 자기 것이 되었는지 다시 한번 출력해보는 과정이 필요하다는 사실입니다. 이런 습관이 초등 시기에 자리 잡으면 완전 학습이 가능하기 때문에 굉장한 강점이 될 수 있습니다.

정리를 꼭 글로 할 필요는 없습니다. “왜 그렇게 생각했어?” “어떻게 그런 답이 나왔니?”라는 질문을 늘 해주시는 것도 중요하지요. 사고 과정을 서술하는 자체가 수학학습에 큰 도움이 되거든요. 그런데 이럴 때 아이들이 자주 하는 대답이 “그냥” 또는 “몰라”일 때가 많습니다. 그렇다고 너무 걱정하거나 당장 대답하라고 재촉하지 않아도 됩니다.

이제는 교사용 지도서를 인터넷에서 파는 세상입니다. 적절히 사고 과정을 모델링 해주거나, 그냥 함께 고민하는 모습을 보여주는 것

수학학습 정리 방법

<table>
<tr><th>학년</th><th>1~2학년</th><th>3학년 이상</th></tr>
<tr><td rowspan="2">정리 방법</td><td colspan="2">• 문제 풀기
• “어떻게 그런 답이 나왔지?” 질문하기</td></tr>
<tr><td>• 배운 개념을 말로 설명하기
(선생님 놀이, 유튜버 놀이)</td><td>• 배운 개념을 복습 공책에 정리하기
• 문제 만들기</td></tr>
</table>

도 정말 좋습니다. 중요한 점은 계속 질문하고, 생각할 수 있는 시간과 여유를 주는 것입니다. 질문을 듣고 아이들은 결국 생각하게 될 것이고, 과정을 설명하는 일이 결과만큼이나 중요하다는 메시지를 얻을 것입니다.

수학의 큰 틀 파악하기

'빅 히스토리'라는 말을 들어보셨나요? 빅 히스토리는 역사를 '태정태세문단세' 수준이 아니라 우주 탄생부터 시작합니다. 지구는 언제 탄생했으며, 생물이 어떻게 발전해서 인간이 되었고, 문명은 언제 발전했는지 등으로 아주 크게 보는 것이죠. 높은 산 정상에 오르면 갑자기 우리의 고민이 아무것도 아닌 것처럼 느껴질 때가 있지요. 세부적인 것들도 물론 열심히 배워야 하지만 이렇게 더 넓은 관점에서 보면 현재 위치와 할 일에 대해 더 큰 통찰을 얻을 수 있습니다.

초등수학은 크게 보면 수학이라는 학문에서 아주 기초적인 단계입니다. 이제 우리는 입시에서 벗어났으니 학문적으로 더 크게 보라고 말씀드리고는 싶지만, 현실적으로 그러기 어렵다면 최소한 고등수학 정도까지는 보고 계획을 짜는 게 훨씬 좋겠지요. 수학의 큰 틀이 초등수학에서 고등 과정까지 어떻게 넓어지는지 훑어보고 가도록 하겠습니다.

수학의 학문 영역

수학의 학문 영역은 크게 대수, 기하, 해석으로 나뉩니다. 이크, 용어가 심상치 않지요. 하지만 중학교만 가도 이 정도 영역 구분은 익숙해지니 선행해두도록 할까요? 수학은 역사적으로 보면, 나일강 홍수로 매번 토지측량을 다시 해야 했던 이집트에서 기하가 발전했고, 무역을 주로 하던 바빌로니아에서 대수가 발전했습니다. 근대에 들어 라이프니츠와 오일러 등 학자들에 의해 해석 분야가 생겼습니다. 물론 고대 이집트와 바빌로니아에서 기하와 대수라는 말을 사용하지는 않았겠지만, 그 옛날 지식들이 몇천 년이 지난 현대에까지 그대로 사용된다는 사실이 참 놀랍지요. 이것이 수학의 힘입니다. 100년 뒤, 1,000년 뒤의 자손들도 아마 똑같이 대수와 기하를 배우고 있지 않을까요? 더 추가되는 영역이 생길지도 모르겠네요.

수학의 영역

대수	기하	해석
수와 연산	도형	그래프

대수, 기하, 해석 세 영역이 초·중·고 교육과정에서 어떻게 전개되는지 살펴보겠습니다.

교육과정별 수학의 영역[2]

단계	초등	중등	고등
대수 (수와 연산)	자연수, 분수, 소수의 사칙연산	이차방정식	이차방정식
기하 (도형)	• 평면도형의 성질, 넓이, 부피 • 입체도형의 넓이, 부피	피타고라스 정리, 원주각, 닮음	벡터
해석 (그래프)	규칙성	이차함수	미분, 적분

고등수학이 탄탄해지려면 함수, 방정식, 미적분, 그리고 벡터 정도가 최종 목표가 됩니다. 흐름을 한번 눈에 익혀두기를 바랍니다. 초등수학에는 이런 용어들이 나오지 않지만, 당연히 초등에서 배운 내용과 방법들이 뼈대가 됩니다.

위 표에서 주황색 글씨로 표시한 부분은 학자들이 아니라 제가 쓴 것입니다. 따로 자료가 없었거든요. 왜 수학자들은 초등수학에 대해 언급하지 않았을까요? 초등수학이 다루는 내용이 너무 기초적이어서 그렇습니다. 초등학생들에게는 섭섭한 말이지만, 고등수학까지만 놓고 봐도 초등수학은 별로 쳐주질 않습니다. 초등수학은 정말로 기본입니다. 그러니 초등학교 수학 성적이 아무리 좋아도 중고등학교 성적을 보장한다고 볼 수는 없습니다. 제가 계속 초등수학에서 경험과 그릇을 강조하는 이유입니다.

학원의 힘으로 초등 시기에 반짝 우등생이 되었다가 중고등에서 몰락하는 사태를 막으려면, 초등수학부터 철저한 개념 이해를 중심으로 공부하는 것이 답입니다. 당장 단원평가 100점을 목표로 하기보다는, 연산의 원리를 익히고 수학적으로 생각하는 방법을 알아가는 데 초점을 맞춰야 하지요. 초등은 수학이라는 나라의 언어와 문화에 익숙해지는 시기입니다.

기하 영역은 경험의 영향을 크게 받기 때문에 지금부터 다루어줘야 합니다. 『내 아이에게 수학이 스미다』의 저자 김성우 선생님은 "아이에게 블록 같은 장난감은 아낌없이 사주었다"라고 하셨죠. 고개를 끄덕였던 문장입니다. 공간 감각, 방향 감각은 말 그대로 감각이기 때문에 열심히 공부한다고 생기기 힘들거든요. 실물과 경험이 특히 중요한 영역입니다. 비교적 시간 여유가 있는 초등 시기에 공간지각 능력에 신경 써주면 참 좋겠지요. 방향, 구조, 입체에 대한 이해가 없으면 벡터는 물론 미적분을 공부할 때도 애를 먹습니다. 표에는 없지만 '확률과 통계'도 중요한 분야이니 함께 알아두도록 하겠습니다.

지금 설명한 내용이 한 번에 이해되지는 않을지라도 뒤에 나오는 내용을 차근차근 읽어보면 훨씬 익숙해질 수 있을 거예요.

초등수학 5가지 영역 크게 보기

이제 초등수학의 영역들을 본격적으로 살펴보겠습니다. 초등수학은 총 5가지 영역으로 이루어져 있어요. 수와 연산, 도형, 측정, 규칙성, 자료와 가능성입니다.[3]

각 영역별로 초등학교에서 배우게 될 내용들이 나누어지는데요, 이 5가지 영역의 이름에 익숙해지면 아이가 배우는 교과의 내용을 훨씬 체계적으로 파악할 수 있습니다. 수와 양, 도형, 패턴, 확률 등 수학에서 다루는 기본적인 재료들을 모두 다루고 있거든요. 외울 필요까지는 없고, '이 단원은 어떤 영역이지?' 하는 질문을 떠올리고 찾아보기만 해도 좋습니다. 각 영역의 이름과 역할만 구분할 수 있어도 가정에서 학습할 때 훨씬 수월하게 아이의 학습을 도울 수 있습니다.

초등수학 5가지 영역

수와 연산	• 수의 이해와 자연수, 분수, 소수의 사칙연산 • 약수와 배수
도형	• 평면도형과 입체도형의 구성 요소와 성질 • 도형의 이동, 합동, 대칭
측정	• 시간, 길이, 들이, 무게, 각도, 넓이, 부피의 측정 • 평면도형(직사각형, 정사각형, 평행사변형, 삼각형, 사다리꼴, 마름모)의 둘레와 넓이 • 입체도형(직육면체, 정육면체, 원기둥, 원뿔, 구)의 겉넓이와 부피 • 원, 원주율과 원의 넓이
규칙성	• 생활 주변의 여러 현상에서 규칙성 발견하기, 규칙 만들기 • 비, 비율, 비례식, 비례배분
자료와 가능성	• 자료의 수집, 분류, 정리, 해석 • 가능성을 숫자로 나타내기 • 평균

이 표에 있는 내용이 우리 아이들이 6년 동안 배우는 수학의 거의 전부라고 생각해도 됩니다. 모아놓고 보니 양은 적은데, 하나하나가 그리 녹록해 보이지는 않지요.

그렇다면 5가지 영역 중 가장 중요한 내용은 무엇일까요? 가장 쉽거나 어려운 것은요? 심화나 선행이 필요한 부분은 없을까요? 이런 의문을 해결하기 위해 다음에 나오는 '초등수학 영역' 표를 참고하세요. 초등 전 학년의 수학 단원을 순서대로 표시해둔 것입니다. 영역은 색깔로 구분했습니다.

초등수학 영역(1~3학년)

● 수와 연산 ● 도형 ● 측정 ● 규칙성 ● 자료와 가능성

1학년 1학기	2학년 1학기	3학년 1학기
1. 9까지의 수	1. 세 자리 수	1. 덧셈과 뺄셈
2. 여러 가지 모양	2. 여러 가지 도형	2. 평면도형
3. 덧셈과 뺄셈	3. 덧셈과 뺄셈	3. 나눗셈
4. 비교하기	4. 길이 재기	4. 곱셈
5. 50까지의 수	5. 분류하기	5. 길이와 시간
	6. 곱셈	6. 분수와 소수
1학년 2학기	**2학년 2학기**	**3학년 2학기**
1. 100까지의 수	1. 네 자리 수	1. 곱셈
2. 덧셈과 뺄셈(1)	2. 곱셈구구	2. 나눗셈
3. 여러 가지 모양	3. 길이재기	3. 원
4. 덧셈과 뺄셈(2)	4. 시각과 시간	4. 분수
5. 시계 보기와 규칙 찾기	5. 표와 그래프	5. 들이와 무게
6. 덧셈과 뺄셈(3)	6. 규칙 찾기	6. 자료의 정리

이 표를 찬찬히 보면 다음과 같은 점을 생각할 수 있습니다.

수와 연산 영역이 초등수학 전체에서 차지하는 비율이 높다

초등 부모님들의 가장 큰 관심사는 단연 '연산'입니다. 흔히 초등수

초등수학 영역(4~6학년)

● 수와 연산 ● 도형 ● 측정 ● 규칙성 ● 자료와 가능성

4학년 1학기	5학년 1학기	6학년 1학기
1. 큰 수	1. 자연수의 혼합계산	1. 분수의 나눗셈
2. 각도	2. 약수와 배수	2. 각기둥과 각뿔
3. 곱셈과 나눗셈	3. 규칙과 대응	3. 소수의 나눗셈
4. 평면도형의 이동	4. 약분과 통분	4. 비와 비율
5. 막대그래프	5. 분수의 덧셈과 뺄셈	5. 여러 가지 그래프
6. 규칙찾기	6. 다각형의 둘레와 넓이	6. 직육면체의 부피와 겉넓이
4학년 2학기	**5학년 2학기**	**6학년 2학기**
1. 분수의 덧셈과 뺄셈	1. 수의 범위와 어림하기	1. 분수의 나눗셈
2. 삼각형	2. 분수의 곱셈	2. 소수의 나눗셈
3. 소수의 덧셈과 뺄셈	3. 합동과 대칭	3. 공간과 입체
4. 사각형	4. 소수의 곱셈	4. 비례식과 비례배분
5. 꺾은선그래프	5. 직육면체	5. 원의 넓이
6. 다각형	6. 평균과 가능성	6. 원기둥, 원뿔, 구

학은 연산이 전부라는 말을 많이 합니다. 특히 저학년에서 그렇지요. 따라서 이런 수 체계와 연산 기술을 효과적으로 이해하고 연습하는 것이 초등수학을 잘 해내기 위해 중요합니다.

고학년(4~6학년)에 도형과 측정의 비율이 늘어난다

학년이 올라가면서 수와 연산의 비중은 조금씩 줄어듭니다. 중고등학교 과정까지 올라간다면 더 줄어든다고 생각해도 됩니다. 내친김에 초등수학의 5가지 영역이 중고등 과정에서 어떻게 발전해나가는지 볼까요? 아주 간단하게 영역만 나타냈습니다.

<table>
<tr><td colspan="6">초등</td></tr>
<tr><td colspan="2">수와 연산</td><td>도형</td><td>측정</td><td>규칙성</td><td>자료와 가능성</td></tr>
<tr><td colspan="6">중고등</td></tr>
<tr><td>수와 연산</td><td>문자와 식</td><td colspan="2">기하</td><td>함수</td><td rowspan="2">확률과 통계</td></tr>
<tr><td colspan="2">대수</td><td colspan="2">기하</td><td>해석</td></tr>
</table>

수와 연산은 수의 범위가 더 확장되어 그대로 '수와 연산'이라는 영역으로 들어가고, 문자와 식을 통해 방정식으로 이어집니다. 수를 다루는 것은 수학의 기본이기 때문에 열심히 공부해야 하지만, 중고등 시기에는 초등 시기에 비해 그 범위가 줄어든 것을 확인할 수 있습니다.

<table>
<tr><td colspan="6">초등</td></tr>
<tr><td colspan="2">수와 연산</td><td>도형</td><td>측정</td><td>규칙성</td><td>자료와 가능성</td></tr>
<tr><td colspan="6">중고등</td></tr>
<tr><td>수와 연산</td><td>문자와 식</td><td colspan="2">기하</td><td>함수</td><td rowspan="2">확률과 통계</td></tr>
<tr><td colspan="2">대수</td><td colspan="2">기하</td><td>해석</td></tr>
</table>

도형과 측정은 아주 긴밀한 관계에 있습니다. '초등수학 영역' 표에서 같은 색깔로 묶어둔 것을 확인할 수 있지요. 고학년으로 올라갈수록 도형의 둘레, 넓이, 부피를 구하는 측정 영역이 중요해지고 어려워집니다. 아니나 다를까 중고등에서는 기하 영역으로 묶여 있네요.

<table>
<tr><td colspan="6">초등</td></tr>
<tr><td colspan="2">수와 연산</td><td>도형</td><td>측정</td><td>규칙성</td><td>자료와 가능성</td></tr>
<tr><td colspan="6">중고등</td></tr>
<tr><td>수와 연산</td><td>문자와 식</td><td colspan="2">기하</td><td>함수</td><td rowspan="2">확률과 통계</td></tr>
<tr><td colspan="2">대수</td><td colspan="2">기하</td><td>해석</td></tr>
</table>

규칙성은 중학수학의 꽃인 함수와 연결됩니다. 함수는 수능에서도, 생활에서도, 이공계 관련 직업을 찾는다면 직업 생활에서도 굉

장히 중요한 영역입니다. 교육과정을 보면 5학년까지는 이걸 굳이 가르쳐야 하나 싶을 정도로 쉽다가, 갑자기 6학년 비와 비율 단원에서 너무 어려워지는 모습을 보여요. 이 부분은 교과서만 믿기보다 따로 조금 더 공부하는 것이 좋다고 생각합니다.

<table>
<tr><th colspan="6">초등</th></tr>
<tr><td colspan="2">수와 연산</td><td>도형</td><td>측정</td><td>규칙성</td><td>자료와 가능성</td></tr>
<tr><th colspan="6">중고등</th></tr>
<tr><td>수와 연산</td><td>문자와 식</td><td colspan="2">기하</td><td>함수</td><td rowspan="2">확률과 통계</td></tr>
<tr><td colspan="2">대수</td><td colspan="2">기하</td><td>해석</td></tr>
</table>

마지막으로 자료와 가능성입니다. 확률과 통계로 바로 이어지죠. 자료와 가능성도 초등에서는 주로 자료를 분류하고 그래프로 나타내는 활동이 대부분이기 때문에 난이도는 높지 않습니다. 하지만 확률과 통계는 다른 영역들과는 접근법이 상당히 다르고 수학적 사고력을 많이 요구하는 영역입니다. 역시 교과서 외 문제들을 좀 더 다루어보기를 추천합니다.

좀 더 자세히 초등수학의 각 영역들과 그에 따른 공부 방법을 살펴보도록 하겠습니다.

초등수학 5가지 영역 뜯어보기

수와 연산

수학 하면 가장 먼저 떠오르는 영역은 '수와 연산'입니다. 이름 그대로 '수'를 배우며, 수를 이용하고 조작하는 '연산'도 함께 배웁니다. 수는 사물의 양이나 순서를 나타냅니다. 초등에서는 자연수를 먼저 배우고, 분수와 소수까지 뻗어나가지요. 연산도 자연수의 연산, 분수의 연산, 소수의 연산과 같이 수의 종류에 따른 조작 방법들을 배워나갈 것입니다. 수와 연산 영역은 수 감각을 키워주면 학습이 보다 수월합니다. 여기서 수 감각은 수의 위치, 크기, 수 사이의 관계를 오래 생각하지 않아도 감각적으로 이해하는 능력을 말합니다. 학습의 대상이기는 하지만 '감각'이기 때문에 경험의 영향을 많이 받습니다.

초등학교 '수와 연산' 영역의 흐름

1~2학년	3~4학년	5~6학년
• 0, 자연수(한 자리~네 자리 수) • 자연수의 연산	• 자연수의 연산 완성 • 분수와 소수의 개념	• 분수와 소수의 연산 완성

학생들은 자연수를 학습함으로써 추상화된 수와 십진법 체계를 익힙니다. 흐름을 살펴보면 1~2학년에 자연수의 개념을 학습하고, 3~4학년에 자연수의 연산을 완성합니다. 그와 동시에 분수와 소수의 개념을 배우는데, 이 연산을 5~6학년에 다루게 됩니다. 자연수의 확장은 4학년에 나오는 '큰 수' 단원까지고, 실제로는 3학년에 배우는 세 자리 수에서 그 원리에 대한 학습은 끝난다고 볼 수 있습니다. 1~4학년까지는 자연수의 연산을 배우고, 3~4학년이라는 과도기를 거쳐 5~6학년에 분수와 소수의 연산을 주로 공부하게 되지요.

사칙연산은 일반적으로 덧셈과 곱셈은 다소 쉽고, 뺄셈과 나눗셈이 좀 더 어렵습니다. 그중에서도 나눗셈은 가장 복잡한 개념입니다. 즉 초등수학에서 가장 어려운 연산은 분수의 연산, 그중에서도 분수의 나눗셈입니다. 조금 더 학년·학기별로 나누어 보고 싶다면 '수의 체계' 표를 참고하세요. 이 흐름만 알아도 초등수학 학습의 큰 줄기는 파악한 겁니다. 아이와 함께 보는 것도 좋겠지요. 1~2학년은 조금 무리일지 모르지만 3학년만 지나면 어디까지 배웠고 어디까지 배워야 할지 알아보는 것이 학생에게도 도움이 됩니다.

수의 체계

자연수	분수와 소수
• 9까지의 수(1학년 1학기) • 50까지의 수(1학년 1학기) • 100까지의 수(1학년 2학기) • 세 자리 수(2학년 1학기) • 네 자리 수(2학년 2학기) • 큰 수(4학년 1학기)	• 등분할 분수와 소수(3학년 1학기) • 여러 가지 분수(3학년 2학기)

이런 흐름은 중고등 수와 연산 영역에서도 동일합니다. 다루어야 하는 수의 범위가 넓어지고, 이에 따른 연산의 방법을 배우며, 여기에 수를 문자로 바꾸어 본격적인 대수 학습이 더해집니다. 이렇게 익힌 연산 방법은 수학 전 영역에 두루 사용됩니다.

'초등수학에서 계산이 가장 중요하고 계산을 열심히 해야 한다'고 누군가 말한다면 어떤 생각이 들까요? 아무래도 시대에 뒤떨어지고 교육적이지 않은 느낌이 들 겁니다. 하지만 사칙연산을 다루는 초등에서 계산과 연산은 사실상 같은 말입니다. 특히 수와 연산 영역에서는 문제 풀이 위주로 공부하기 쉬운데, 우리 아이가 사고력을 키우는 수학 공부를 하고 있는지 헷갈릴 때는 연산이라는 말을 계산으로 바꿔 생각해보면 도움이 됩니다. 그러면 문제해결만큼이나 연산의 원리를 이해하고 수 감각을 익히는 게 중요하다는 사실이 분명해진답니다. 연산력이 사고력을 마음껏 발휘하기 위한 도구가 되도록 한다는 마음으로 공부하는 것이 좋습니다.

연산

	덧셈과 뺄셈 →	곱셈 →	나눗셈
자연수	**1학년 1학기**		
	• 한 자리 수의 덧셈과 뺄셈		
	1학년 2학기		
	• (한 자리 수인) 세 수의 덧셈과 뺄셈 • 두 자리 수와 한 자리 수의 덧셈과 뺄셈		
	2학년 1학기	**2학년 1학기**	
	• 두 자리 수의 덧뺄셈 (받아올림, 받아내림)	• 묶어 세기와 곱셈의 의미	
		2학년 2학기	
		• 2~9단 곱셈구구 완성하기	
	3학년 1학기	**3학년 1학기**	**3학년 1학기**
	• 세 자리 수의 덧뺄셈 (받아올림, 받아내림)	• (두 자리 수)×(한 자리 수)	• 곱셈식으로 나눗셈의 몫 구하기
		3학년 2학기	**3학년 2학기**
		• (두 자리 수)×(두 자리 수)	• (두 자리 수)÷(한 자리 수) • (세 자리 수)÷(한 자리 수)
		4학년 1학기	**4학년 1학기**
		• (세 자리 수)×(두 자리 수)	• (세 자리 수)÷(두 자리 수)

↓

	덧셈과 뺄셈 →	곱셈 →	나눗셈
분수 · 소수	**4학년 2학기**		
	• 진분수의 덧셈과 뺄셈 • 소수 두 자리 수와 소수 세 자리 수의 덧셈과 뺄셈		
	5학년 1학기	**5학년 2학기**	
	• 약분과 통분 • 분모가 다른 진분수, 대분수의 덧셈과 뺄셈	• (분수)×(자연수) (자연수)×(분수) • 여러 가지 분수의 곱셈 (소수)×(자연수) (자연수)×(소수) (소수)×(소수)	

↓

자연수 · 분수 · 소수			**6학년 1학기**
			• (자연수)÷(자연수) • (분수)÷(자연수) • (대분수)÷(자연수) • (소수)÷(자연수)
			6학년 2학기
			• (분수)÷(분수) 동분모 • (분수)÷(분수) 이분모 • (자연수)÷(소수) • (소수)÷(소수)

연산을 어려워하는 시기는 2학년 곱셈구구, 3~4학년의 분수와 나눗셈, 5학년 분수의 덧셈·뺄셈·곱셈, 6학년 분수의 나눗셈 정도입니다. 연산 영역에서 아이들이 힘들어하는 부분은 분수 그리고 분수의 연산에 집중됨을 알 수 있습니다. 분수의 연산 개념을 이해하고 문제를 해결할 수 있다면 초등수학의 절반 이상이 해결되는 셈입니다.

도형과 측정

도형과 측정은 긴밀한 관계로 이루어져 있으며, 1~2학년, 3~4학년, 5~6학년의 학년군별 특징이 뚜렷한 영역입니다. 1~2학년 시기에는 지나치게 쉬운 것 같지만, 4학년을 지나면서 난이도가 훌쩍 높아집니다.

1~2학년: 생활 밀착형 학습

학생들도 쉽다고 느낄 정도로 난이도가 낮고, 놀이와 실물 교구를 다루는 내용이 중심이 됩니다. 이 시기에 배우는 것들은 시계 보기, 날짜 알기 등 상식적인 것들도 많기 때문에 생활 속에서 알려주면 도움이 됩니다. 난이도가 쉬운 만큼 다양한 도형 교구를 다루어보기에 좋은 때입니다. 특히 이 시기에 가위질, 종이접기, 색칠하기 등 소근육을 발달시킬 수 있는 활동들을 많이 해둔다면 작도가 많이 나오는 3~4학년 과정에서 당황하지 않습니다.

1학년		
학기	1학기	2학기
단원	2. 여러 가지 모양	3. 여러 가지 모양
내용	• 입체도형	• 평면도형
단원	4. 비교하기	5. 시계 보기와 규칙 찾기
내용	• 길이, 무게, 넓이, 들이	• '몇 시 30분'까지 읽고 나타내기
2학년		
학기	1학기	2학기
단원	2. 여러 가지 도형	4. 시각과 시간
내용	• 원, 삼각형, 사각형, 오각형, 육각형 • 변과 꼭짓점 • 쌓기나무	• '몇 시 몇 분' '몇 시 몇 분 전' • 1시간=60분, 하루=24시간, 오전과 오후 • 1주일, 1개월, 1년
단원	4. 길이 재기	3. 길이 재기
내용	• 표준단위의 필요성과 cm, m의 도입	• 몇 m, 몇 cm로 길이 재기, 길이의 합과 차

1~2학년 도형과 측정 학습 도우미

- **체중계, 줄자, 키재기 자 등의 측정 도구:** 표준단위를 도입하는 시기입니다. 다양한 측정 단위의 덧뺄셈은 학생들이 어려워하는 연산입니다. 생활에서 많이 접해보았다면 훨씬 덜하겠지요? 측정 도구들을 미리 많이 사용해본 경험이 자신감을 줍니다.

• **보드게임**: 주플, 꼬치의 달인, 할리갈리 등 간단하면서도 순발력이 필요한 보드게임을 즐기며 수학의 즐거움을 느끼도록 이끌어주면 좋습니다.

〈 주플과 꼬치의 달인 〉

• **교구**: 빨대블록, 칠교놀이, 입체사목 등은 이 시기에 활용하기 좋은 교구들입니다. 모두 도형의 구조와 입체를 익히는 데 도움을 줍니다. 루크도 아주 좋은 교구입니다. 중학년에서 빛을 발하겠지만 그리 어렵지 않기 때문에 이 시기에 해도 좋습니다.

〈 칠교놀이와 입체사목 〉

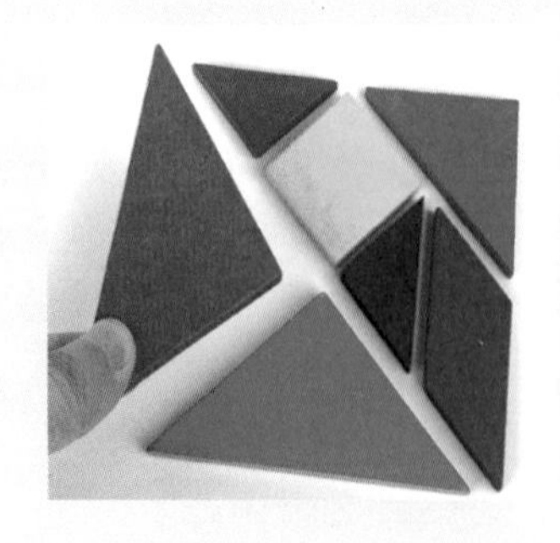

3~4학년: 개념과 논리를 익히는 시기

3학년부터 선분, 각, 수직, 평행 등 도형의 기본 개념들이 나오기 시작합니다. 모두 고등까지 쭉 쓰는 개념들이니 정확하게 익혀두는 것이 좋은데, 학생들 입장에서는 갑자기 수학이 까다로워졌다고 느끼기 쉽습니다. 도형의 특징을 달달 외우는 상황이 되지 않으려면, 여러 가지 교구들의 도움이 필요합니다. 눈으로 하는 공부는 이 시기에 학습 부담을 가중하기 쉽습니다. 직접 선도 그어보고, 그려보고, 만들어보는 경험을 많이 할 수 있도록 이끌어주세요. 새로운 용어가 많이 나오기 때문에 그날그날 배운 내용을 정확하게 정리하는 습관은 큰 도움이 됩니다.

3학년		
학기	1학기	2학기
단원	3. 평면도형	5. 원
내용	• 선분, 반직선, 직선 • 각, 직각 • 직각삼각형, 직사각형, 정사각형	• 원의 성질 • 원의 작도(컴퍼스로 원 그리기)
단원	5. 길이와 시간	5. 들이와 무게
내용	• 1분=60초 • 1cm=10mm, 1km=1,000m • 시, 분, 초 단위 시간의 덧셈과 뺄셈	• 들이 1L=1,000mL • 무게 1t=1,000kg, 1kg=1,000g • 들이와 무게의 덧셈과 뺄셈

<table>
<tr><th colspan="3">4학년</th></tr>
<tr><th>학기</th><th>1학기</th><th>2학기</th></tr>
<tr><td>단원</td><td>2. 각도</td><td>2. 삼각형</td></tr>
<tr><td rowspan="3">내용</td><td rowspan="3">• 각의 크기 비교, 측정, 작도
• 직각, 예각, 둔각
• 각도의 어림, 각도의 합과 차
• 삼각형의 세 각의 크기의 합
• 사각형의 네 각의 크기의 합</td><td>• 이등변삼각형과 정삼각형
• 예각삼각형과 둔각삼각형</td></tr>
<tr><td>4. 사각형</td></tr>
<tr><td>• 수직, 평행, 수선과 평행선의 작도
• 사다리꼴, 평행사변형, 마름모의 개념과 성질, 포함관계</td></tr>
<tr><td>단원</td><td>4. 평면도형의 이동</td><td>6. 다각형</td></tr>
<tr><td>내용</td><td>• 평면도형의 밀기, 돌리기, 뒤집기</td><td>• 다각형, 정다각형
• 대각선</td></tr>
<tr><td>단원</td><td>5. 막대그래프</td><td>5. 꺾은선그래프</td></tr>
<tr><td>내용</td><td>• 막대그래프의 해석
• 막대그리프 그리기</td><td>• 꺾은선그래프의 해석
• 꺾은선그래프 그리기</td></tr>
</table>

3~4학년 도형과 측정 학습 도우미

- **도서**
  - 『창의력을 채우는 놀이 수학: 도형편』(장지은, 넥서스)
  - 『대칭놀이』(로렌 리디, 미래아이)
  - 『신기한 종이 오리기』(이시카와 마리코, 길벗스쿨)
- **네이버 지도:** 3~4학년은 나와 가정, 학교에서 나아가 우리 고장에 대해 배우는 시기입니다. 지도를 도입하기 적절한 학년이지요. 가까

운 곳은 지도를 찍어 가는 길을 찾아보고, 실제로 지도를 사용해 목적지로 찾아가는 활동을 해볼 수 있습니다. 지도 보기, 지도 보고 길 찾아가기, 지도 그리기는 관찰력과 방위에 대한 지식, 공간 감각을 키울 수 있는 최고의 방법입니다. 우리 마을을 다양하게 다녀보는 경험도 중요하겠지요.

- **보드게임**: 3~4학년은 발달단계나 시간적 여유를 고려했을 때 보드게임과 교구를 활용하기 가장 적절한 시기입니다. 펜토미노로 놀이하는 우봉고와 블로커스, 수 감각과 방향 감각을 동시에 길러주는 1258과 큐비츠 등을 플레이하면서 공간과 입체, 방향에 대한 이해를 키워주세요. 오목도 아주 재미있어하는 시기입니다. 체스와 바둑도 좋습니다.

〈 우봉고와 블로커스 〉

- **교구**: 이 시기에 가장 활용도가 높은 교구는 지오보드로, 점판이라고도 합니다. 고무줄을 걸어 여러 가지 도형을 만들 수 있는 간단한 교구입니다. 4학년에 나오는 많은 도형들의 정의를 그냥 외우려고 들면 잘 외워지지도 않고, 기억에 오래 남지도 않습니다. 지오보드를 통해 하나하나 만들어보고, 게임처럼 익히는 활동을 해보면 좋습니다.

간단한 교구들이 그렇듯 막상 활용하려면 어떻게 해야 좋을지 모를 때가 많습니다. 수학자 김종락 교수님이 만든 보드게임 사이트 '매트리킹(www.matricking.com)'에 예시가 잘 나와 있으니 참고해 활동하세요. 소마 큐브와 패턴블록, 퍼즐 등도 이 시기에 즐길 수 있는 교구입니다.

〈 지오보드 〉

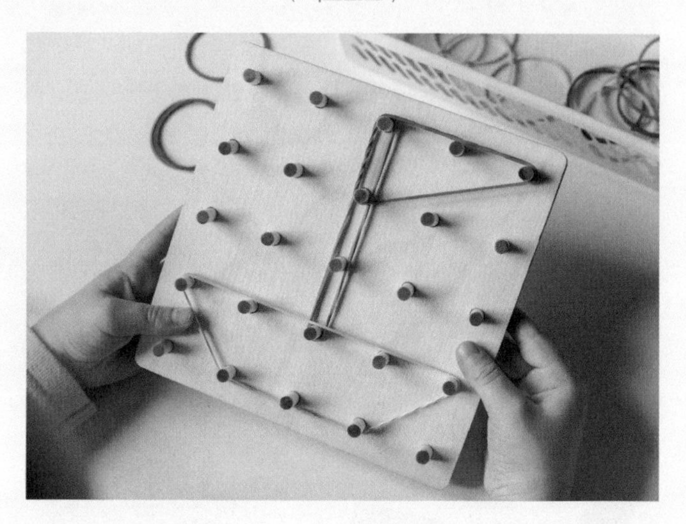

5~6학년: 논리가 치밀해지는 시기

5학년		
학기	1학기	2학기
단원	5. 다각형의 둘레와 넓이	1. 수의 범위와 어림하기
내용	• 정다각형의 둘레 • 넓이 표준단위의 필요성과 $1cm^2$ • 직사각형, 평행사변형, 삼각형, 마름모, 사다리꼴의 넓이 • $1m^2$=10,000cm^2, $1km^2$=1,000,000m^2	• 이상과 이하, 초과와 미만 • 수의 범위 • 올림과 버림, 반올림
		3. 합동과 대칭
		• 합동, 합동인 도형의 성질 • 선대칭 도형, 점대칭도형의 개념과 작도
		5. 직육면체
		• 직육면체와 정육면체 • 겨냥도와 전개도

6학년		
학기	1학기	2학기
단원	2. 각기둥과 각뿔	3. 공간과 입체
내용	• 각기둥과 각뿔의 전개도	• 쌓기나무
		5. 원의 넓이
		• 원주율, 원의 지름, 원의 넓이
단원	6. 직육면체의 겉넓이와 부피	6. 원기둥, 원뿔, 구
내용	• 직육면체의 겉넓이와 부피	• 원기둥, 원뿔, 구의 구성 요소와 성질

5~6학년 도형과 측정 학습 도우미

- **보드게임:** 몸과 마음이 커진 만큼 다룰 수 있는 보드게임도 많아집니다. 맨해튼, 카탄, 티츄처럼 여러 라운드를 돌며 긴 시간을 드는 게임이나 달무티, 이스케이프 룸처럼 스토리가 포함된 보드게임을 플레이할 수 있는 연령입니다. 추리, 협력, 관찰 등 종합적인 능력을 요구하는 미크로 마크로 크라임시티 같은 복잡한 게임도 이 시기에 좋습니다. 호흡이 길거나 여러 번의 플레이가 필요한 보드게임을 해보면서, 집중 시간도 늘리고 두뇌 플레이도 즐기도록 이끌어주세요.

〈 미크로 마크로, 달무티, 티츄 〉

- **교구:** 4D 프레임, 자석블록 등이 있습니다. 유아 시기에 많이 가지고 노는 자석블록은 5학년부터 나오는 다양한 입체도형의 전개도를 눈으로 확인할 수 있는 최고의 교구입니다. 버리지 마세요.

규칙성

함수의 기초가 되는 영역입니다. 초등에서는 2, 4, 5학년에 규칙 찾기의 형태로 드문드문 나오다가 6학년에서 돌연 매운맛으로 변하는 모습을 볼 수 있습니다. 6학년에서 배우는 비와 비율, 비례식, 비례배분은 모두 분수와 관련되어 쉽지 않은 개념들입니다. 생활 속에서 분수뿐만 아니라 비율과 퍼센트를 눈여겨보고 다양하게 학습해둘 필요가 있습니다.

학년	2-1	4-1	5-1	6-1, 6-2
내용	규칙 찾기	규칙 찾기	규칙과 대응	비와 비율, 비례식과 비례배분

1~4학년 규칙성 학습 도우미

- **교구:** 패턴블록, 모양블록, 쌓기나무 등으로 분류와 규칙성에 대한 경험을 쌓아두는 것이 좋습니다.
- **보드게임:** 사피로, 큐비츠, 세트(SET) 등 패턴을 구별하는 보드게임이 도움이 됩니다.

5~6학년 규칙성 학습 도우미

- **문제집:** 『초등연산 분수 소수 백분율 연결고리 학습법』(키 수학학습방법연구소, 키출판사)은 분수와 소수, 백분율이 사실 같은 개념에서 쭉 연결된다는 것을 잘 정리해준 문제집입니다. 키출판사 문제집들은 대체로 개념 연결에 강점이 있습니다.

자료와 가능성

수와 연산이 주가 되는 초등수학에서 소외되기 쉬운 영역입니다. 하지만 자료의 정리와 그래프 그리기 정도로 재미있게 배울 수 있습니다. 그나마 가장 난이도가 있고 중고등 영역의 맛보기로 나오는 내용이 5학년 과정의 '평균과 가능성'입니다. 소홀히 넘어가면 안 되겠죠? 6학년 과정에서도 띠그래프, 원그래프가 분수의 연산 및 백분율과 이어지므로 고학년에서 갑자기 어려워지는 영역이기도 합니다.

학년	2-1	2-2	3-2	5-2	6-1
내용	분류하기	표와 그래프	자료의 정리	평균과 가능성	여러 가지 그래프

자료와 가능성 학습 도우미

- **어린이신문:** 신문은 통계와 도표를 자연스럽게 볼 수 있는 가장 좋은 매체입니다. 사회 현안과 연결해볼 수 있으니 더 좋겠죠?
- **보드게임:** 세트는 확률과 분류를 확실하게 체험할 수 있는 게임입니다. 세트 게임 자체도 능숙해지는 데 시간이 걸리지만, 이를 수식과 연결시키면 순식간에 중학교 난이도로 올라가서 확실한 심화 활동이 됩니다.
- **도서**
  - 『아기 염소는 경우의 수로 늑대를 이겼어』(고자현·황하석, 뭉치)
  - 『파스칼은 통계 정리로 나쁜 왕을 혼내줬어』(서지원·백선웅, 뭉치)

초등수학 5가지 영역
파헤치기

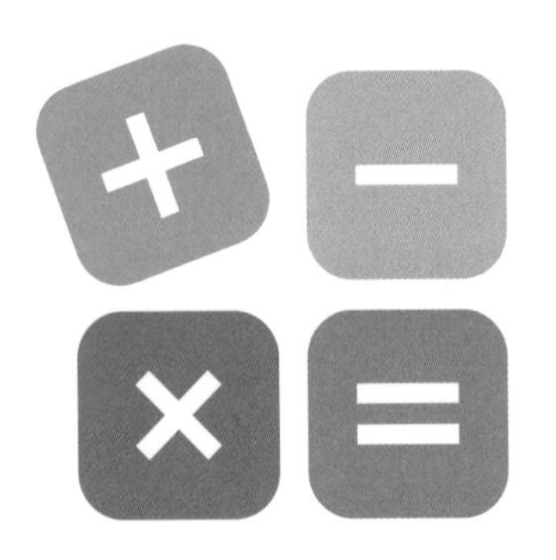

학습 내용을 학년별로 좀 더 자세히 살펴보겠습니다. 가장 중요한 수와 연산, 그중에서도 학생들이 가장 어려워하거나 오개념이 생기기 쉬운 개념을 중심으로 설명했습니다. 한꺼번에 다 보기는 힘들 수도 있지만, 아이가 속한 학년과 그 앞뒤 내용 정도를 훑어본다고 생각하시면 좋겠습니다. 특히 앞부분은 꼭 보시길 권합니다. 3학년이라면 1~2학년 과정도 어떤 경로로 개념을 습득하면 좋은지 보고, 아이에게 부족한 부분을 판단할 수 있기 때문입니다.

저학년 분량이 고학년에 비해 훨씬 많습니다. 연령이 낮을수록 그만큼 가정에서 해줄 수 있는 범위가 크다는 의미로 받아들이시면 좋겠습니다. 이미 아이가 고학년이더라도 이전 학년에서 잘 모르고 넘어갔던 부분이나 필요한 경험들을 보충해주면 현행학습이 훨씬 수월해집니다. 마찬가지로 심화나 선행을 하겠다고 마음먹었다면 무엇을 중점으로 해야 할지도 확인하시기 바랍니다.

수와 연산: 수

초등수학의 하이라이트는 바로 수와 연산 영역입니다. 수 영역의 목표는 수 감각을 익히고 진법 체계를 이해하는 것이며, 특히 연산의 기초인 십진법을 익히는 것입니다. 이 책에서는 이해를 돕고자 수와 연산을 따로 설명했지만, 수에 대한 이해는 연산에 대한 이해로 이어집니다.

1~2학년: 수 세기와 자리 수

수 세기라니, 너무 쉽다고 생각하시나요? 학생들은 생각보다 수 세기에 능숙하지 못합니다. 그래서 이 시기에 실물을 세는 경험을 많이 하는 것이 좋습니다. 수 세기를 한다는 것은 단순히 수를 셀 줄 아는 것을 포함해 수학적으로 더 다양한 뜻을 지니고 있습니다. 우선 수 세기의 원리 두 가지만 짚고 넘어가겠습니다.

① 일대일 대응의 원리: 세는 대상 하나에 수 이름을 하나만 대응해야 한다.
② 기수의 원리: 마지막으로 사용된 수 이름이 대상의 개수다.[4]

일대일 대응은 말 그대로 하나의 사물에 하나의 수 이름을 붙인다는 뜻입니다. 집합과 함수에서 아주 중요한 개념이죠. 집합과 함수는 중고등학교 때 배우는 개념 아니냐고요? 맞습니다. 그러니 초등학교 1학년 때 대충 넘기지 말고 차근차근 배워가야 하지요. 수열이나 부등식, 함수 등 고등학교 수학 문제에는 수의 범위를 구하는 문제가 많이 나옵니다. ②의 원리는 간단히 말해 이런 것입니다.

"1, 2, 3, …, 9, 10. 다 셌다."
"10까지 세었구나. 그럼 과자가 몇 개인 거지?"
"10개요."

이 당연한 대화를 수학적으로 설명해보자면 '1에서 n까지 세었다면 그 집합의 수는 n개다'입니다. 이 원리를 알고 수 세기를 하는 것이 고등학교 수학에 영향을 미친다는 사실이 믿어지시나요?

우리말 수와 한자어 수 세기의 다양한 사용

우리말 수 세기	하나, 둘, 셋, 넷…
	첫째, 둘째, 셋째, 넷째…
	하루, 이틀, 사흘, 나흘…
한자어 수 세기	일, 이, 삼, 사…
개수 세기(기수)	"사과가 10(열)개 있다." "내 몸무게는 35(삼십오)kg이야."
순서 세기(서수)	"8(여덟)번째 앨범 발매!" "형은 3(삼)남매 중 첫째야."
구별하기(명명수)	"704(칠백사)번 버스를 타면 돼."

또한 한국어에는 우리말 수 이름과 한자어 수 이름이 따로 있으며 상황에 따라 다르게 사용됩니다. 다양한 체계의 수 세기를 익혀야 하지요. 기수는 "몇 개인가?"라는 질문의 답이며, 서수는 순서수의 준말로 "몇 번째인가?"라는 질문의 답입니다. 교과서에서는 스치듯 다루기에 많은 학생이 어려워하니 따로 도움을 주면 좋습니다. 자릿값의 개념 또한 수 세기를 통해 발달할 수 있으므로 유아부터 초등 저학년 시기는 실물을 체계적으로 세어보는 경험이 중요합니다.

수 세기 학습 도우미

- **질문하기:** "과자는 1박스에 몇 개가 들었을까?" "젤리는 1봉지에 몇 개가 들었을까?" "클립 1통에 들어 있는 클립의 수는?" "바둑알은 1통에 몇 개가 들었을까?"

- **다양한 교구 활용하기:** 간식이나 아이들이 좋아하는 자잘한 학용품들은 즐겁게 수 세기를 할 수 있는 좋은 교구입니다. 특히 과자나 젤리를 먹을 때 몇 개가 들어 있을지 예상해보고 먹기 전에 세어보는 것만으로도 수 세기에 익숙해질 수 있습니다. 수를 셀 때 2개씩 혹은 10개씩 묶어 세면 편하다고 느낄 수 있도록 많은 양을 제공해주는 것도 좋습니다.
- **수 이름 익히기:** '일흔' '여든'처럼 불규칙하게 바뀌는 우리말 수 이름을 어려워하는 경우가 많으니 수 세기를 통해 틈틈이 연습하게 도와주세요.

▶ 주니토니 1부터 100까지 숫자 세기 노래

1~2학년의 수 단원에서 가장 핵심적인 개념은 '자리 수'입니다. 우리가 사는 세계는 십진법의 세상입니다. 십진법은 숫자 10개가 모이면 자리 수가 바뀐다는 뜻이죠. 이 십진법 체계를 이해하는 것은 세상을 이해한다는 것과 동일한 말입니다. 그러니 '10개를 모은다' '10이 모여 자리 수가 바뀐다'라는 십진법의 기본 개념을 충분히 이해하는 것이 중요합니다. 수 체계를 배우는 단원에서 가장 어려운 문제는 '뛰어 세기'와 '큰 수, 작은 수 만들기' 정도입니다.

뛰어 세기는 다음 문제처럼 천의 자리, 백의 자리, 십의 자리가 각각 커진다는 것을 알고 알맞게 빈칸을 채우는 문제입니다.

▶ **문제:** 빈칸에 들어갈 알맞은 숫자를 채워 넣으세요.

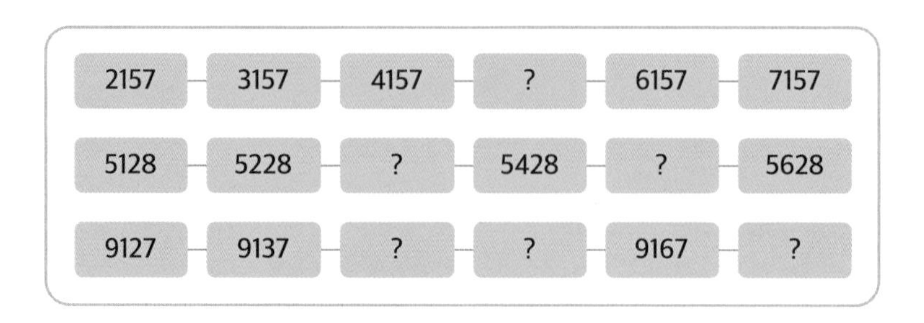

수 카드를 이용해 일정한 범위 안에서 가장 큰 수와 가장 작은 수를 만드는 문제도 자주 나옵니다. 수를 만들거나 크기를 비교하는 활동을 자유롭게 할 수 있다면 자리 수 개념을 잘 익혔다고 볼 수 있습니다.

▶ **문제:** 네 자리 수의 크기를 비교했습니다. 1부터 9까지의 수 중에서 □ 안에 들어갈 수 있는 수를 모두 써보세요.

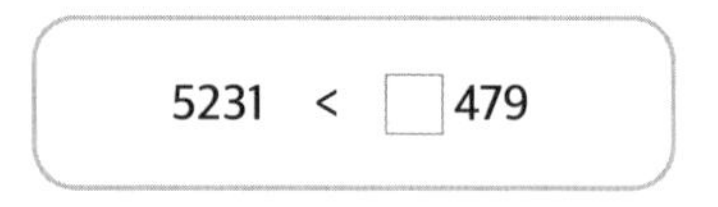

저학년 수학은 원리를 생각하지 않고 단순하게 문제해결에만 집중한다면 싱거울 정도로 문제가 쉽고, 대개는 반복을 통해 어렵지 않게 해결할 수 있습니다. 그런 함정에 빠지지 않기를 바랍니다. 이런 문제들의 목표는 '자리 수와 십진법의 원리를 이해하는 것'입니다.

3~4학년: 큰 수와 자리 수

4학년 1학기에 나오는 큰 수 단원에서는 억, 조 단위까지 나옵니다. 실제로 정부 예산이나 인구, 제품 가격 등 우리가 일상에서 사용하는 수는 큰 수가 많지요. 학생들이 큰 수를 어려워하는 이유는 다음과 같습니다.

① 끊어 읽기가 제대로 안 되는 경우
② "일, 십, 백, 천, …" 하다가 집중력을 잃는 경우
③ 자리 수의 개념이 아직 명확하지 않은 경우

①, ②는 큰 수에 겁먹지 않으면 이내 좋아집니다. 우리나라의 숫자 단위는 0을 4개씩 끊어 읽을 때 명확해집니다. 끊어 읽기를 알려주세요.

1,0000 → 1만
1,0000,0000 → 1억
1,0000,0000,0000 → 1조

하지만 실제로는 0을 3개씩 끊어 읽는 영어권 표현이 폭넓게 사용되므로 다음과 같이 표기하지요. 안타깝지만 눈에 잘 익히는 수밖에 없습니다.

10,000 → 1만

100,000,000 → 1억

1,000,000,000,000 → 1조

③의 경우는 조금 문제가 됩니다. 자리 수 개념은 중요하므로 지금 바로잡아주는 것이 좋겠죠? 이 시기에 활용하기 참 좋은 교구가 '돈'입니다. 돈을 세면 비교적 큰 자리 수도 부담 없이 사용할 수 있을뿐더러 자리 수 개념도 효과적으로 익힐 수 있습니다.

자리 수 학습 도우미

- **보드게임:** 부루마불, 모노폴리 등의 보드게임은 여러 종류의 화폐를 실제 맥락에서 사용해볼 수 있기 때문에 4학년 학생들이 하면 특히 좋은 게임입니다. 은행 역할은 필요한 돈을 내주고, 거스름돈을 내주고, 잔돈을 바꿔주어야 하기 때문에 자연스럽게 자릿값과 수 개념을 익힐 수 있습니다. 계산이 느리거나 수 개념이 부족한 아이라면 부모님이 충분히 시범을 보여주신 후 시도해보도록 하는 것이 좋습니다.
- **교구:** 거스름돈을 모아두는 동전통이나 잔돈을 모아두는 저금통 등은 정말 좋은 교구가 됩니다. 돈을 잘 세려면 같은 단위끼리 묶어야 하고, 그것을 또 10개씩 묶어서 합해야 합니다.
- **문제집:** 『머니수학』(편집부, 기탄출판)은 보드게임이나 교구 활동 후 풀어보면 좋습니다. 학년도 표기되어 있지 않고, 뛰어 세기를 통해 자리 수를 충분히 익힐 수 있습니다.

수와 연산: 연산

학생들의 수학 자신감과 직결되는 영역이 바로 연산 영역입니다. 중고등으로 올라가면 연산 영역의 비중 자체는 줄어들지만 사실상 초등에서 배운 연산이 사용되지 않는 영역은 거의 없다고 볼 수 있습니다. 관심이 많아서 그런지 오해가 많은 영역이기도 합니다.

가끔 연산 연습이 수학적 사고력을 해치는 것이 아닌가 하는 의문을 가지는 분들을 봅니다만, 기본 연산을 얼마나 빠르고 정확하게 처리하는지가 고차원적인 수학 문제해결에 결정적이라는 의견[5]이 일반적입니다. 수학을 이해하는 데 중요한 부분인 만큼 유아기부터 훑어보겠습니다.

유아기~초등 저학년: 수 세기와 직산

유아 수학은 수 세기가 8할입니다. 사실 1학년 과정에서 더 중요하지만, 학교에서 많이 강조하지 않기 때문에 유아기에 충분히 접하게 해줄 것을 권합니다(앗, 선행학습인가요?). 수 세기는 초등학교 2학년까지는 계속 해주는 게 좋고, 큰 수를 세는 것은 보통 3학년까지지도 좋아하는 활동입니다.

다음으로 이 시기 아이들에게 꼭 권하고 싶은 활동은 '직산' 연습입니다. 직산이란 바로 보고(직) 몇 개인지 아는(산) 능력으로, 즉각적 인지라고도 부릅니다. 4개가 있으면 "1, 2, 3, …" 하고 세는 게 아니라 척 보고 "4"라고 하는 것이죠. 연산이 빠른 아이들은 백이면 백, 이 직산 능력이 우수합니다. 예시를 볼게요.

"이겼다! 자, 친구들은 4칸을 색칠하세요."
"4칸이요? 하나, 둘, 셋, 넷. 다했어요."
"이번엔 8점. 8칸을 색칠하세요."
"8칸이요? 하나, 둘, 셋, 앗, 선생님 잠깐만요!"

제가 수업 시간에 자주 하는 '가위바위보 해서 이긴 사람이 색칠하기' 놀이입니다.[6] 이 놀이를 해보면 아이들의 수 개념이 얼마나 발전했는지 한눈에 볼 수 있습니다. 특히 5보다 큰 수를 색칠할 때 수학적인 감각이 있는 친구들은 '8칸을 색칠해야 한다=한 줄이 10칸이니까 2칸 덜어낸다, 혹은 아까 4칸을 했으니 4칸만큼 더 색칠한다'와 같은 사고가 빠르게 됩니다. 생각의 과정 자체가 연산과 굉장히 유사하죠?

하지만 이럴 때 2칸, 4칸이 바로 보이지 않는 친구들, 즉 직산에 대한 연습이 부족한 친구들은 속도가 현저히 느립니다. "하나, 둘" 이렇게 세고 있으니 당연하겠죠. 그래서 활동이 중요합니다. 이럴 때 살짝 가서 어떻게 하는지 귀띔해주기만 해도 대부분 확실히 좋아집니다.

"방금 4칸 했으니까 여기서 4칸만 더 표시하면 되지?"
"2, 4, 6, 이렇게 뛰어 세면 훨씬 빠르게 할 수 있어."

제가 어릴 때는 '짤짤이'라는 놀이가 있어서 직산 연습을 자연스럽게 할 수 있었습니다. 동네마다 용어는 조금씩 다를 것 같은데, 일반적으로 손안에서 동전을 짤짤 흔들다가 주먹을 내밀고 "몇 개?" 혹은 "홀짝?"을 물어보면 상대방이 맞히는 놀이입니다. 친구가 주먹을 펴고 동전을 보여주었을 때 답을 맞혔는지 확인하려면 동전을 세어야겠죠. 많이 하다 보면 자연스럽게 눈으로 수를 파악하는 연습이 됩니다. 바둑돌이나 동전만 있으면 간단하게 할 수 있는 놀이니 가정에서도 해보시기 바랍니다. 2~3학년 아이들과도 해봤는데 의외로 아주 쉽다고는 하지 않더군요.

수 세기와 직산은 사칙연산 전체의 기초가 됩니다. 그래서 학습을 준비하는 유아 시기에 다양한 방법으로 연습해두면 큰 도움이 될 것입니다.

1학년: 가르기와 모으기, 암산

학기	단원	학습 요소
1-1	3. 덧셈과 뺄셈	• 9 이하의 수 가르기와 모으기 • 두 수의 합이 9 이하인 덧셈과 한 자리 수의 뺄셈 • 0의 덧뺄셈
1-2	2. 덧셈과 뺄셈	• 받아올림이 없는 두 자리 수와 한 자리 수의 덧뺄셈
	4. 덧셈과 뺄셈	• 한 자리 수인 세 수의 덧셈과 뺄셈 • 10이 되는 더하기와 10에서 빼기
	6. 덧셈과 뺄셈	• 10을 이용한 모으기와 가르기 • 두 자리 수 범위에서의 덧셈과 뺄셈

1학년 교육과정의 수준이 너무 낮다고 생각하는 분들이 있습니다. 언뜻 싱거워 보이지만 수학 교과서가 아이들에게 정말 필요한 것을 필요한 수준으로 다루고 있다는 사실, 저도 공부하고 직접 가르쳐보고서야 이해할 수 있었습니다. 1학년 과정은 연산 전체 과정의 기초이기 때문에 차근차근 단계를 밟아가면서 정확하게 익히도록 도와주는 것이 정말 중요합니다. 이 시기에 특히 강조하고 싶은 것은 두 가지입니다.

가르기와 모으기

가르기와 모으기는 말 그대로 수를 2개, 3개로 쪼개거나(가르기), 나뉜 수를 모아서 합하는 것(모으기)을 뜻합니다. 한자어로는 수의 분해와 합성이죠. 1학년 1학기 교과서를 보면 이렇게 소개됩니다.

[1-1] 5의 가르기와 모으기

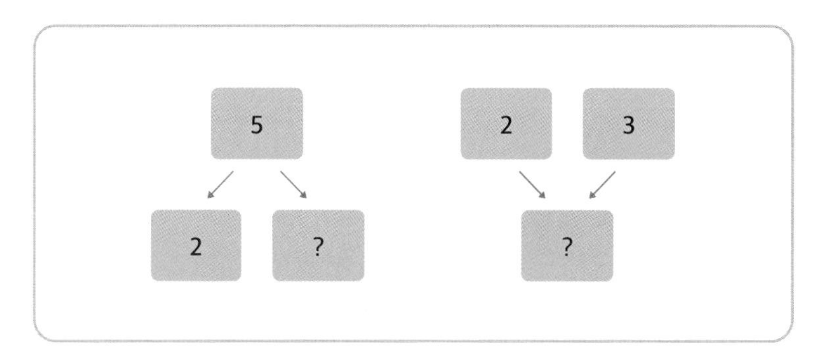

1학년 2학기쯤 되면 이렇게 제법 큰 수의 가르기와 모으기가 나오면서 두 자리 수의 연산까지 이어지지요.

[1-2] 가르기와 모으기를 활용한 한 자리 수의 덧셈

8 + 7 =

2 5

57-29를 암산으로 바로 할 수 있을까요? 그냥 하려면 얼른 답하기 힘들죠. 하지만 수를 이렇게 분해하면 셈이 쉬워집니다.

$$
\begin{aligned}
&57-29 \\
&=57-30+1 \\
&=28
\end{aligned}
$$

이런 식으로 가르기와 모으기는 연산을 빠르고 쉽게 만들어줍니다. 또한 받아올림, 받아내림 등 연산의 원리를 이해하는 데도 큰 도움이 됩니다.

많은 부모님이 가르기와 모으기 개념을 낯설어하시죠. 부모님 세대에는 없었던 개념입니다. 하지만 가르기와 모으기를 이해하지 않고 연산으로 넘어가기도 힘들뿐더러, 빨리 연산으로 넘어간들 의미가 없습니다. 중요한 부분이니 꼭 다루어주시고, 교과서 문제가 많지 않으니 필요하다면 조금 더 보충해주는 것도 좋습니다.

연산 속도와 암산

1학년 연산에서 미리 신경 써야 할 또 한 가지는 연산 속도와 암산입니다. 이 시기에 연산이 쉽다고 해서 큰 수로 넘어가거나 진도를 빨리 빼는 것은 좋지 않습니다. 특히 10의 보수(더해서 10이 되는 수)가 빨리 나오도록 연습해주세요. 연산 감각과 스피드를 가장 효율적으로 높이는 방법입니다. 암산 역시 학교 수학에서 소홀히 다루는 영역이며, 가정에서 하는 것이 더 효율적이기도 합니다.

간단한 덧셈과 뺄셈을 일상생활에서 제시하는 것은 아이들이 수학을 부담 없이 맥락 속에서 받아들이도록 돕는 좋은 방법입니다. 특히 빠른 암산을 도와주지요. 저도 집에서 아이에게 이런 연산 문제를 자주 냅니다.

"이제 15분 뒤에 불을 끄래. 지금이 37분이니까 언제 끄면 되지?"

"음, 52분."

"히익, 어려운 문젠데 어떻게 풀었어?"

"지금 37분인데 15분 뒤니까 37+15지."

"그러니까 그걸 어떻게 풀었냐고."

"5가 2랑 3으로 되어 있잖아. 그 3이랑 37이랑 더하면 40이 되고, 남은 12를 더하면 돼."

물론 아이가 이렇게 정돈해서 말하지는 않았지만, 5를 2와 3의 합으로 나누고, 3과 7의 합인 10을 이용하는 식으로 가르기와 모으기를 잘 이용하고 있더라고요.

요즘 수학의 트렌드는 점점 이런 쪽으로 가고 있습니다. 정해진 알고리즘을 무조건 받아들이는 게 아니라 자신만의 알고리즘을 발견하고 문제를 해결하는 것이죠. 그러니 일상생활에서 아이들이 자신만의 연산 방법을 생각하도록 격려해주어야 합니다. 그럴 때 사용할 수 있는 유용한 도구가 가르기와 모으기, 머리로만 계산하는 머리셈, 어림하기입니다. 연산의 기초와 속도를 좌우하므로 거듭 강조하고 싶습니다. 1학년에 때를 놓쳤다면 늦게라도 해주실 것을 권합니다.

2학년: 구구단, 받아올림과 받아내림

학기	단원	학습 요소
2-1	3. 덧셈과 뺄셈	• 받아올림과 받아내림이 있는 두 자리 수의 덧뺄셈
	6. 곱셈	• 묶어 세기 • 배의 개념과 곱셈의 의미를 알기 • 곱셈식을 쓰고 읽기
2-2	2. 곱셈구구	• 2~9단의 곱셈구구를 완성하기 • 1의 단 곱셈구구와 0의 곱 이해하기

2학년 수학에서 가장 큰 과제는 구구단이죠. 한 해 동안 학생들은 곱셈구구의 의미를 알고, 구구단을 완벽하게 외우며, 능숙하게 문제 상황에 활용할 수 있어야 합니다. 좀 더 쉽고 완벽하게 해결할 수 있는 방법이 없을까요? 구구단 외우기 4단계를 제안합니다.

① 곱셈구구의 원리를 익힌다.
② 노래와 묶어 세기로 구구단에 익숙해진다.
③ 구구단을 외운다.
④ 거꾸로 외우기, 랜덤 외우기 등으로 완벽하게 외운다.

곱셈구구의 필요성과 정확한 의미 알기

곱셈은 반복된 덧셈을 빠르게 하기 위해 탄생했습니다. 그러니 구구단을 외우기 전에 '2+2+2+2+2…, 어휴, 같은 수를 여러 번 묶어서 더하려니 귀찮네' 하는 식으로 곱셈의 발명 과정을 발견하게 해주세요. 수 세기를 할 때 묶어 세기를 충분히 연습하는 것도 좋습니다.

곱셈구구에 익숙해지기: 구구단송, 묶어 세기

2학년 1학기 중반쯤 넘어가면 2학년 교실에서 쉬는 시간마다 '구구단송'이 흘러나옵니다. 요즘에는 유튜브에 재미있는 동영상이 많으니 구구단을 익힐 수 있도록 노래를 활용해보세요. 그리고 2학기 시작 전에는 완벽하지 않더라도 구구단을 어느 정도 알고 곱셈 단원을 맞는 것이 마음 편할 겁니다. 역시 묶어 세기 활동을 하면서 구구단의 리듬을 덧셈의 반복이라는 의미와 연결해주는 게 좋습니다.

구구단송

핑크퐁 10씩 뛰어 세기	주니토니 구구단송
핑크퐁 뛰어 세기	주니토니 거꾸로 구구단
핑크퐁 구구단송	주니토니 1.5배속 구구단

구구단 외우기

만들어진 곱셈표를 붙여두는 것도 좋지만, 구구단을 외우기 전 곱셈표를 직접 만들어보기를 권합니다. 직접 표를 작성하면서 양감과 규칙성을 익히고, 구구단과 좀 더 친해지기 위해서입니다. 이 단계에서는 외워서 쓰는 것보다 암기에 대한 부담 없이 바둑돌이나 스티커 등 실물을 놓으며 하는 것이 좋습니다.

구구단 학습 도우미

- **곱셈 구구표 만들기:** 이케아 주판, 바둑알 등 실물을 활용해 만들어 보세요.

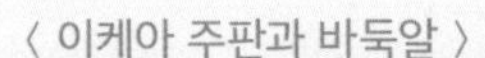
〈 이케아 주판과 바둑알 〉

- **도서:** 『초등 도형 구구단 완주 따라 그리기』(남택진, 서사원주니어)는 슈타이너 곱셈구구를 통해 곱셈의 규칙성을 익힐 수 있도록 도와줍니다.

여기까지 되었다면 구구단에 많이 익숙해졌을 것입니다. 이제 하루에 한두 번씩 구구단을 외우고, 잘 외웠는지 체크해 속도가 붙도록 해주세요.

완벽하게 외우기

"어, 4×8이 뭐더라? 갑자기 생각이 안 나요."

교실에서 자주 볼 수 있는 모습입니다. 이런 일이 반복되면 문제 해결 속도나 과정에 미치는 영향이 큽니다. 그러므로 구구단은 완벽하게 외워야 합니다. 완벽하게 외운다는 말은 '순차 외우기' '거꾸로 외우기' '랜덤 외우기'까지 완전히 되는 것을 말합니다. 특히 '구구단을 외자'라는 놀이로 알려진 랜덤 외우기는 이 시기에 즐겁게 할 수 있는 놀이 중 하나입니다.

구구단 게임

7단, 8단처럼 유난히 많이 헷갈려하는 부분은 구구단 빙고 게임이나 간단한 말판 놀이 등을 활용해 자꾸 접하도록 해주면 좋습니다. 구구단 외우기는 보상, 경쟁, 게임 등을 통해 의외로 즐겁게 해낼 수 있습니다.

▶ 지니비니 구구단 말판 놀이

받아올림과 받아내림

2학년 과정에서 또 하나 중요하게 나오는 것은 받아올림과 받아내림이 있는 두 자리 수를 계산하는 것입니다. 3~4학년에 나오는 큰 수의 연산을 하려면 2학년에서 배우는 받아올림과 받아내림이 계속 사용되기 때문에 탄탄히 해두어야 하는 부분입니다. 1학년 과정에서 자리 수의 개념을 정확하게 공부했다면 2학년 덧셈과 뺄셈 단원에서 빛을 발할 겁니다. 자연스럽게 연결이 되거든요.

- 연산을 하다가 1의 자리가 다 차면 10의 자리로 올려 보냅니다(받아/올림).
- 1의 자리가 모자라면 10의 자리에서 빌려옵니다(받아/내림).

그러므로 받아올림과 받아내림을 어려워한다면 첫째, 1학년에서 배웠던 10의 보수 만들기 및 가르기와 모으기를 점검해야 합니다. 둘째, 자리 수를 잘 이해했는지 확인합니다.

▶ 문제: 26은 10이 (　)이고 1이 (　)인 수입니다.

26은 20+6으로, 10묶음 2개와 1낱개 6개로 구성된 수입니다. 괄호 안에 들어갈 말을 정확히 안다면 자리 수와 수의 구성을 잘 아는 것이겠죠?

실물로 받아올림과 받아내림을 하는 경험을 확실하게 하고 싶어서 2학년 학생들에게 촬영 숙제를 낸 적이 있었어요. 참 좋은 방법이라고 생각했는데, 아무래도 부모님 손이 많이 가는 과제라 지속하지는 못했습니다. 중요한 개념이 나올 때 가정에서 이런 촬영을 놀이처럼 하면 좋습니다. 요즘은 유튜버가 초등학생들에게 워낙 인기 있는 직업이어서 유튜버처럼 촬영해보자고 하면 대부분 좋아합니다.

다음 활동이 제가 설명했던 받아올림의 과정입니다. 2학년 1학기 교과서에 나오는 15+6을 수큐브로 해보았어요.

<table>
<tr><td>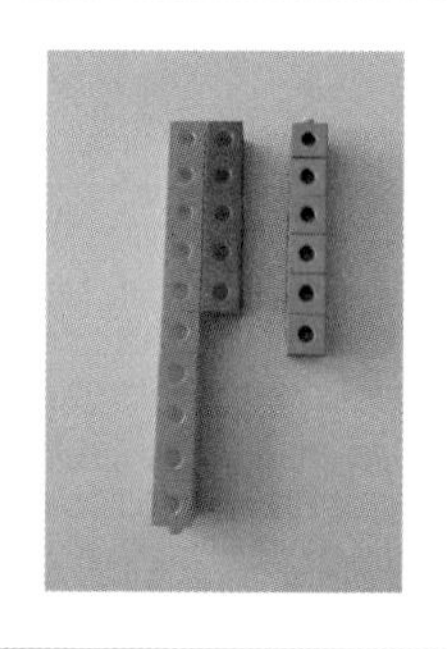</td><td>Q: 15와 6을 준비합니다. 어떻게 더할 수 있을까요?</td></tr>
<tr><td>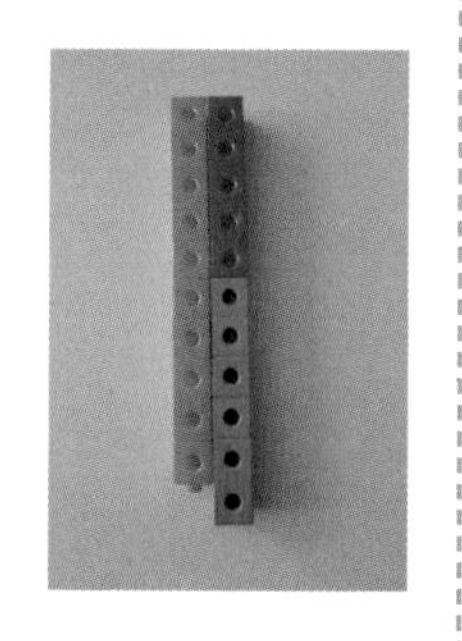</td><td>A: 이렇게 붙이면 돼요.

Q: 아, 이렇게 해도 답이 나오네요. 아주 빠르게 해결했구나. 잘했어. 하지만 이걸 1학년 동생들에게 설명한다고 생각해볼까요? 잘 이해하지 못할 것 같아요. 어떻게 이런 답이 나올 수 있는지 배운 내용을 생각하며 말해봅시다.
(※과정을 앞질러나가는 아이들이 있으면 수용해주고, 어찌할지 모르는 아이가 있으면 받아올림이 없는 덧셈을 통해 덧셈의 의미를 다시 한번 설명해줍니다.)</td></tr>
</table>

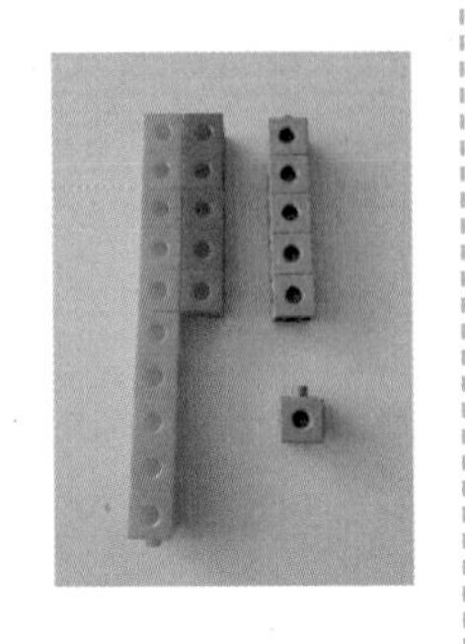

Q: 제일 먼저 해야 할 일은 무엇일까요?

A: 15에서 1의 자리가 5니까, 6을 더하면 넘쳐요.
6을 1과 5로 가르기 해봅니다.

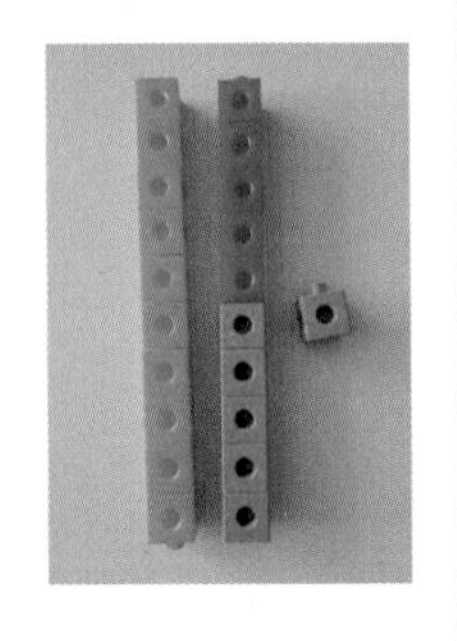

A: 15+5는 20이 됩니다. 그리고 남은 1을 더하니까 답은 21이 되네요.

Q: 아하, 이제 어린 동생들에게 설명해주어도 이해할 수 있을 것 같아요. 멋져요!

2학년은 뒤에 소개할 수학 복습 공책을 쓰는 것이 아직 어려운 친구가 많습니다. 활동과 수식을 연결하고 배운 지식을 출력하는 일은 학습에서 중요한 과정이기 때문에 연령에 맞게 말로 표현해보는 것이죠. 수학 개념을 '손으로 조작해보고' '입으로 설명해보고' '촬영을 확인하면서 다시 한번 듣고 확인해보는' 과정을 거쳐 깊이 있게, 또 확실하게 이해할 수 있습니다. 이는 응용 및 심화 개념으로 발전·확장하는 데 도움이 됩니다.

칸 아카데미

〈 칸 아카데미 〉

〈 칸 아카데미 키즈 앱 〉

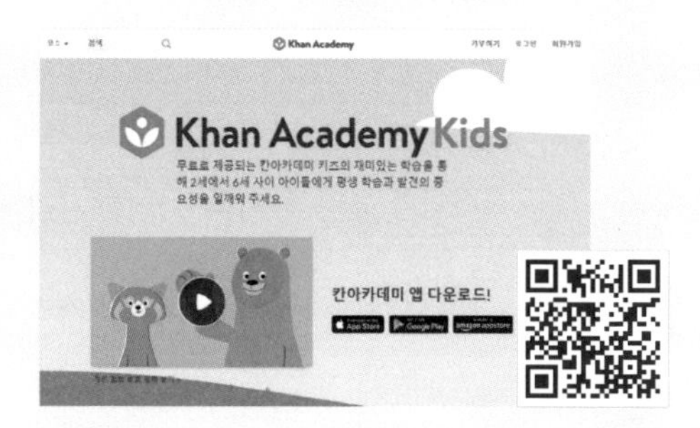

수큐브 활동은 칸 아카데미의 동영상 수업에서 힌트를 얻었습니다. 칸 아카데미 홈페이지에 가입하면 개념을 설명하는 간단한 동영상을 학년별·단원별로 볼 수 있어 복습에 이용하면 좋습니다. 하지만 저는 칸 아카데미의 튜터가 되어보는 것을 좀 더 권장합니다. 다른 사람이 이해할 수 있도록 자신의 지식을 최대한 쉽고 정확하게 전달한다는 마음으로 공부한다면, 타인에게 도움을 주는 리더십을 기를 수 있을 뿐만 아니라 그 개념에 통달할 수 있습니다.

3학년: 나눗셈과 분수

학기	단원	학습 요소
3-1	1. 덧셈과 뺄셈	• 받아올림이 있는 세 자리 수의 덧셈 • 받아내림이 있는 세 자리 수의 뺄셈
	3. 나눗셈	• '똑같이 나누기' '묶어 세기'로 나눗셈 개념 이해하기 • 나눗셈의 몫을 곱셈식으로 구하기
	4. 곱셈	• 올림이 있는 (몇십 몇)×(몇)의 계산
	6. 분수와 소수	• 등분할 분수 이해하기 • 소수 한 자리 수 이해하기
3-2	1. 곱셈	• (세 자리 수)×(한 자리 수), (두 자리 수)×(두 자리 수)
	2. 나눗셈	• (두 자리 수)÷(한 자리 수) • 나머지가 있는 (두 자리 수)÷(한 자리 수) • (세 자리 수)÷(한 자리 수) • 나머지가 있는 (세 자리 수)÷(한 자리 수)
	4. 분수	• 전체에 대한 분수만큼 이해하기 • 분수의 크기 비교

3학년이 되면 많은 변화가 일어납니다. 수업 시간도 많아지고, 수업 내용도 놀이와 적응이 중심이었던 1~2학년에 비해 좀 더 초등학생다워집니다. 무엇보다 이제 곱셈, 나눗셈, 분수 등 아주 중요한 개념들의 학습이 시작됩니다.

1~2학년까지는 실물을 조작하고 놀이 활동 중심으로 다양한 경험을 하는 것이 중요했다면, 3학년부터는 서서히 실물보다 교구 사

용을 늘리면서 추상 단계로 넘어갈 준비를 해야 합니다.

덧셈과 뺄셈

덧셈과 뺄셈은 세 자리 수까지 다루게 됩니다. 이 시기의 연산학습에서 강조하고 싶은 것은 두 가지입니다.

- 작은 수의 연산 속도를 체크한다.
- 연산 연습을 너무 많이 시키지 않는다.

덧셈, 뺄셈 연산을 힘들어하거나 속도가 느리다면 역시 작은 수의 연산을 많이 해서 뇌를 풀어주는 것이 좋습니다. 1~2학년에서 배웠던 (한 자리 수)+(한 자리 수)나 (두 자리 수)+(한 자리 수)는 아이들이 쉽다고 느끼지만 시켜보면 의외로 속도가 잘 나지 않는 경우가 많아요. 연산이 지겨워지면서 자칫 수학학습에 흥미를 잃는 것이 이즈음부터입니다. 세 자리 수의 연산은 작은 수의 연산을 충분히 연습하고, 필요하다고 생각하면 조금씩만 더 연습하면 됩니다.

연산 학습 도우미

- **보드게임:** 넘버배틀, 더블 셔터가 이 시기에 추천하고 싶은 연산 보드게임입니다. 한 자리 연산의 속도를 높여주고, 다양한 연산을 암산으로 처리할 수 있도록 도와줍니다.

곱셈

3학년 곱셈 단원에는 사실상 초등 곱셈에 필요한 기본 알고리즘이 모두 나옵니다. 이어지는 나눗셈 역시 곱셈의 역연산이므로 곱셈의 기초를 잘 다져둘 필요가 있겠죠? 곱셈·나눗셈·분수는 도미노처럼 연속적인 개념들이어서 이전 단원을 제대로 이해하지 못하면 후속 단원을 공부하기 힘들어집니다.

다음 표는 2~4학년 교과서에 나오는 자연수의 곱셈 알고리즘을 정리한 것입니다.

학년	내용	예
(2학년)	구구단: 바로 외우기, 거꾸로 외우기, 랜덤 외우기	
(3-1)	(몇십)×(몇)	(20×4)
	(몇십 몇)×(몇)	(12×3), (32×4)
(3-2)	(세 자리 수)×(몇)	(231×3), (318×3)
	(몇십)×(몇십)	(20×30)
	(몇십 몇)×(몇십)	(14×20)
	(몇)×(몇십 몇)	(9×23)
	(몇십 몇)×(몇십 몇)	(25×13), (53×23)
(4학년)	(세 자리 수)×(두 자리 수)	(287×24)

3학년의 중요성이 느껴지시죠? 2학년에서 연습한 구구단을 바탕으로 자연수 곱셈의 기본적인 연산 방법을 대부분 이때 익히게 됩니다. 4학년에 나오는 (세 자리 수)×(두 자리 수)는 사실상 3학년 2학기에 배우는 (두 자리 수)×(두 자리 수)의 변형에 불과해요. 물론 수가 더 크니까 헷갈리기는 하겠지만, 길게 봤을 때 그다지 중요한 파트는 아니랍니다. 학생들이 가장 어려워하는 부분도 그래서 (두 자리 수)×(두 자리 수)라고 생각하시면 됩니다. 3학년 곱셈 연산은 중고등 과정 연산에서 자주 쓰는 것이 많아서 정확하게 연습해두는 것이 중요합니다.

나눗셈

사칙연산 중 가장 어려운 개념인 나눗셈도 3학년에 나옵니다. 생활 속에서 흔히 보고 사용하게 되는 덧셈, 뺄셈, 곱셈과 달리 나눗셈은 낯선 개념입니다. 일상적으로 많은 수를 다루어본 경험이 없는 어린 학생들이 '똑같이 나누는' 활동을 하기는 더 힘드니까요. 그래서 활동이나 놀이를 통해 이런 경험을 만들어주는 것이 좋습니다. 나눗셈은 뒤에 나오는 분수와 소수의 개념에 포함되어 있기 때문에 아주 중요합니다. 나눗셈을 잘하기 위한 4단계를 살펴볼까요?

① (도입 전) 구구단 점검하기

② 등분제 익히기

③ 포함제 익히기

④ 등분제와 포함제 구분하기, 문제 만들기

① 구구단 점검하기

나눗셈을 시작하기 전에 구구단을 점검해볼 필요가 있습니다. 구구단은 3학년 때는 수시로, 4~5학년까지도 한 번씩 다시 점검해주어야 합니다.

② 등분제 익히기(똑같이 나누기)

어려운 말이 나왔네요. 나눗셈은 등분제와 포함제, 두 가지 의미가 있습니다. 어른도 얼른 구분하기 쉽지 않은 개념입니다. 하지만 등분제와 포함제는 5~6학년 연산에서 필요에 따라 불쑥불쑥 혼용되어 나옵니다. 어떤 단원은 등분제로 이해해야 편하고, 또 어떤 개념은 포함제로 이해해야 문제를 풀 수 있습니다. 그러니 등분제나 포함제라는 말은 몰라도, 개념은 충분히 익힐 필요가 있어요. 아이들이 나눗셈 개념을 정확하게 익히려면 수식을 가르치기 전에 다양한 물건을 직접 나누어보게 하는 경험이 필요합니다.[7] 그것도 되도록 여러 번 해봐야 알 수 있어요.

먼저 등분제가 나옵니다. 글자 그대로 '똑같이(등) 나누어주는(분)' 나눗셈이지요. 초등학생은 공평한 분배에 민감하기 때문에 경험과 연결하면 비교적 쉽게 알려줄 수 있어요.

"선생님이 12개의 사탕을 4명의 친구들에게 나누어주려고 해요. 이렇게 나누어주면 어떨까?"

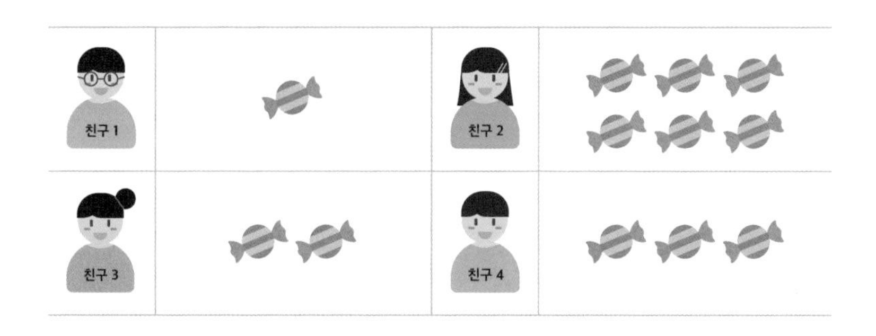

실제로 교실에 앉아 있는 친구들의 이름을 부르면서 예시를 들면 아이들 얼굴색이 싹 변합니다. 이렇게 나누면 절대로 안 된다는 것이죠. 4명의 친구가 있다면 모두 똑같은 개수의 사탕을 받아야 합니다. 똑같이 나누는 것은 뒤에 나오는 분수에서도 아주 중요한 개념이기 때문에 이렇게 약간은 충격적으로 알려줍니다. 그런 다음, 다양한 실물을 실제로 친구들에게 똑같이 나누어줍니다. 이런 활동을 통해서 나눗셈은 '똑같이 나누는 것'이 무엇보다 중요하며, 우리가 구하는 몫은 '똑같이 나누었을 때 한 사람이 받는 양'이라는 개념에 익숙해질 수 있습니다.

• 사탕과 바둑알로 똑같이 나누기를 연습하는 모습 •

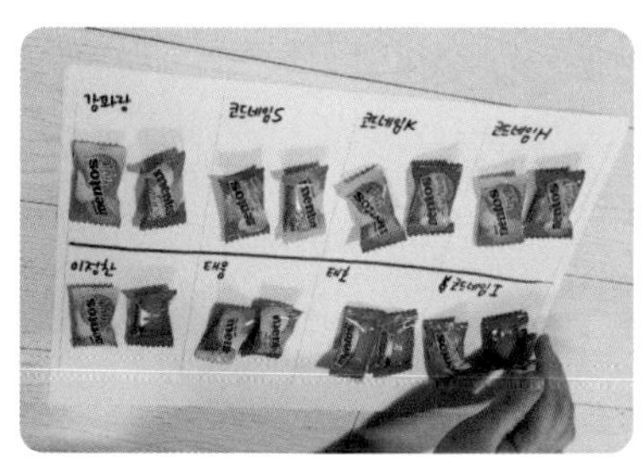

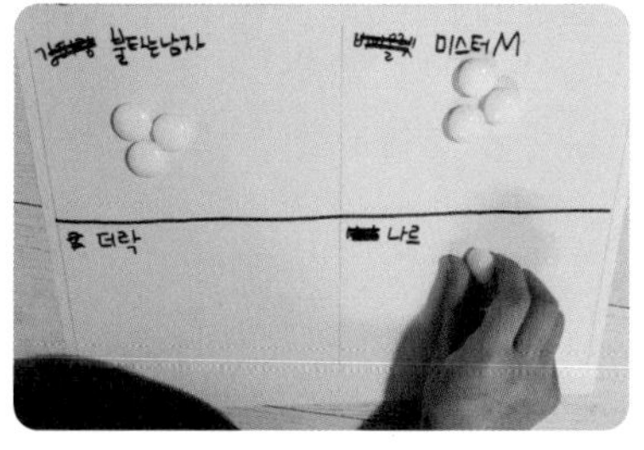

나눗셈에 대한 지식이 없는 상태에서 저희 아이와 똑같이 나누는 활동을 해봤는데 아주 재미있어했습니다. 교실에서 여럿이 하는 것도 좋지만 집에서도 좋아하는 책의 주인공 이름을 써가면서 다양하게 나누어주는 연습을 하니 좋더라고요. 처음에는 사탕이나 젤리 같은 실물, 다음으로 바둑돌이나 블록을 사용함으로써 추상화의 과정과 일치시켰습니다.

③ 포함제 익히기(묶어 세기)

등분제가 "전체를 똑같이 몇 개씩 주느냐?"의 문제라면 포함제는 "전체를 똑같이 몇 명에게 줄 수 있느냐?"의 문제입니다. 론 아하로니 교수의 수업에서는 12개의 빨대를 3개씩 나누어주면서 몇 명까지 줄 수 있는지를 직접 확인하지요. 이렇게 첫 단계는 실물을 나누는 것이 가장 좋습니다. 연필, 지우개, 바둑돌, 포스트잇 등을 몇 명에게 줄 수 있는지 직접 해보는 것이죠. 스티커도 좋습니다. 그런 다음 이것을 식으로 써보고, 학습지를 풀면서 정리하면 되지요. 곱셈이 덧셈의 반복인 것처럼 포함제 나눗셈은 뺄셈의 반복입니다. 전체에서 몇 번을 덜어낼(뺄) 수 있는지를 찾는 것이니까요.

포함제는 곱셈의 역연산으로서의 나눗셈이나 세로셈으로 넘어갈 때 유용합니다. 포함제를 어려워할 경우 묶어 세기를 반복해서 해보면 도움이 됩니다.

④ 등분제와 포함제의 차이 구분하기

이제는 문제를 풀어볼 차례입니다. 학생들은 문제를 풀면서 나눗셈에 두 가지 방법이 있으며, 기호는 같지만 의미는 다르다는 사실을 익혀갑니다.

▶ 나눗셈 학습하기(등분제)

1-1. 12개의 사탕을 4명의 친구들에게 똑같이 나누어주세요.

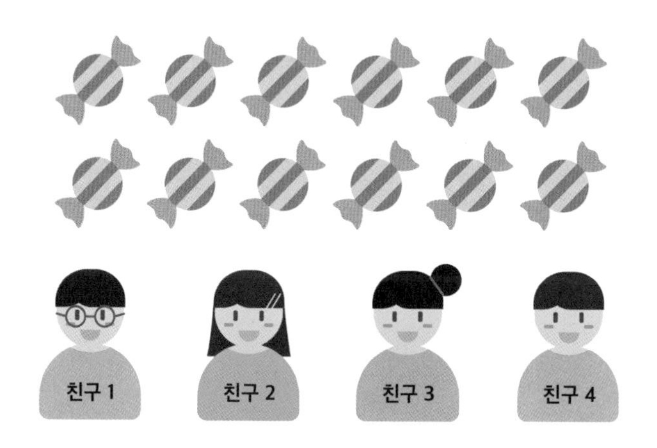

1-2. 몇 개씩 나누어줄 수 있었나요?

(　　)개의 사탕을 친구 (　　)명에게 똑같이 나누어주면,
(　　)개씩 받습니다.

1-3. 식으로 나타내봅시다.

▶ 나눗셈 학습하기(포함제)

2-1. 12개의 사탕을 친구들에게 3개씩 나누어주세요.
(그림 속 사탕을 3개씩 묶어보세요.)

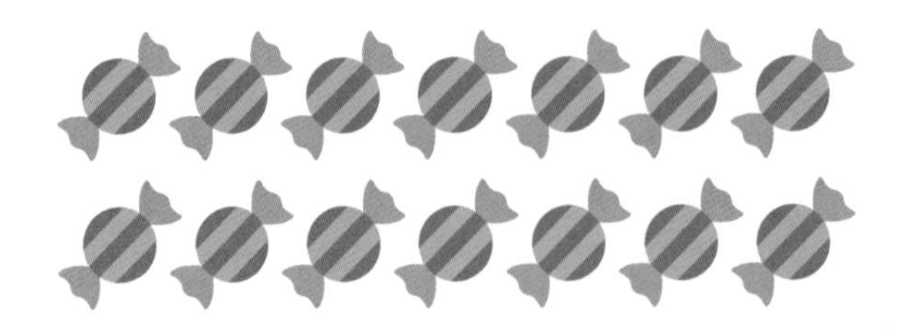

2-2. 몇 명에게 줄 수 있나요? ( )명

▶ **등분제와 포함제의 차이 생각하기:** 등분제와 포함제를 실물과 학습지로 충분히 익혔다면, 그 차이를 생각해볼 수 있게 도와줍니다. 등분제와 포함제라는 말은 당연히 몰라도 됩니다.

3. 1번 문제와 2번 문제는 어떤 차이가 있나요?
- 답: 1번 문제는 정해진 수의 사람들에게 몇 개씩 주는지를 물었고, 2번 문제는 정해진 수의 사탕을 몇 명의 사람들에게 주는지 물었습니다.
- 답: 1번 문제는 하나씩 접시에 나누어주었고, 2번 문제는 3개씩 나누어주면서 몇 번 만에 모두 없어지는지를 알아보았습니다.

▶ 문제 만들기: 보통은 이 단계를 생략하는 경우가 많은데, 문제를 푸는 것도 중요하지만 만들어보는 것이 정말로 공부가 됩니다. 출제자야말로 개념을 정확하게 알아야 하니까요. 등분제와 포함제의 개념을 모두 사용해 문제를 만들도록 이끌어주세요.

4. 15÷3=5라는 식이 나오도록 문제를 만들어보세요.

각 단계를 거칠 때 다음과 같이 처음에는 실물을 충분히 사용하고, 점점 추상화된 교구와 숫자로 발전해가는 방법이 학생들의 이해를 돕습니다.

실물 →	수모형 →	학습지
바둑돌, 빨대, 나뭇가지 등 실물을 직접 나누어보는 경험을 충분히 한다.	수모형을 사용해 나누어본다(그림이나 스티커도 좋다).	• 실물과 수모형으로 나누어본 것을 말과 식으로 표현한다. • 문제를 만들어본다.

2학기가 되면 (두 자리 수)÷(한 자리 수), (세 자리 수)÷(한 자리 수) 가 나옵니다. 교과서에도 수모형을 사용하도록 안내되어 있어요. 이 시기에 수모형은 정말 좋은 교구입니다. 예를 들어 36÷3을 수모형으로 나타내면 36÷3이 십의 자리인 30을 3으로, 일의 자리인 6도 3으로 똑같이 나누어 몫을 낸다는 것을 납득할 수 있습니다. 이렇게

말로 하면 뭔가 길고 어려운데, 아이들도 같은 마음이겠지요. 활동을 한 번 해보는 게 훨씬 효율적입니다.

여기까지 했으면 마지막으로 세로셈 알고리즘을 연습합니다. 나눗셈은 어려운 개념이기 때문에 수모형을 사용해 충분히 이해했다고 해도 세로셈을 형식화하는 데는 연습이 필요합니다.

나눗셈 학습 도우미

- **수큐브:** 10씩 다른 색깔로 이루어져 있고, 뺐다 낄 수 있게 만들어졌기 때문에 1~2학년 수 학습에 많이 사용되는 교구입니다. 3~4학년이 되면 다루어야 하는 수가 커져서 수큐브만 가지고는 연산을 다루기 어려워집니다.
- **수모형:** 1, 10, 100, 1,000을 모두 다루면서 자리 수나 수의 크기 비교뿐만 아니라 받아올림, 받아내림, 곱셈, 나눗셈 등을 연습할 수 있는 교구입니다. 학교에서는 1학년 때부터 많이 사용하기도 합니다. 두 교구 모두 가격에 비해 활용도가 높으니 하나쯤 갖추어두시길 권합니다.

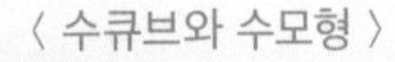
〈 수큐브와 수모형 〉

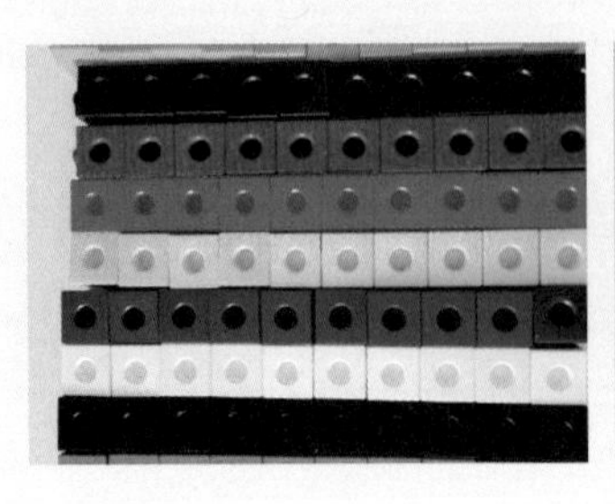

분수

"미국인 4명 중 5명은 분수를 어려워한다"라는 말이 있습니다.[8] 분수가 어려운 건 세계 공통인가 봅니다. 분수는 초등과정에서 가장 추상화된 개념이며 그만큼 이해하기 힘들어하는 아이가 많습니다. 지금까지 배워왔던 자연수와는 그 성질이 많이 다르기 때문이죠. 분수의 의미는 크게 세 가지인데 다음과 같습니다.

- 부분과 전체
- 나눗셈의 몫
- 비율

우리가 생활 속에서 저런 의미로 수를 사용할 때가 있을까요? 거의 없습니다. 아직 실물을 보고 이해하는 구체적 조작기에 있는 3학년 아이들이 분수를 더욱 어려워하는 이유이기도 합니다. 분수의 의미만 봐도 각 영역과의 연계성을 짐작할 수 있습니다. 나눗셈의 몫으로서의 분수는 나눗셈의 또 다른 표현입니다. 당연히 나눗셈에 대한 정확한 이해가 필요하겠지요. 중학교만 들어가도 나눗셈 기호가 사라지고 분수로 대체되기 때문에 많이 사용되고 중요도도 높습니다. 또한 분수를 제대로 이해하면 6학년 비와 비율 단원도 어렵지 않게 해결할 수 있습니다. 여러모로 아주 중요한 단원이에요.

3학년 1학기

- 등분할 분수의 개념
- 단위분수의 크기 비교

3학년 2학기

- 자연수의 분수만큼
- 진분수(분자가 분모보다 작은 분수), 가분수(분자가 분모와 같거나 분모보다 큰 분수), 대분수($2\frac{1}{4}$처럼 정수와 진분수의 합으로 이루어진 수)
- 분모가 같은 분수의 크기 비교

3학년에서 배우는 분수는 '전체에 대한 부분을 나타내는 수'입니다. 전체를 똑같이(등) 나눈(분할) 것을 표현한 수라는 뜻입니다. 3학년 1학기에는 전체가 1일 때, 3학년 2학기에는 전체가 1 이상일 때, 전체와 부분의 관계를 알게 됩니다.

등분할이 중요한 만큼 분수 역시 나눗셈 수업처럼 '똑같이 나눈다'는 개념을 먼저 충분히 학습해야 합니다. 저는 보통 도입부를 다음과 같이 제시합니다.

"원시인들이 다 함께 모여서 큰 돼지를 사냥했어요. 이 돼지를 어떻게 나누면 좋을까요? 음, 머리는 이 사람이, 꼬리는 이 사람이, 이렇게 가지고 간다면 어떨까?"

"불공평해요! 똑같이 나눠야 해요."

"나눗셈을 열심히 공부했구나. 맞아요. '똑같이' 나눠야 해요. 그렇다면 여기서 문제! 이 돼지를 똑~같이 나눠보세요. 어떤 방법이 있을까?"

그러면 학생들은 끙끙거리며 고민하기 시작합니다. 처음으로 '똑같이 나눈다'는 개념을 고민하게 된 것이죠. 이 문제를 6학년 아이들에게 내면 답이 제법 빨리 나옵니다. 학년이 올라가면서 등분할에 익숙해진 것이죠. 어떤 개념을 처음 만났다면 그 개념을 깊이 생각할 기회를 주는 것이 좋습니다. 스스로 고민했던 내용은 잘 잊어버리지 않으니까요.

원시인 4명이 협동해서 나눠야 하는 거대한 돼지

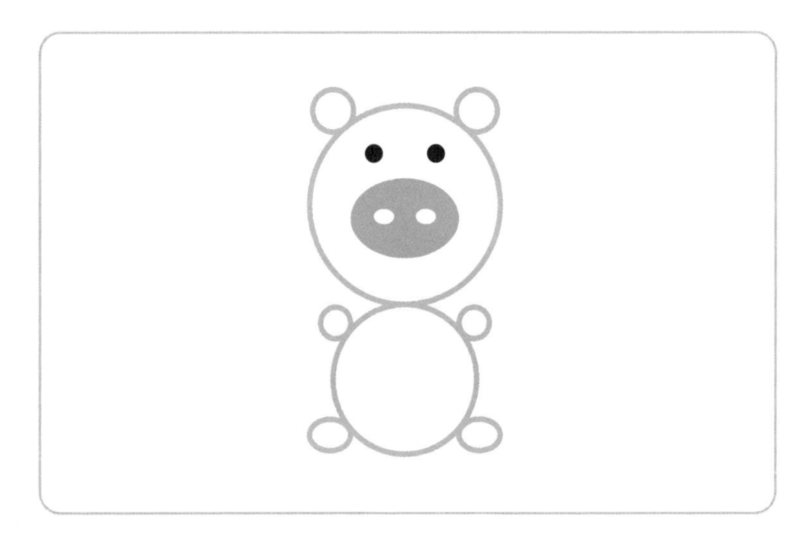

굳이 돼지를 사용하는 이유는 아이들이 좋아하면서 적당히 도형의 형태로 나타낼 수 있기 때문입니다. 교과서에도 이렇게 '똑같이 나누기'가 먼저 강조되고, 분수의 개념이 나옵니다. 1~2학년에서 나오는 다소 두루뭉술한 직관적 개념들에 비해 제대로 된 수학적 '정의'입니다.

원시인 4명이 똑같이 나눈 거대한 돼지

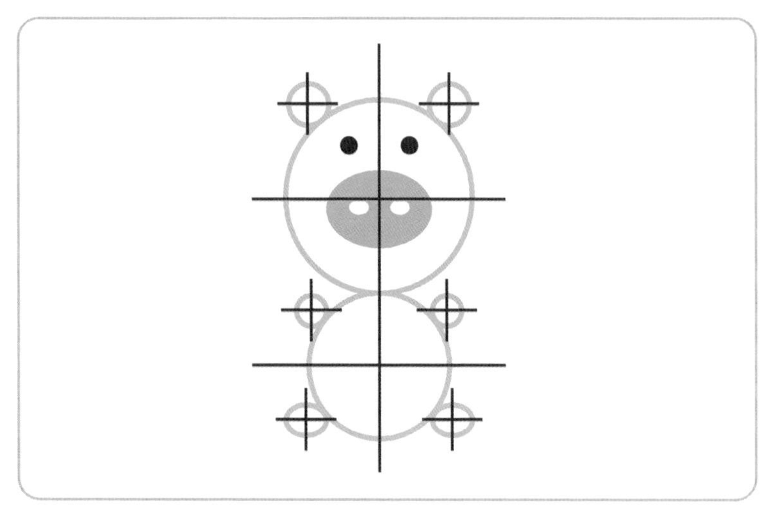

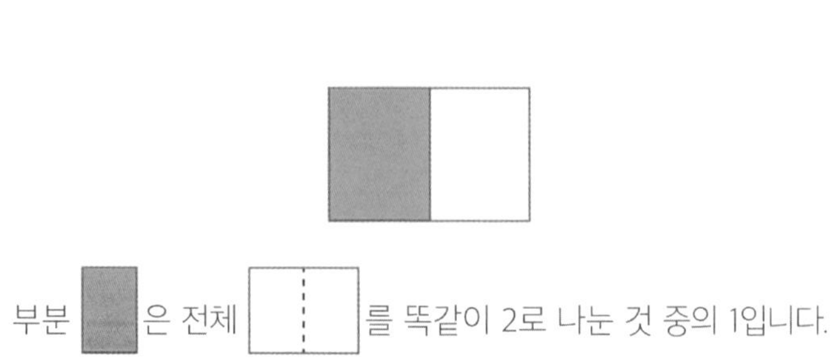

분수의 개념: $\frac{1}{2}$

교과서에서 제시한 $\frac{1}{2}$의 정의는 '전체를 똑같이 2로 나눈 것 중의 1'입니다. 상식으로도 알아두면 좋으니 부모님들도 이 개념만은 잘 기억해두세요. 수업이 거의 끝났을 때 $\frac{1}{2}$의 정의를 다시 물어보면 많은 아이들이 "어어, 2로 나눈 것 중에 1이요" 정도로 표현합니다.

분수의 정의는 '① 전체를 ② 똑같이 ③ 분모만큼 나눈 것 중의 ④ 분자만큼'입니다. 이 네 가지 중에서 뺄 수 있는 말이 없습니다. 대부분의 학생이 분수라고 하면 분모와 분자만 생각해 '전체'에 대한 개념은 잊어버릴 때가 많은데, 이러면 3학년 2학기에 벌써 분수가 어려워집니다.

2학기에 배우는 등분할 분수는 다음과 같습니다.

- 달걀 6개를 2묶음으로 똑같이 나누어보세요.
- 전체의 $\frac{1}{2}$만큼을 색칠해보세요.

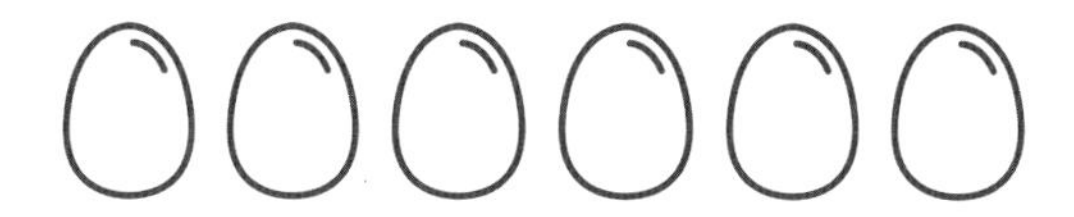

- 6의 $\frac{1}{2}$은 얼마라고 생각하나요?

전체가 1보다 커졌습니다. 이렇게 되니 문제해결 과정이 나눗셈과 상당히 유사하죠? 6의 $\frac{1}{2}$을 찾는다는 것은 전체 6을 똑같이 2로 나눈 것 중의 1묶음을 의미하므로, 의미상 $6 \div 2$의 몫과 같음을 알 수 있습니다. 우리는 나눗셈이 곱셈의 역연산임을 배웠습니다. 그러므로 6의 $\frac{1}{2}$은 6÷2 또는 6×$\frac{1}{2}$이 됩니다. 계산은 둘 다 어렵지 않기 때문에 편한 것으로 해도 상관없지만 6×$\frac{1}{2}$이 앞으로 훨씬 많이 사용되니 3학년에서 확실하게 익혀둘 필요는 있습니다.

6학년 분수의 나눗셈을 가르치다 보면 6의 $\frac{1}{2}$이 왜 곱셈으로 표현되는지 대부분의 학생이 설명하지 못합니다. 그러면 결국 3학년 분수부터 다시 가르쳐야 하는 상황이 왕왕 생깁니다. 나눗셈과 마찬가지로 2학기 분수 영역은 수의 묶어 세기 활동을 많이 경험하게 하면 도움이 됩니다. 자연수의 분수만큼 역시 그려보고, 묶어보며 이를 곱셈식, 나눗셈식과 연결할 수 있어야겠지요.

3학년 분수 단원은 분수 자체도 낯설지만 1학기 분수를 도입할 때 전체를 제대로 고려하지 않으면 2학기 개념들을 매끄럽게 연결하기가 쉽지 않습니다. 이런 문제를 해결하기 위해서 몇 가지 유의할 점이 있습니다.

첫째, 분수를 배울 때 '전체'를 강조하는 것입니다. 이때 다양한 예시를 구체적으로 제시하면 좋습니다. 2학기 분수를 마무리하는 과정에서 다음에 나오는 $\frac{1}{3}$ 예시와 같이 다양한 전체가 있다는 것을 보여주고, 아이가 직접 다양한 분수의 크기를 그림으로 정리해보기를 권합니다.

$\frac{1}{3}$을 다양하게 표현한 예시

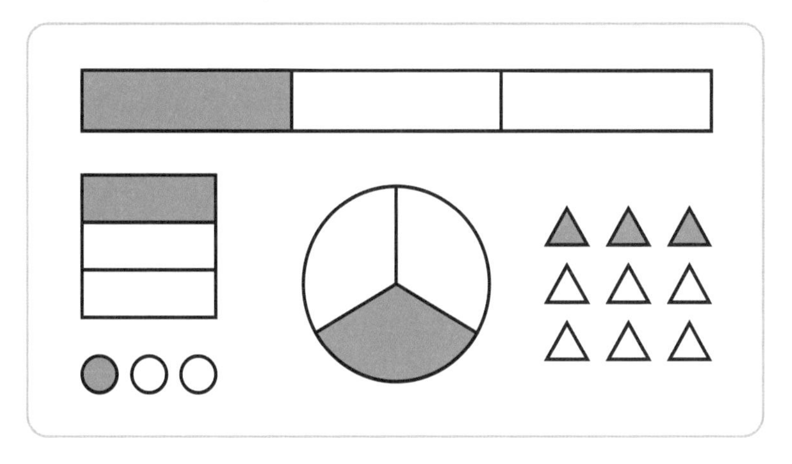

둘째, 생활 속에서 분수 표현을 해주는 것입니다. 전평국 교수님도 저서에서 유아기에 미리 분수의 개념을 생활 속에서 제시해주라는 조언을 하지요. '절반' '조금' '요만큼' 등의 두루뭉술한 용어들을 '$\frac{1}{2}$, $\frac{1}{4}$만큼'으로 분수를 사용해 정확히 제시하는 것이 도움이 됩니다. 그러면 아이들은 수를 셀 때처럼 자연스럽게 분수의 개념과 크기를 받아들일 수 있지요. 절반의 개념은 생활에서도 많이 사용하기 때문에 특히 $\frac{1}{2}$을 적용하기가 쉽습니다. 예를 들면 이렇게요.

"자, 10개나 있으니까 $\frac{1}{2}$씩 나눠 먹을까?"

"색종이를 $\frac{1}{2}$로 접고, 또 그걸 $\frac{1}{2}$만큼 접은 다음…."

"먼저 $\frac{1}{2}$로 자르자."

4학년: 곱셈과 나눗셈

학기	단원	학습 요소
4-1	3. 곱셈과 나눗셈	• (세 자리 수)×(두 자리 수)의 계산과 이해 • (세 자리 수)÷(두 자리 수)의 계산과 이해
4-2	1. 분수의 덧셈과 뺄셈	• 두 진분수의 덧뺄셈 • 두 대분수의 덧뺄셈
	3. 소수의 덧셈과 뺄셈	• 소수 두 자리 수와 소수 세 자리 수의 덧뺄셈

4학년이 되면 구체적인 실물교육이 아직 필요한 아이와 추상적인 사고를 해내는 아이들의 차이가 확연히 드러납니다. 수학학습에서 슬슬 부모님의 손이 떠나는 시기이기도 합니다. 지금까지 별다른 예습·복습 없이 학습해왔다면 이제는 한계에 부딪칩니다. 숫자가 커지기 때문에 실물로 할 수 있는 활동도 줄어듭니다.

내용상 4학년 곱셈과 나눗셈은 3학년 과정의 연장입니다. 그러니 4학년 과정을 잘 모른다는 말은 3학년 때 배운 개념들이 잘 자리 잡히지 않았다는 말이 되지요. 작은 수부터, 이전 과정부터 차근차근 다시 보며 이해할 필요가 있습니다. 아이가 4학년인데 수학을 힘들어한다면, 1~3학년에서 부족했던 부분을 보충해주는 시간이 필요합니다. 특히 3학년 곱셈, 나눗셈, 분수 개념을 확실하게 확인해보기 바랍니다.

곱셈

4학년 곱셈에서는 (세 자리 수)×(두 자리 수)를 배우게 됩니다. 수가 커졌기 때문에 연산이 지루해지거나 더 헷갈리기 쉽지요. 자리 수와 곱셈을 정확히 이해하고 있어야 문제를 해결할 수 있습니다. 수가 크고 연산 과정이 복잡하다 보니 대부분의 친구들이 자리 수를 잘못 쓰거나, 끝까지 집중력을 유지하지 못하고 중간에 헷갈려서 틀립니다.

이럴 때는 무조건 큰 수의 곱셈을 시키는 게 아니라 작은 수의 곱셈으로 다시 가라고 말씀드렸죠? 구구단부터 차근차근 복습할 필요가 있습니다.

나눗셈

본격적으로 나눗셈의 세로셈에 익숙해질 때입니다. 흐름을 살펴볼까요?

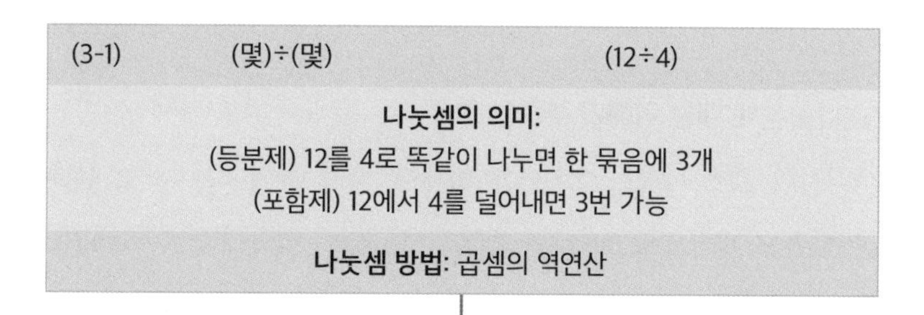

(3-2)	(몇십)÷(몇)	(60÷3), (70÷5)
	(몇십 몇)÷(몇)	**세로셈 시작** (36÷3), (48÷3)
	나머지가 있는 (몇십 몇)÷(몇)	(19÷5), (47÷3)
	(세 자리 수)÷(한 자리 수)	(300÷3), (560÷4)
	나머지가 있는 (세 자리 수)÷(한 자리 수)	(405÷4)

(4-1)	(세 자리 수)÷(몇십)	(180÷30), (167÷20)
	(세 자리 수)÷(몇십 몇)	(186÷27), (775÷25), (685÷27)
	나머지가 있는 (세 자리 수)÷(몇십 몇)	(685÷27)

4학년에 들어오면 나눗셈이 부쩍 복잡해집니다. 4학년에서 나눗셈을 유난히 헤매는 아이가 있다면 몇 가지 원인을 생각해볼 수 있습니다.

① 나눗셈에 대한 이해가 부족한 경우

생각보다 많은 학생이 여기에 속합니다. 예를 들어 12÷4라는 문제를 보면 기계적으로 3이라는 답을 유추할 수 있습니다. 4×3=12를 알고 있으니까요. 하지만 145÷32를 한다고 생각하면 직관적으로 해결이 안 되니 그냥 턱 막힙니다. 4학년에서 많이 다루는 세로셈 알고리즘은 포함제의 의미로 이해해야 쉽습니다. 포함제의 의미(12÷4=

12-4-4-4)를 정확하게 아는 친구들은 저 식을 보고 '32가 145에 몇 번 들어가지?'라고 생각할 수 있습니다.

② 숫자가 커져서 어려워하는 경우

의미를 알았다고 해도 계산이 어려울 수 있습니다. 32가 145에 몇 번 들어가는지 도무지 감이 오지 않는 것이죠. 이제는 수 개념과 어림 능력이 중요합니다. 『발도르프학교의 수학』의 저자 론 자만은 이런 경우에 '나누는 수의 배수를 구해보라'고 조언합니다. 145÷32를 하려면 나누는 수인 32의 배수를 써보는 것이죠. 한번 해볼까요?

$$32\times1=32$$
$$32\times2=64$$
$$32\times3=96$$
$$\underline{32\times4=128}$$
$$32\times5=160$$
$$\cdots$$

우리가 나누고 싶은 수는 145니까, 32는 145에 4번 들어간다는 것을 알 수 있습니다. 몫인 4를 찾았다면 나머지 과정을 같은 방법으로 진행하면 됩니다.

비슷한 방법으로, 『우리 아이 수학 영재 만들기』에서도 세로셈을 힘들어하는 학생에게 포함제 개념을 설명해주면 더 쉽게 해결할 수 있다는 경험을 전합니다.

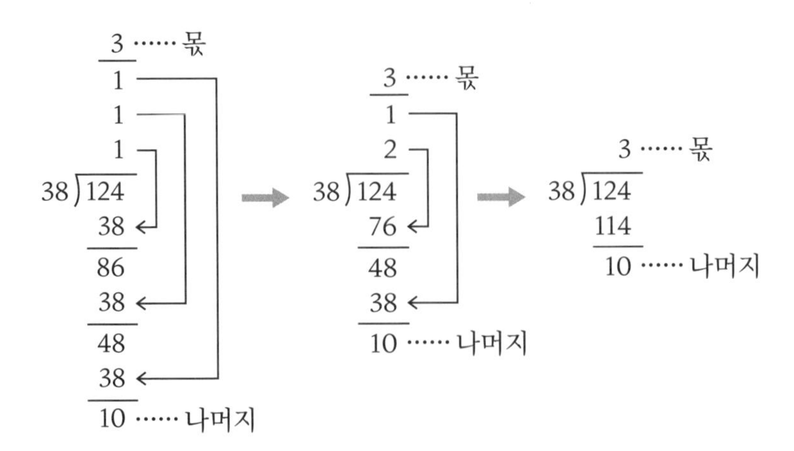

여기서는 124를 38로 나누고 있네요. 형태는 달라 보이지만 원리는 같습니다. 124에 38이 몇 번 들어가는지 계산해야 하니까요.

$$124-38=86$$
$$86-38=48$$
$$\cdots$$

이런 식으로 하나씩 직접 빼는 과정을 써보고 있습니다. 세로식에서 포함제의 의미를 충분히 이해했다면 이제는 문제도 풀고 열심히 연습해야겠죠. 의미를 이해하면 속도는 천천히 올라옵니다. 빨리 푸는 것이 그리 중요한 단원은 아닙니다.

5학년: 분수의 덧셈, 뺄셈, 곱셈

학기	단원	학습 요소
5-1	1. 자연수의 혼합계산	• 덧셈, 뺄셈, 곱셈, 나눗셈과 괄호가 있는 혼합 계산
	2. 약수와 배수	• 약수와 배수의 의미와 관계 이해하기 • 공약수와 최대공약수 • 공배수와 최소공배수
	4. 약분과 통분	• 분수의 성질을 알고 약분, 통분하기 • 분수를 소수로, 소수를 분수로 나타내기
	5. 분수의 덧셈과 뺄셈	• 분모가 다른 진분수, 대분수의 덧셈과 뺄셈
5-2	2. 분수의 곱셈	• (분수)×(자연수)와 (자연수)×(분수)의 계산 원리를 이해해 계산하기 • 진분수의 곱셈의 원리를 이해하고 계산하기
	4. 소수의 곱셈	• 소수 곱셈의 원리를 이해하고 계산하기

초등수학의 최대 고비인 5학년 과정입니다. 배울 내용이 엄청나게 많아졌습니다. 쉽지 않지만 모두 중요한 개념들이라 꼭꼭 씹고 넘겨야 합니다. 분수의 연산을 위한 기초 과정인 약수와 배수, 약분과 통분이 한 단원씩 배정되어 있습니다. 약수, 공약수, 최대공약수와 배수, 공배수, 최대공배수는 모두 소인수분해와 고등 과정에서 다루는 다양한 연산의 기초가 됩니다. 또한 분수의 덧셈, 뺄셈, 곱셈이 모두 5학년에 나옵니다.

약수와 배수

약수와 배수, 약분과 통분, 분수의 덧셈과 뺄셈. 1학기의 대미를 장식하는 세 단원은 그 자체로 하나의 흐름이 됩니다. 이전 단원이 확실하게 이후 단원으로 이어지기 때문에 무엇 하나 소홀히 넘어갈 수 없고, 속도도 중요한 단원들입니다. 5학년 수학의 내용을 보면, 이전 학년에서 곱셈과 나눗셈을 배울 때 큰 수를 연습하기보다는 개념을 정확하게 이해하고 빠르게 풀 수 있는 연습이 더 중요함을 알 수 있어요. 또한 공약수와 최대공약수, 공배수와 최소공배수는 특히 서술형 문제에서 많은 학생이 어려워하기 때문에 문해력과 문제 이해력이 더욱 중요해집니다.

또한 지금이야말로 저학년에서 연산 연습을 충분히 하며 암산과 어림 실력을 잘 다져놓았던 학생들, 개념에 집중하며 공부했던 학생들이 빛을 발하는 시기입니다. 더불어 이 시기부터는 비슷한 형태의 소위 유형 문제 풀이가 개념을 명확하게 잡는 데 도움이 됩니다. 교과서의 구성이 좋으니 이해가 가지 않으면 교과서를 여러 번 풀어보기를 권합니다.

약분, 통분, 분수의 덧셈과 뺄셈

교과서에 나오는 약분과 통분의 흐름은 다음과 같습니다.

같은 크기의 분수를 알아볼까요: 분수의 성질

- 분모와 분자에 각각 0이 아닌 같은 수를 곱하면 크기가 같은 분수가 됩니다.
- 분모와 분자를 각각 0이 아닌 같은 수로 나누면 크기가 같은 분수가 됩니다.

분수를 간단하게 나타내볼까요: 약분

- 분모와 분자를 공약수로 나누어 간단한 분수로 만드는 것을 약분한다고 합니다.
- 분모와 분자를 각각 0이 아닌 같은 수로 나누면 크기가 같은 분수가 됩니다.

분모가 같은 분수로 나타내볼까요: 통분

- 분수의 분모를 같게 하는 것을 통분한다고 하고, 통분한 분모를 공통분모라고 합니다.

분수의 크기를 비교해볼까요

다 잘해야 하지만 이 흐름의 핵심은 결국 통분입니다. 통분을 왜 해야 하는지를 알고, 통분을 사용해 분수의 연산을 해결하는 것이 5학년 1학기 수학의 핵심입니다. 하지만 통분을 잘하려면 분수의 성질에 대한 이해가 꼭 필요하다는 점을 염두에 두시기 바랍니다. 5학년쯤 되면 슬슬 문제 풀이의 늪에 빠지기 시작합니다. 물론 문제를 많이 풀어야 하는 시기지만 개념을 익히려고 문제를 푸는지, 문제를 풀려고 개념을 익히는지 목적 자체를 헷갈리기 쉽지요. 문제 풀이를 열심히 시킨다는 학원들이 등장하고, 이를 맹신하게 되는 시기도 이 때입니다.

하지만 분수의 연산에 들어오면 문제 풀이와 더불어 분수의 연산을 도형으로 표현해 이해하고, 이를 학생 자신이 그림과 글로 정리하는 시간이 반드시 필요합니다. 4장에 나오는 수학 공책 쓰기 부분을 참고하면 좋습니다. 도형과 수식을 연결해 이해하는 방법은 이제부터 계속 나오기 때문에 본인이 직접 그려보고 생각해보면서 익숙해질 필요가 있습니다. 충분한 연습과 더불어 이해가 필요한 단원들입니다.

분수의 곱셈

5학년 2학기에는 분수의 곱셈까지 나오면서 분수의 연산이 마무리됩니다. 분수의 연산은 다음 순서로 진행되는데요, 연산 자체는 그렇게 어렵지 않습니다.

(분수)×(자연수) – (자연수)×(분수) – (진분수)×(진분수) – (대분수)×(대분수)

저는 여기서 아이들이 분수의 곱셈을 정확히 이해할 수 있도록 돕는 수업과 평가를 중요하게 생각합니다. 분수의 곱셈은 6학년에 배우는 분수의 나눗셈에 가장 큰 토대가 되는 부분이기 때문이지요. 중요한 부분이니 하나씩 살펴보겠습니다.

(분수)×(자연수)

물을 $\frac{1}{3}$씩 6번 담으면 얼마나 될까요? 3×6=3+3+3+3+3+3인 것과 같이, $\frac{1}{3}\times6=\frac{1}{3}+\frac{1}{3}+\frac{1}{3}+\frac{1}{3}+\frac{1}{3}+\frac{1}{3}$이므로 $\frac{6}{3}$이 됩니다. 이는 $\frac{1\times6}{3}$과 같습니다. 사실 곱셈 기호를 잘 이해하고 있다면 $\frac{1}{3}\times6$이라는 식을 보았을 때 '아, $\frac{1}{3}$이 6개구나'라는 생각을 할 수 있겠지요. 하지만 이런 수 감각이 없는 상태라면 일깨워줄 필요가 있습니다. 5학년쯤 되면 실물을 조작하는 활동보다는 다음과 같은 그림을 많이 사용하게 됩니다.

▶ 문제: $\frac{1}{3}\times6$의 값은 얼마인가요? $\frac{1}{3}$씩 6번 색칠해 알아봅시다. $\frac{1}{3}$마다 각각 다른 색으로 색칠해보세요.[9]

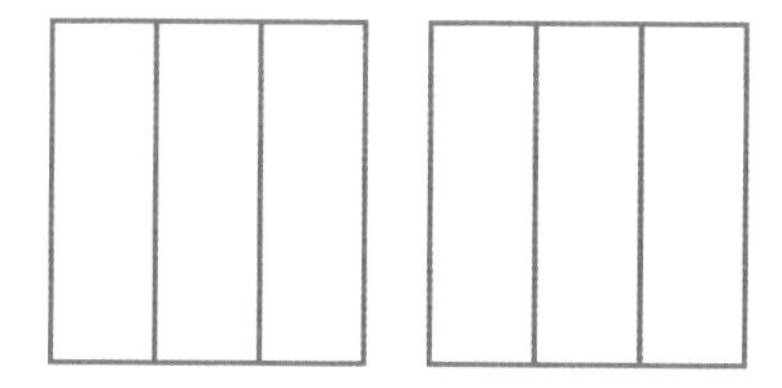

$\frac{1}{3}\times6$의 값은 얼마입니까? 왜 그렇게 생각하나요? 계산 방법을 설명해봅시다.

교과서에서는 수직선을 사용해 $\frac{1}{3}$이 6번 반복해 더해지는 곱셈의 원리를 보여줍니다. 자연수의 곱셈과 원리가 같다는 것이 포인트예요.

(자연수)×(분수)

그렇다면 6의 $\frac{1}{3}$은 어떻게 구할까요? 6의 $\frac{1}{3}$만큼 있다는 것은 무슨 뜻일까요? 교과서에서는 이를 두 가지 의미로 다루고 있습니다.

첫째, 6의 $\frac{1}{3}$배로 생각하기입니다.

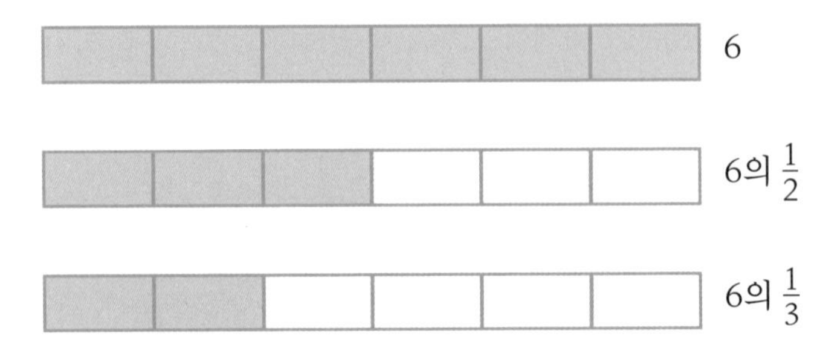

둘째, $1\times\frac{1}{3}$과 비교하기입니다.

$1\times\frac{1}{3}$은 $\frac{1}{3}$이 1개입니다. $6\times\frac{1}{3}$은 $\frac{1}{3}$이 6개입니다. 그러므로 $6\times\frac{1}{3}=\frac{1}{3}\times6$이며, $\frac{1\times6}{3}$이 됩니다.

자연수의 분수만큼은 3학년에서 처음 접합니다. 3학년 과정에서는 그 의미를 이해하는 데 중점을 둔다면 5학년 과정에서는 계산 알고리즘을 이해해 a의 $\frac{c}{b}$만큼$=a\times\frac{c}{b}=\frac{a\times c}{b}$임을 아는 것이 핵심입니다. 저는 첫째 의미로 이해하는 것이 더 정확하다고 생각합니다. 분수의 자연수만큼, 자연수의 분수만큼, 분수의 분수만큼은 모두 분수의 자연수'배', 자연수의 분수'배', 분수의 분수'배' 개념임을 기억하세요. 정확히 이해하면 응용이나 심화 문제를 해결할 때 유용하게 사용되며, 6학년 분수의 나눗셈에서도 많이 사용됩니다. 역시 스스로 그려보고 깊이 생각해본 다음, 문제 풀이도 병행해주세요.

2의 3만큼=2의 3배	○○ ○○ ○○	2×3
2의 $\frac{1}{3}$만큼=2의 $\frac{1}{3}$배	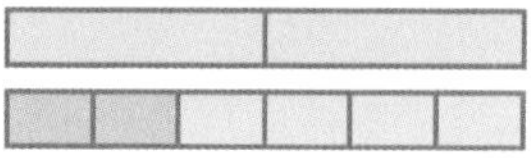 의	$2\times\frac{1}{3}$
$\frac{1}{3}$의 2만큼=$\frac{1}{3}$의 2배		$\frac{1}{3}\times2$
$\frac{1}{3}$의 $\frac{1}{2}$만큼 = $\frac{1}{3}$의 $\frac{1}{2}$배	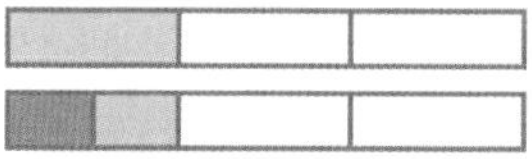 의	$\frac{1}{3}\times\frac{1}{2}$

(진분수)×(진분수)

이 차시와 관련해 재미있는 문제가 있습니다. 정경혜 선생님의 『몸짓으로 배우는 초등 수학 3』에 나오는 문제인데, 조금 바꿔보았습니다. 여러분도 이 문제를 어떻게 해결할지 생각해보세요.

> 마법사의 마법 지팡이가 고장 났습니다. 마법사는 지혜로운 은행나무에게 어떻게 하면 마법 지팡이를 고칠 수 있을지 물어보았습니다. 1만 년이나 살아온 은행나무는 마법 지팡이를 고치려면 용의 힘줄 $\frac{1}{15}$이 필요하다고 알려주었습니다. 마법사는 용을 찾아 모험을 떠났고, 간신히 용의 힘줄 $\frac{1}{5}$을 얻게 되었습니다. 용의 힘줄은 강력한 마법 재료이기 때문에 조금이라도 많이 들어가면 지팡이는 파괴됩니다 마법사는 용의 힘줄 $\frac{1}{5}$을 어떻게 $\frac{1}{15}$로 자를 수 있을까요?[10]

이미 $\frac{1}{5}$로 잘린 것에서 다시 $\frac{1}{15}$만큼을 알아내는 문제입니다. 어떻게 해야 정확하게 $\frac{1}{15}$만 찾아낼 수 있을까요? 분수 문제는 그림을 잘 그리는 게 중요하다고 했습니다. 먼저 $\frac{1}{5}$을 그려보도록 하지요.

이 중에 $\frac{1}{15}$을 찾아야 하므로 전체를 15개로 쪼개야 합니다. 이미 전체가 5개로 나누어져 있는데, 이를 15개로 더 잘게 나누려면 어떻게 해야 할까요? 5×□=15가 되는 □의 값을 찾으면 되겠군요. 아하, 5와 곱해 15가 되는 수는 3입니다. 각각을 3조각으로 쪼개면 되겠네요.

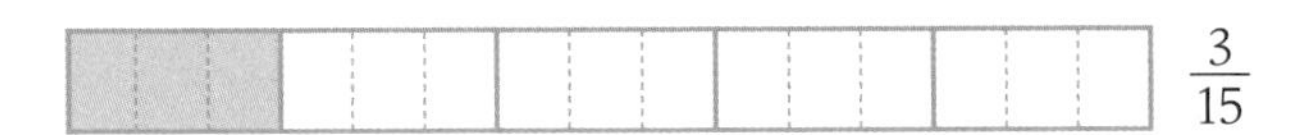

이렇게 쪼개어보니 $\frac{1}{5}=\frac{3}{15}$임을 알 수 있습니다. 이제부터는 쉽습니다. $\frac{3}{15}$은 $\frac{1}{15}$이 3개 있는 것이므로 다음 그림과 같이 3개 중의 하나가 $\frac{1}{15}$이 됩니다.

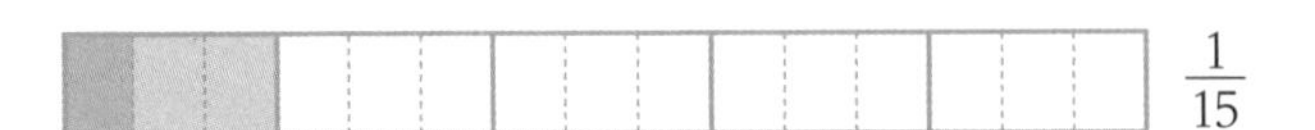

색칠한 부분을 잘 보면 용의 힘줄 $\frac{1}{5}$에서 $\frac{1}{3}$만큼을 잘라낸 모습입니다. 분수의 분수만큼, $\frac{1}{5}$의 $\frac{1}{3}$은 $\frac{1}{15}$이며, 이를 식으로 나타내면

$\frac{1}{5}\times\frac{1}{3}$이라고 할 수 있습니다. 분수의 분수'배', 즉 곱셈입니다. 기억나시죠?

교과서 예시 문제도 $\frac{1}{5}\times\frac{1}{3}$로 다음과 같습니다. 한 번 더 볼까요?

$\frac{1}{5}\times\frac{1}{3}$은 '전체의 $\frac{1}{5}$ 중에서 $\frac{1}{3}$'이니까,

전체의 $\frac{1}{5}$

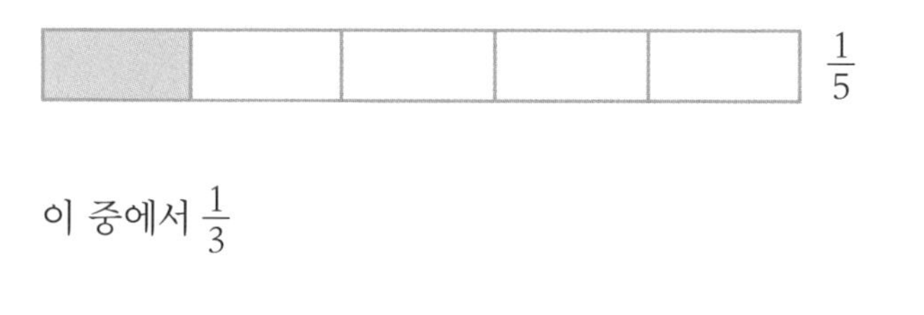

이 중에서 $\frac{1}{3}$

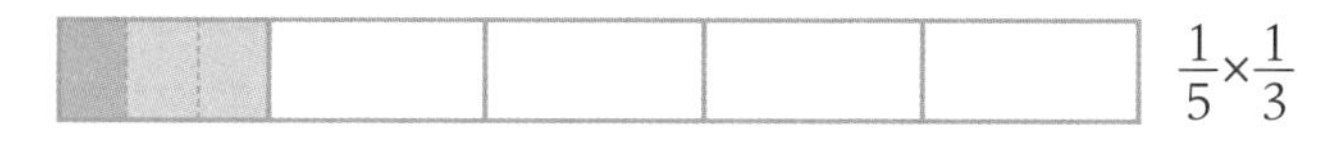

즉 $\frac{1}{5}$의 $\frac{1}{3}$은 $\frac{1}{5}\times\frac{1}{3}$이 되며, 이는 $\frac{1\times1}{5\times3}$이 됩니다. 분수의 덧셈에 비해 연산 자체는 곱셈이 훨씬 쉽네요. 분모는 분모끼리, 분자는 분자끼리 곱하면 됩니다. 개념만 이해한다면 학생들이 비교적 수월하게 연습할 수 있는 차시입니다. 이 부분을 가르칠 때 학생들이 열심히 복습 공책에 그림을 그리던 모습이 생각나네요. 이렇게 도형을 가지고 이해하면 분수의 연산을 정확히 아는 데 큰 도움이 된답니다.

(대분수)×(대분수)

교과서에서 제안하는 방법은 두 가지입니다. 첫 번째는 가분수로 고쳐서 (진분수)×(진분수)로 푸는 방법이고, 두 번째는 '(대분수)=(자

연수)+(분수)'임을 이용해 도형의 넓이를 통해 곱셈을 해결하는 방법입니다.

(대분수)=(사연수)+(분수)이며, 진분수의 곱셈 계산 방법은 $\frac{b}{a}\times\frac{d}{c}=\frac{b\times d}{a\times c}$라고 배웠습니다. $2\frac{2}{3}\times1\frac{1}{4}$이라는 문제를 해결하기 위해 그림을 그려보면 이렇게 됩니다.

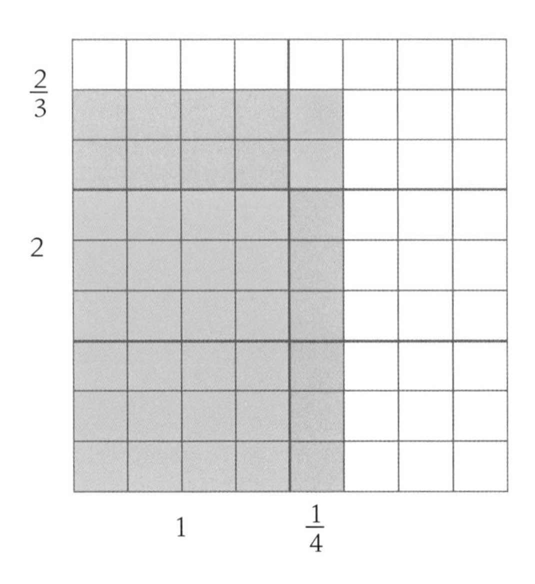

그러면 각 부분의 넓이가 다음과 같이 나오지요. 앞에서 배웠던 (자연수)×(분수)와 (분수)×(분수)로 모두 해결할 수 있습니다.

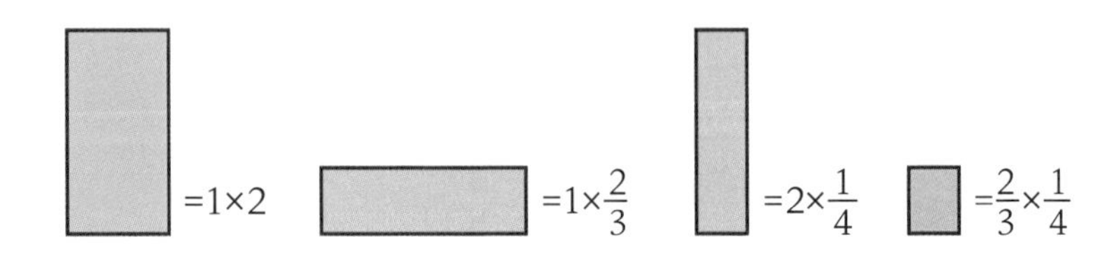

각 넓이의 합이 전체 넓이, 즉 우리가 구하고자 하는 대분수의 곱셈의 값이 됩니다. 계산할 때는 가분수로 바꾸어 계산하는 형태를 주로 사용하지만, 이런 원리를 알면 학생들이 의미를 알아가는 재미를 느낄 수 있습니다.

6학년: 분수의 나눗셈

학기	단원	학습 요소
6-1	1. 분수의 나눗셈	• (자연수)÷(자연수), (분수)÷(자연수) • (대분수)÷(자연수), (가분수)÷(자연수)를 계산하기
	3. 소수의 나눗셈	• (자연수)÷(소수), (소수)÷(자연수) • (자연수)÷(자연수)의 몫을 소수로 나타내기
6-2	1. 분수의 나눗셈	• 분수의 나눗셈의 원리를 이해하고 계산하기
	2. 소수의 나눗셈	• 소수의 나눗셈의 원리를 이해하고 계산하기

드디어 초등수학의 최고봉, 분수의 나눗셈에 왔습니다. 표를 보면 6학년 1, 2학기 전체가 수와 연산 영역에서 오로지 분수의 나눗셈과 소수의 나눗셈에 할애됨을 확인할 수 있습니다. 그만큼 어렵기도 하고, 그동안 배웠던 개념들을 촘촘하게 이해해 활용해야 하는 한 해입니다.

6학년 분수의 나눗셈 체계는 다음과 같이 총 7단계로 이루어져 있습니다.

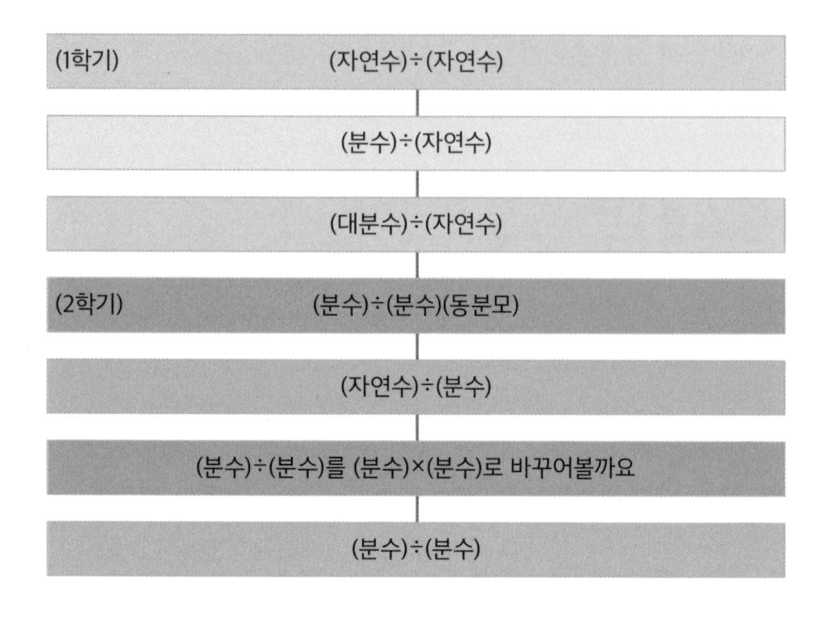

우리가 결국 분수의 나눗셈을 통해 익혀야 할 알고리즘은 (분수)÷(분수)=(분수)×(분수의 역수)입니다.

$$\frac{a}{b}\div\frac{c}{d}=\frac{a}{b}\times\frac{d}{c}$$

분수의 나눗셈을 이해하는 과정이 그 악명에 걸맞게 어렵다는 것은 분명해 보입니다. 분수의 나눗셈을 이해하는 방법은 세 가지가 있습니다. 매번 세 가지 방법을 다 쓰지는 않지만 모두 중요합니다.

① 나눗셈의 의미로 이해하기

이제 와서 나눗셈이 헷갈리면 안 되지만, 의외로 헷갈리기 쉽습니다. 5학년에서 1년 동안 계속 덧셈, 뺄셈, 곱셈 연산만 했으니까요. 5학년 겨울방학쯤에 3학년 교과서를 다시 복습하면 도움이 정말 많이 될 것 같습니다.

② 이중수직선으로 이해하기

이중수직선은 말 그대로 가로와 세로에 2개의 수직선을 교차하는 방법을 말합니다. 교과서에서 많이 사용하는 방법이라 정확히 익혀 두는 것이 좋습니다.

③ 이야기 속에서 이해하기

교과서에서 다루지는 않습니다. 하지만 맥락 속에서 이해하기가 대세인 요즘 수학 트렌드에 맞을 뿐만 아니라, 깊은 이해를 위해 놓치기 아쉽지요. 몇 가지를 함께 보겠습니다.

(자연수)÷(자연수)

① 나눗셈의 의미로 이해하는 방법으로 설명합니다. 그러니 간단히라도 나눗셈의 의미를 복습하고 시작하면 학습하기 편합니다. 3학년에서 배우는 등분제와 포함제를 다시 생각해보면 도움이 됩니다. 6학년에서도 처음에는 (자연수)÷(자연수)의 나눗셈으로 시작하는데, 가장 흔히 나오는 문제는 이렇습니다.

나누는 수가 나누어지는 수보다 커졌죠. 그냥 설명만 하고 넘어가기에는 너무 아까운, 좋은 토론 주제입니다. 2÷3을 나누어 먹는 문제로 접근하면 다양한 방법을 생각할 수 있습니다.

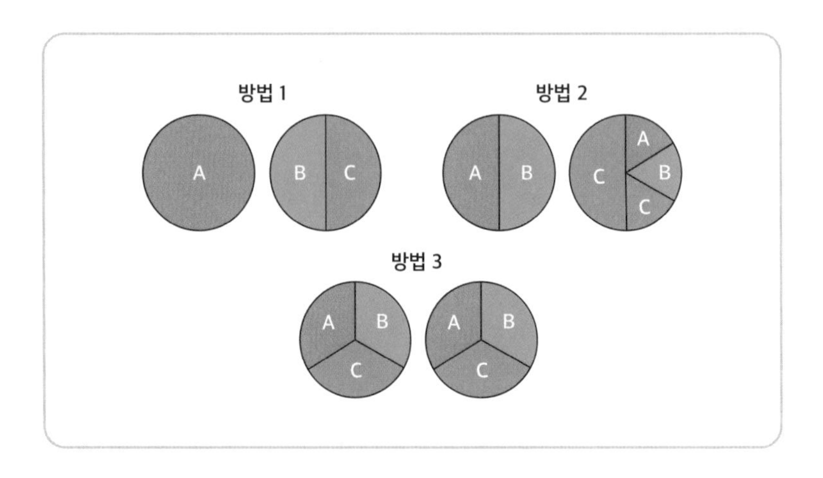

방법 1은 나눗셈 자체가 성립되지 않는다는 것을 금방 확인할 수 있지요. 실제 예시로 보여주어도 좋습니다. 수학적 센스가 있는 친구들은 방법 2 같은 답도 낼 수 있습니다. 반씩 먹고, 남은 반은 다시 똑같이 3개로 나눕니다. 수식으로 표현하면 한 사람의 몫은 이렇게 되겠죠?

$$\frac{1}{2}+\frac{1}{2}\times\frac{1}{3}=\frac{1}{2}+\frac{1}{6}=\frac{4}{6}=\frac{2}{3}$$

방법 3은 빵 하나를 똑같이 3개로 나누었습니다. 빵이 2개니까 2개를 똑같이 나누면 됩니다. 등분제죠. 각자의 몫은 $\frac{1}{3}+\frac{1}{3}=\frac{2}{3}$가 됩니다. 이 방법을 사용하면 2÷3은 $\frac{1}{3}$이 2개인 $\frac{1}{3}\times2$와 같다는 것을 눈으로 쉽게 확인할 수 있습니다. 결론적으로 $2\div3=\frac{2}{3}$가 되는군요.

분수로 들어오니 자꾸만 그림이 나오지요? 분수의 연산은 도형 못지않게 '정확하게 그릴 줄 아는 것'이 중요합니다.

$$(자연수)\div(자연수) \Rightarrow a\div b=\frac{a}{b}$$

(분수)÷(자연수)

② 이중수직선으로 이해하기 방법을 사용하고 있습니다.

이중수직선으로 $\frac{4}{5}\div3$의 몫을 구해볼게요. 먼저 $\frac{4}{5}$를 가로에 그립니다.

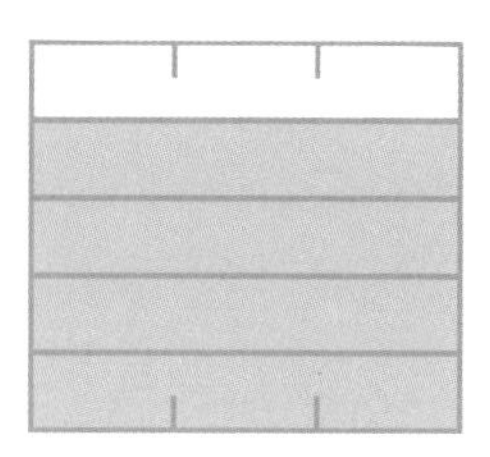

÷3이니까 $\frac{4}{5}$를 똑같이 3으로 나눌게요. $\frac{4}{5}$를 똑같이 3으로 나눈 몫은 진하게 색칠한 부분과 같습니다.

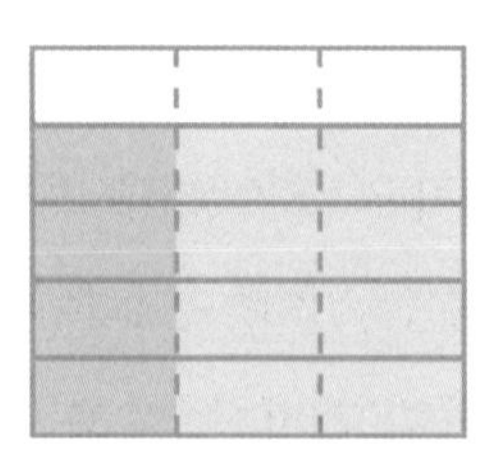

몫을 수로 나타내기 위해 색칠한 부분의 넓이를 구해볼게요. 세로가 $\frac{4}{5}$, 가로가 $\frac{1}{3}$인 사각형이므로 $\frac{4}{5}\times\frac{1}{3}$이 됩니다.

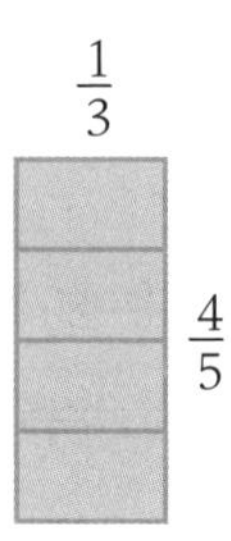

학생들은 이 부분에서 이미 ÷3이 $\times\frac{1}{3}$로 바뀌어 계산됨을 알게 됩니다.

$$(\text{분수})\div(\text{자연수}) \Rightarrow \frac{a}{b}\div c=\frac{a\div c}{b}=\frac{a}{b}\times\frac{1}{c}$$

(대분수)÷(자연수)

대분수를 가분수로 바꾸어 계산하면 되기 때문에 (분수)÷(자연수)와 같은 형태입니다.

(분수)÷(분수)(동분모)

2학기 1단원도 분수의 나눗셈으로 시작됩니다. 드디어 (분수)÷(분수) 과정이 나오는데, 두 분수의 분모가 같을 때를 먼저 다룹니다. 가령 $\frac{3}{4}\div\frac{1}{4}$ 같은 문제지요. ①의 방법이겠죠? 나눗셈의 의미를 이해하고 적용하는 것이 중요합니다.

'제수는 피제수를 몇 번 포함하는가?' 하는 포함제의 개념을 잘 이해하고 있다면, $\frac{3}{4}\div\frac{1}{4}$이라는 식을 보았을 때 $\frac{3}{4}$은 $\frac{1}{4}$이 3개인 수이고 $\frac{1}{4}$이 3번 포함되어 있다는 사실을 금방 이해할 수 있습니다. 즉 $\frac{3}{4}$에서 $\frac{1}{4}$을 3번 빼면 0이 됩니다.

$$\frac{3}{4}-\frac{1}{4}-\frac{1}{4}-\frac{1}{4}=0$$

이는 3-1-1-1=0(3에서 1을 3번 빼면 0이 된다)[11]이라는 자연수의 나눗셈과 다르지 않지요. 분모의 크기가 계산식에 영향을 주지 않습니다. 결과적으로 분모가 같은 분수의 나눗셈은 분자 간의 나눗셈과 그 몫이 같습니다.

$$\frac{3}{4}\div\frac{1}{4}=3\div1=3$$

(분수)÷(분수) ⇨ $\frac{a}{b}\div\frac{c}{b}=a\div c$

(자연수)÷(분수)

교과서 흐름만 따라가다 보면 사실 좀 싱겁고 딱딱한 부분입니다. 조성실 선생님의 『이야기와 놀이가 있는 수학 시간 1』에는 이 차시와 관련된 아름다운 수업이 나옵니다. 아이들이 이해하기에도 훨씬 좋기 때문에 요약해 소개합니다.

1÷(진분수)의 값 알아보기

> 천사가 떡 4개를 들고 지상에 내려왔다.
> 첫 번째 마을에 가니 배고픈 아기 2명이 울고 있었다. 천사는 떡을 $\frac{1}{2}$씩 나누어주었다. 아기 2명이 기쁜 얼굴로 떡을 먹었다.
> 두 번째 마을에 가니 4명의 굶주린 노인이 있었다. 천사는 떡을 $\frac{1}{4}$씩 나누어주었다. 노인 4명은 기쁜 얼굴로 떡을 먹었다.
> 세 번째 마을에 가니 며칠 동안 아무것도 먹지 못한 어린이가 많았다. 천사는 망설였다. 천사에게 남은 것은 떡 2쪽뿐이었으니까.
> 고민하던 천사는 가장 어리고 배가 고파 보이는 아이에게 떡 2쪽을 내밀었다. 아이는 기쁜 미소를 띠며 주변을 둘러보았다. 그리고 떡 2쪽을 똑같이 $\frac{1}{8}$씩 나누었다. 천사는 크게 탄복했다.
> '사람들은 서로를 사랑하는 마음으로 사는구나!'[12]

원문을 꼭 보시면 좋겠습니다. 이렇게 훌륭한 선생님께 배우면 수학을 통해 나눔에 대해서도 배울 수 있겠지요? 1÷(진분수)에서 아이들은 '한 사람이 가져가는 양이 적으면 많은 사람이 함께할 수 있다'는 사실을 그림과 식으로 확인할 수 있습니다. 물론 욕심 많은 친구들은 적게 쪼개야 자기 몫이 많아진다고 거꾸로 생각할 수도 있지만 말이에요.

	떡 1쪽을	1
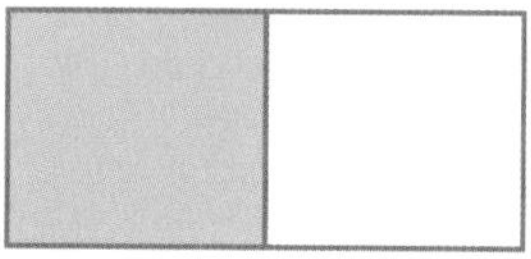	$\frac{1}{2}$씩 나누면 2명이 먹을 수 있다.	$1 \div \frac{1}{2} = 2$
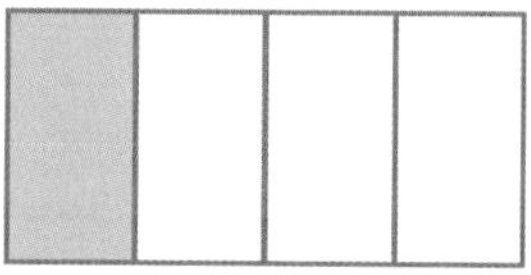	$\frac{1}{4}$씩 나누면 4명이 먹을 수 있다.	$1 \div \frac{1}{4} = 4$
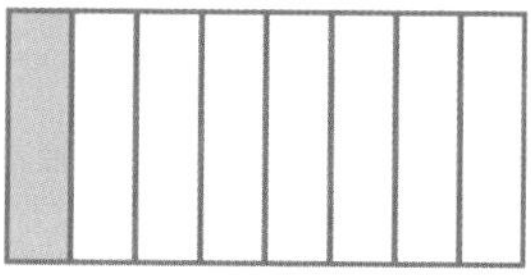	$\frac{1}{8}$씩 나누면 8명이 먹을 수 있다.	$1 \div \frac{1}{8} = 8$

(자연수)÷(진분수)의 값 알아보기

그렇다면 마지막 떡 2쪽은 어떻게 나누었는지 아시겠죠?

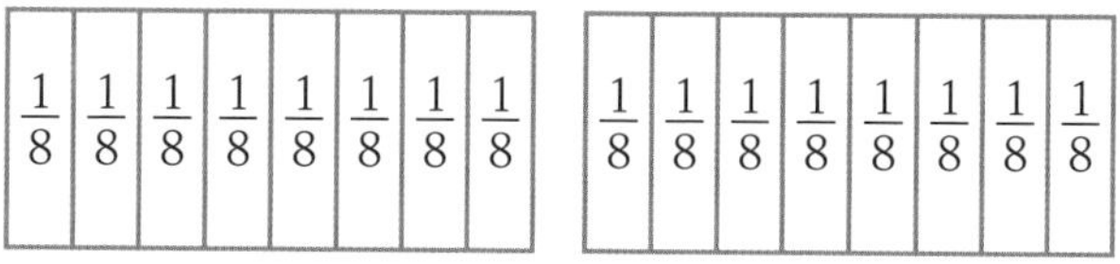

$\frac{1}{8}$	$\frac{1}{8}$	$\frac{1}{8}$	$\frac{1}{8}$	$\frac{1}{8}$	$\frac{1}{8}$	$\frac{1}{8}$	$\frac{1}{8}$

$\frac{1}{8}$	$\frac{1}{8}$	$\frac{1}{8}$	$\frac{1}{8}$	$\frac{1}{8}$	$\frac{1}{8}$	$\frac{1}{8}$	$\frac{1}{8}$

2개의 떡을 $\frac{1}{8}$씩 나누어 먹으니 $2 \div \frac{1}{8}$입니다. 1÷(진분수)에서 확인한 규칙 또는 그림을 보면 답이 16임을 확인할 수 있습니다. 무려

16명이 나누어 먹을 수 있게 되었어요. 똑같이 나누었다고 했으니, 마지막 마을에는 16명의 학생이 있었다는 사실을 알 수 있습니다. 소중한 1을 우리 가족과 나누어 먹기, 친척들과 다 함께 먹기, 우리 반 친구들과 나누어 먹기 등 활동으로 응용할 수도 있습니다.

(자연수)÷(진분수)=(자연수)×(역수)로 생각하기

1÷(진분수)와 (자연수)÷(진분수) 식의 규칙성을 통해 우리는 (자연수)÷(진분수)가 (자연수)×(진분수의 역수)로 바뀐다는 규칙을 쉽게 발견할 수 있습니다.

$1\div\frac{1}{2}=1\times2=2$

$1\div\frac{1}{4}=1\times4=4$

$2\div\frac{1}{8}=2\times8=16$

여기서 경험적으로 알고리즘을 끝내버리는 게 흐름이 매끄럽더라고요.

(자연수)÷(분수) ⇨ $a\div\frac{1}{b}=a\times b$

나눗셈을 역수의 곱셈으로 바꿀 수 있음을 알고 넘어가도록 하겠습니다. 이제는 계산 연습만 하면 됩니다. 여기까지 되었으면 교과서 흐름대로 $a\div\frac{b}{c}=a\div b\times c=a\times\frac{c}{b}$를 알 수 있고, 우리의 최종 목표인 $\frac{a}{b}\div\frac{c}{d}=\frac{a}{b}\times\frac{d}{c}$는 유추를 통해 빠르게 이해할 수 있습니다.

교과서에서는 '(분수)÷(분수)를 (분수)×(분수)로 바꾸어볼까요'

단계에서 비로소 나눗셈을 역수의 곱으로 바꾸는 알고리즘이 나옵니다. 계산 방법을 알았으니 이제 쭉 연습하면 되겠죠? 스피드와 정확성이 모두 필요한 단원이니 원리를 이해했다면 연산을 연습하는 시간도 충분히 가져보세요.

분수의 나눗셈은 원리를 이해하려면 이전에 배웠던 개념(분수의 개념, 나눗셈, 분수의 곱셈 등)을 정확히 알고 있어야 하며, 스토리와 예시의 도움을 받기를 권장합니다.

교과서 예시문 자체가 어렵기 때문에 여러 번 읽어보고 이해해야 합니다. 어려운 개념일수록 문제집에 너무 의존하지 말고, 일단은 교과서를 완전히 이해할 수 있게 여러 번 보는 것이 좋습니다. 저도 학생 때는 교과서가 문제집보다 쉽다고 생각했는데, 언제나 교과서의 개념들을 충분히 이해하는 것이 먼저입니다. 특히 이 단원의 교과서 예문들은 모두 나눗셈의 의미를 정확하게 알고 있어야 이해할 수 있습니다.

도형과 측정, 규칙성, 자료와 가능성

도형

도형은 수와 연산 다음으로 많은 비중을 차지하는 영역입니다. 144~145쪽에 나오는 '초등수학 영역' 표를 다시 보면, 저학년에서는 드문드문 보이다가 고학년으로 올라갈수록 비중이 조금씩 많아지는 것을 확인할 수 있어요. 초등의 도형 영역은 중등과 고등에서 기하로 이어집니다. 중고등 과정의 기하 영역은 도형의 성질에 대한 정확한 이해가 필요하며, 이를 기반으로 다양한 실생활 문제를 해결하는 것이 목적입니다. '피타고라스의 정리'처럼 도형의 성질을 증명하는 과정에서 논리적 사고력이 사용됩니다. 초등 시기부터 이러한 점을 염두에 두고 공부하는 게 좋습니다.

또한 요즘처럼 이과에 지원하는 학생이 많을 때 도형 영역의 공간 능력은 변별력을 높일 수 있는 승부처가 될 수 있어요. 초등 시기는 다양한 도형 교구를 활용해 공간 감각을 기를 수 있는 소중하고도 결정적인 시기입니다. 학년별 학습 내용을 간단히 봐두겠습니다.

1~2학년에는 주변의 여러 모양에 관심을 가지고 분류하는 정도로 아주 쉽게 나옵니다. 2학년이 되면 '원' '삼각형' '사각형'이라는 용어를 배우지만 도형을 아이들 수준에서 직관적으로 설명합니다. 이 시기에는 진도의 선행보다, 다양한 도형들을 그리고 익히는 연습을 미리 해두고, 입체 만들기나 종이접기 등을 통해 소근육 힘을 길러두는 것을 추천합니다. 실물 모형을 다양하게 접하고 모양을 특징에 따라 분류하는 방법을 정확하게 익혀둔다면 3~4학년에 나오는 논리적 분류를 준비할 수 있습니다.

3학년 때는 도형에 대한 정확한 개념 설명이 시작되며 선분, 직선, 직각 등 새로운 용어들이 많이 나옵니다. 자, 삼각자, 컴퍼스 등의

학년별 도형 내용

1학년	2학년	3학년
여러 가지 모양	여러 가지 도형	평면도형, 원
4학년	**5학년**	**6학년**
• 도형의 이동 • 삼각형, 사각형, 다각형	• 합동과 대칭 • 직육면체	• 각기둥과 각뿔 • 공간과 입체 • 원기둥, 워뿔, 구

도구도 처음으로 다루게 됩니다. 집에서 예습과 복습이 필요하며, 작도를 많이 해야 하므로 학습할 때 아직 어른의 도움이 필요한 시기입니다.

4학년은 도형을 가장 많이 배우는 학년입니다. 4학년 도형의 꽃은 삼각형과 사각형을 분류하고, 정의에 따른 포함관계를 아는 것입니다. 예를 들어 '정사각형은 직사각형이라고 할 수 있는가?' '직사각형을 정사각형이라고 할 수 있는가?' 하는 문제를 해결하려면 직사각형과 정사각형의 개념을 정확히 알고, 논리적으로 서로의 포함관계를 생각할 수 있어야겠죠. 원의 중심, 지름, 반지름 등의 구성 요소와 원의 성질을 본격적으로 학습하는 원 단원도 중요합니다.

도형의 이동은 개인차가 많은 단원입니다. 이 단원을 어려워하는 아이들은 도형을 직접 돌려보고 뒤집어보며 어떻게 모양이 바뀌는지 눈에 익히는 작업을 많이 해야 합니다.

5학년 2학기에는 합동과 대칭, 직육면체와 정육면체가 나옵니다. 입체도형의 겨냥도와 전개도가 나오기 때문에 조금 더 숙련된 공간감각이 필요합니다. 직육면체의 전개도를 보고 완성된 모습을 정확하게 예상할 수 있어야 합니다. 심화 문제를 내기 좋은 영역이에요.

6학년에서 배우는 대부분의 단원은 난이도가 높고 중고등 개념과 연결되어 중요합니다. 특히 입체도형의 부피와 겉넓이, 원의 넓이 등 측정 영역을 잘 이해하고 가야 합니다.

교구 활용하기

도형은 교구를 적극 활용해야 하는 영역입니다. 좋은 교구만 잘 고르면 따로 가르칠 필요가 없는 영역이기도 하지요. 도형 영역은 가정에서 문제집 푸느라 애쓰지 마시고, 교구로 즐겁게 조작하는 시간을 가지면 좋겠습니다. 시중에 나와 있는 교구들이 많아서 '교구로 활동하기-학습지로 정리하기' 리듬이 가장 쉽고 확실한 영역입니다.

도형 단원에서 다룰 교구

교구	설명과 활용	교과연계 [학년-학기-(단원)]
칠교놀이	초등 교과서에서 다루는 교구는 칠교, 펜토미노, 그리고 쌓기나무입니다. 칠교는 우리나라 전통 교구로, 저학년 전통놀이 시간에도 많이 나오며, 좋은 교구들이 그렇듯 크기나 부피에 비해 활용도가 높습니다. ▶ 칠교종이 땡땡땡 (칠교판 2개로 응용) ▶ 칠교종이접기	2-1-(2) 3-1-(2) 4-2-(4)

교구	설명과 활용	교과연계 [학년-학기-(단원)]
패턴블록	합동, 대칭, 변의 길이와 둘레, 넓이 등등 기하적 성질과 분수나 무한과 같은 수 개념까지 학습할 수 있습니다.[13] 좋은 교구지만 그냥 활용하기는 어렵기 때문에 가이드북이 함께 있는 것으로 구매하기를 권합니다. 모양 만들기만 할 거라면 인터넷에 무료 도안도 많습니다. ▶ 패턴 블록 도안 사이트	1-2-(5) 2-2-(6) 4-1-(4) 4-2-(6) 5-2-(2)
폴리오미노	폴리오미노(polyomino)란 합동인 정사각형의 변과 변을 맞대어 붙여서 만든 도형 전부를 부르는 말로, 대표적으로 테트리스 게임에 사용되는 테트라미노와 모노미노 5개를 붙인 펜토미노가 있습니다.[14] 펜토미노는 인터넷에 있는 자료들을 이용하거나, 우봉고나 블로커스처럼 폴리오미노를 활용한 보드게임을 활용하는 것도 좋습니다. ▶ 펜토미노 활용 사이트	4-1-(4) 5-2-(2)
소마큐브	쌓기나무 심화 교구입니다. 개인적으로 자석으로 된 것이 사용하고 보관하기 좋았습니다. 문제지를 따로 팔기도 하지만, 구글에 무료 자료들도 많습니다.	2-1-(2) 2-2-(6) 6-1-(6) 6-2-(3)

교구	설명과 활용	교과연계 [학년-학기-(단원)]
쌓기나무, 구슬퍼즐	교과서에 나오는 쌓기나무 문제는 그다지 어렵지 않아서 따로 다루어보는 것도 좋습니다. 쌓기나무 자체는 교사 없이 학생 혼자 활동하기에는 막연하기 때문에 대체 교구로 구슬퍼즐을 권합니다. 가이드북을 보며 앞, 옆, 위에서 바라본 모습으로 입체를 생각할 수 있고, 무엇보다 재미있습니다.	2-1-(2) 2-2-(6) 6-1-(6) 6-2-(3)
4D 프레임, 폴리스틱	4D 프레임은 우리나라에서 만들어진 교구이며 수학, 과학 영재 교구로 많이 사용됩니다. 최고의 장점은 유연한 빨대와 다양한 발을 사용하기 때문에 만들 수 있는 모양이 무한하다는 것입니다. 비슷한 교구인 폴리스틱은 재사용하기 더 좋고 튼튼합니다. 다룰 때 손힘이 많이 필요하므로 중학년 이상에게 권합니다.	2-1-(2) 4-2-(2) 6-1-(2) 6-2-(6)

• 소마큐브와 쌓기나무 •

도형 교구는 시지각 정보를 보충해주어 개념을 보다 쉽고 정확하게 이해하도록 도와줍니다. 이 외에 교과와 직접적인 연관은 없지만 오목, 체스, 블록, 퍼즐 등은 평소에 놀이처럼 해두면 공간지각 능력 발달에 도움을 줍니다. 아이가 푹 빠져서 놀이처럼 즐길 수 있는 흥미로운 교구일 때 그 의미와 효과가 큽니다.

도형을 읽기, 만들기, 그리기

도형 영역에서 우리가 집중해야 할 것은 '도형의 성질'과 '공간 감각'이라고 생각하면 됩니다. 도형을 다양하게 경험해보는 것이 도형 감각을 익히는 방법이라는 점은 확실합니다. 다만 도형을 경험한다는 게 일상적인 경험은 아니지요. 가장 좋은 방법은 많이 그려보고 만들어보는 것입니다. 그런 의미에서 기하는 미술과 연결해 체험해보는 것도 도움이 된답니다.

도형 학습 도우미

- **도서**
  - 『도형과 각도』(에디 레이놀즈, 어스본코리아)
  - 『피라미드부터 초고층 빌딩까지 세계의 건축물』(롭 로이드 존스, 어스본코리아)
  - 『이렇게 생긴 수학: 도형의 발견』(전국수학교사모임, 봄나무)
  - 『평면도형이 운동장으로 나왔다!』(김지연, 생각하는아이지)
- **손 그림 그리기:** 아르키메데스는 컴퍼스에 집착하던 그리스인보다 더 정확한 방법으로 원의 둘레를 구할 수 있었죠. 눈으로 보기만 하

는 것과 직접 몸을 사용해 그려보고 생각하는 것은 전혀 다른 경험이라는 점을 기억해주세요. 복잡한 도형까지 그릴 필요는 없지만 원, 삼각형, 사각형 등의 기본 도형과 입체도형은 손 그림을 연습해 보기를 권합니다. 도형의 정확한 모양을 알고 그려보는 것은 세상의 구조를 이해하고 수학을 입체적으로 이해하는 데 큰 도움이 됩니다.

용어를 정확히 알기

수학 용어는 흔히 일상에서 사용하는 용어들과 헷갈리기 쉽습니다. 도형에서도 많은 용어가 혼선을 일으킵니다. 예를 들어 밑면이라는 말은 일상에서는 아래에 있는 면으로 사용되지만, 직육면체에서는 평행한 두 면을 모두 가리킵니다. 그래서 도형은 정확한 용어와 그림이 함께 있는 책들을 보면 도움이 됩니다. 외우게 하지 말고 만들고 그리면서 자연스럽게 용어에 익숙해지도록 도와주세요.

또한 '이것은 사각형인가?' '이것은 삼각형이 맞는가?' 하는 예시를 많이 보는 것이 중요합니다. 예를 들면 이렇습니다.

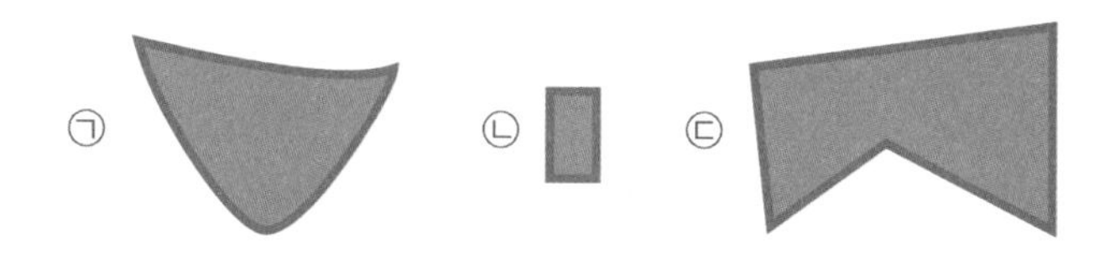

㉠은 삼각형인가요?

㉡은 직사각형인가요?

㉡은 오각형인기요?

용어의 정의를 정확히 알아야 맞힐 수 있는 문제들입니다. 삼각형의 정확한 정의는 초등학교 교과서에 나오지 않지만, 선분의 개념은 3학년에서, 다각형이 선분으로만 둘러싸인 도형이라는 것은 4학년에서 배웁니다. ㉠은 삼각형과 비슷한 모양이기는 하지만 선분이 없으므로 삼각형이 아닙니다. 직사각형은 네 각이 직각인 사각형을 말합니다. ㉡처럼 크기가 작다고 해서 직사각형이 아니라고 생각해서는 안 되겠죠? ㉡은 직사각형입니다. 마지막 ㉢은 어떨까요? 오각형은 선분으로만 둘러싸였으며 변이 5개인 도형입니다. 우리가 흔히 생각하는 오각형과 모양이 조금 다르지만 5개의 선분을 가진 도형이 맞네요. ㉢은 오각형입니다. 유사한 반례와 헷갈리지 않으려면 개념을 정확하게 알고 있어야 한다는 사실을 다시 한번 강조합니다.

전개도는 직접 만들어보자

5학년에서는 직육면체의 전개도가, 6학년에서는 각기둥과 각뿔의 전개도가 나오죠. 전개도가 맞는지를 판별하는 문제가 많이 나오고, 전개도 위에 무늬나 끈을 묶으면 좀 더 고난이도의 문제가 됩니다. 이것 역시 요령도 알려주어야겠지만, 공간 감각을 키우고 싶은 아이들이라면 많이 만들어보는 수밖에 없다고 생각합니다. 눈에 먼저 익어야 실물 없이 머릿속으로 조립하는 과정으로 갈 수 있거든요.

전개도를 일일이 그려서 만들기는 좀 힘들고요, 저는 두 가지를 이용합니다. 택배 상자와 자석블록입니다. 택배 상자를 뜯어서 다시 상자 모양으로 만들거나, 그도 아니면 우유팩 뜯기, 종이 상자 정리를 열심히 시켜주세요. 가끔 일반적인 택배 상자가 아닌, 테이프 없이 잘 조립된 상자가 오기도 하는데, 아이들을 위한 귀한 교구가 됩니다. 조립하고 분해하기를 여러 번 하도록 도와주세요. 자석블록은 유아와 어린이가 많이 가지고 노는데, 이 시기에 활용하면 정말 좋은 교구입니다. 전개도가 어떤 입체가 되는지 일일이 종이를 오려서 만드는 것보다 훨씬 쉽고 빠르게 확인할 수 있습니다. 자석블록이 없다면 십자블록이나 클리코 등 연결이 가능한 사각형 블록이면 모두 좋습니다. 전개도에 대한 정확한 이해는 측정 영역에서 겉넓이와 연결됩니다.

측정

측정 영역은 길이, 시간, 들이, 무게, 넓이, 부피 등 우리 생활과 가장 밀접한 영역입니다. 측정한 양을 비교하고 어림해보는 것, 단위를 통일해 계산하는 것, 측정 활동을 하며 기를 수 있는 양감 등은 수학적 사고력에 중요한 영향을 미칩니다.

1~3학년 측정 영역에서 다루는 시간과 시각, 길이, 들이, 무게 등은 모두 어른들에게는 전혀 어렵지 않지요. 일상생활에서 많이 사용하는 상식적인 개념이라 그렇습니다. 그러면 학생들도 일상생활 속에서 측정과 관련된 경험이 많아야 그 개념을 쉽다고 느낄 겁니다.

"30분에 태권도 가야 하니까 조금만 놀자. 지금 벌써 12분이야."

"그럼 8분밖에 못 놀아?"

"18분일걸?"

"야호!"

이런 대화를 많이 해주시면 좋겠지요? 수 개념은 길이, 넓이, 부피, 무게 등의 크고 작음을 비교하는 과정을 통해 더욱 깊이 이해하게 됩니다.[15] 추상적인 숫자와 어떤 물체의 구체적인 측정값을 연결할 수 있다는 건 참 신나는 일입니다.

50은 적당히 큰 수라고 생각하지만 50mL 음료수는 양껏 마시기에 적은 양이고, 50m는 달려가야 닿는 긴 거리입니다. 이렇게 직접 이것저것 측정해보는 경험이 양감을 키웁니다. 저는 일정하게 재료를 계량해야 하는 베이킹이나 키와 몸무게 재기, 타이머 설정하기 같은 활동을 좋아합니다. 과학책을 읽고 거대한 공룡이나 고래가 어느 정도 크기일지를 가늠해보는 것도 자주 하는 활동입니다. 지구 역사상 가장 큰 동물이라는 흰긴수염고래(대왕고래)의 길이는 대략 25m, 물기둥의 길이만 무려 9m에 이른다고 합니다. '일반적인 아파트 층고가 보통 2.3m 정도니까, 흰긴수염고래를 지상에 데려와 세워 놓으면 머리가 몇 층쯤에 닿을까?' '키가 12m였다는 티라노사우루스가 나타나면 우리가 몇 층에 숨었을 때 보지 못할까?' 같은 식으로 주변 건물을 보면서 다양하게 생각해보는 겁니다. 초등학생은 대체로 큰 입체나 큰 건물, 큰 숫자 등 큰 것을 흥미롭게 여기는 경향이 있습니다.

측정은 직접 측정해보는 활동을 하며 재미있게 배울 수 있으며,

일상에서 다양한 측정 도구를 다루는 일은 학생들에게는 살아 있는 수학학습입니다. 교실에서도 저울이나 온도계, 비커 등의 측정 도구가 들어오면 아이들은 그 어떤 장난감보다 좋아하고 해보고 싶어 합니다. 이것저것 다 어렵다면, 그냥 측정 도구를 두는 자그마한 공간을 마련해두시면 됩니다. 아이들은 알아서 재미있게 놀 거예요.

둘레와 넓이, 겉넓이, 부피

측정 영역에서 중요하고 학생들이 많이 어려워하는 부분은 5~6학년에 나오는 둘레와 넓이, 겉넓이, 부피입니다. 넓이, 겉넓이, 부피는 도형을 보면서 인간이 자연스럽게 알고 싶어 했던 속성들입니다. '상자에 얼마나 넣을 수 있을까?' '포장하려면 어떤 상자가 필요할까?' '내 땅의 넓이는 얼마일까?' 등 도형을 정확히 측정하는 것은 경제적인 이익, 즉 나의 이익과 연결된다는 점을 강조해주시면 좋겠습니다. 도형의 측정에서는 단위 넓이와 단위 부피를 정확히 이해하는 것이 관건입니다.

원의 넓이도 중요합니다. 원이라는 도형은 중심에서 둘레까지의 거리, 즉 반지름만 알면 대부분의 정보를 알 수 있습니다. 옛날 사람들은 원의 반지름을 통해 원의 둘레와 넓이까지 알고 싶어 했어요. 6학년 2학기 원의 넓이 단원은 원의 둘레, 즉 원주의 길이를 지름과 비교하며 시작합니다. 보시다시피 원의 둘레는 곡선이기 때문에 삼각형이나 사각형처럼 쉽게 구할 수 없지요. 그래서 지름과 비교해 어림하는 방법을 사용합니다.

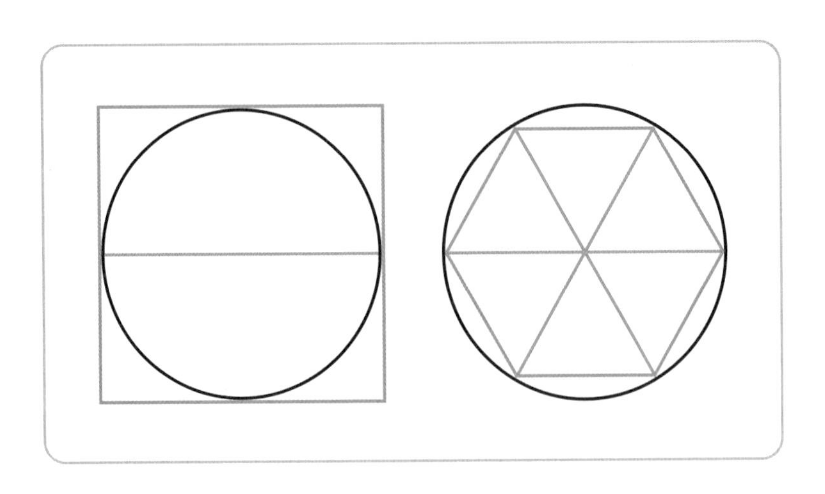

그림을 보면 원의 둘레는 사각형보다 작고 육각형보다는 큽니다. 지름이 1이라고 하면 원에 외접한 정사각형 둘레의 길이는 4이고, 원에 내접한 주황색 정육각형은 둘레의 길이가 3입니다(육각형은 한 변의 길이가 0.5인 정삼각형 6개로 이루어져 있는 것이 보이시죠?). 그렇다면 지름이 1인 원의 둘레의 길이는 3보다 크고, 4보다 작습니다. 다각형의 변이 많아지면 점점 원에 가까워집니다. 아르키메데스는 원 내부의 육각형과 외부의 사각형을 조금씩 더 잘게 쪼개는 방법을 통해 원의 둘레 길이를 구하려 했습니다. 무려 96각형까지 쪼갰다고 하네요.

이다음에 갑자기 교과서에서는 (원주)÷(지름)의 값을 구해보라고 합니다. 그 숫자가 바로 3.14, 원주율 파이입니다. 저는 개인적으로 원주율의 의미를 모른 채 원주율을 열심히 구하고 공식으로 들어가니 공식이 입에 잘 붙지 않더라고요. 원은 수학사적으로 많은

이들의 흥미를 끌었던 독특한 도형인데, 그 의미를 잘 짚어준다면 훨씬 재미있게 공부할 수 있을 것 같습니다. 이런 부분을 수학 독서를 통해 보충해주면 참 좋습니다.

결론적으로 원의 둘레와 넓이는 원의 반지름과 파이라는 신비한 숫자만 알면 쉽게 구할 수 있습니다. 이 단원에서 그 계산 방법과 공식을 배웁니다. 또한 잘게 쪼개어 원하는 길이나 넓이의 최대 근사치를 구한다는, 적분의 원리를 처음으로 학습하게 되는 때이기도 합니다.

규칙성

수학은 패턴의 학문이라고 합니다. 규칙성은 수학에서 아주 중요한 부분이에요. 하지만 중요도에 비해 초등에서는 깊이 다루지 않습니다. 교과서에는 충분한 문제가 나와 있지 않으니 조금 더 보충해준다고 생각하는 게 좋습니다. 패턴블록 같은 교구나 세트(SET)처럼 패턴을 익힐 수 있는 보드게임을 가까이해주세요.

초등 규칙성 영역에서 가장 어려운 단원은 6학년 1학기에 나오는 비와 비율, 2학기에 나오는 비례식과 비례배분입니다. 모두 '비교'와 관련된 개념입니다.

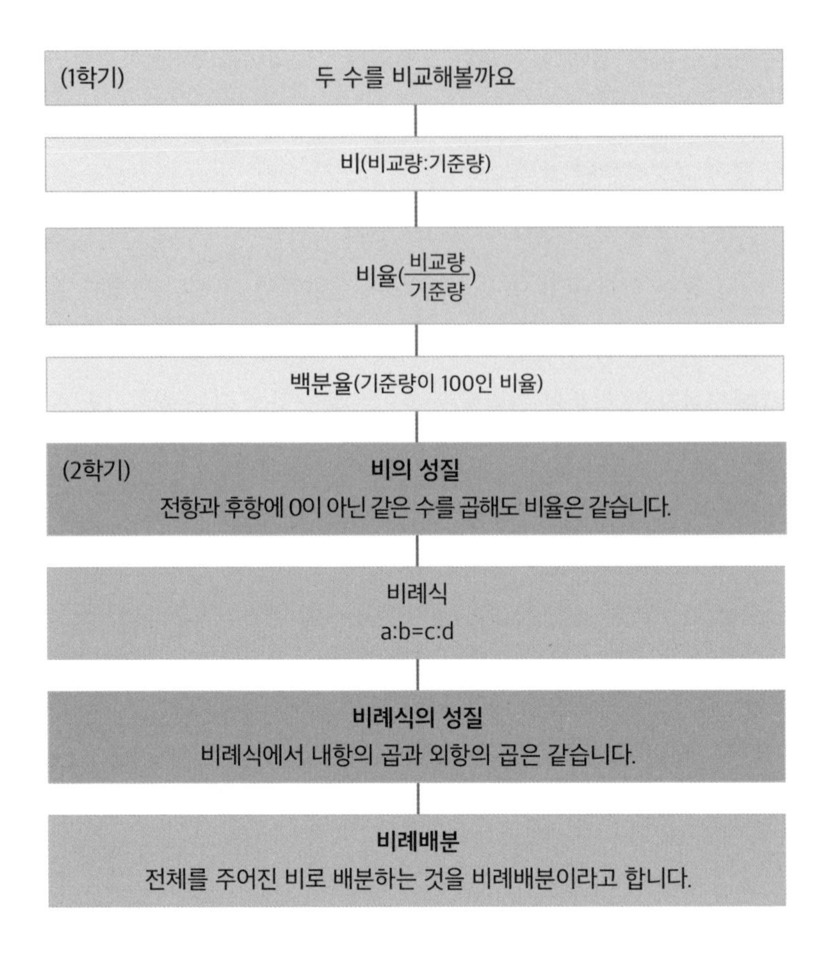

비는 나눗셈을 사용하는 특별한 비교 방법이에요. 옛날이야기를 해보자면, 제가 어릴 때만 해도 커피 탈 때 커피 1, 프림 2, 설탕 3 숟가락이 정석이었습니다. 그런데 친구가 같이 좀 마시자며 컵을 들이미는 겁니다. 그럼 2배로 타야 하는데, 이걸 덧셈으로 하면 어떨까요? 커피 2, 프림 3, 설탕 4? 아이고, 맛이 달라지겠죠. 커피 2, 프림

4, 설탕 6으로 타야 달달한 커피 2잔이 완성됩니다. 이것이 '비'에서의 비교입니다. 덧셈과 뺄셈이 아닌 곱셈과 나눗셈을 사용합니다. 비 자체는 수가 아니기 때문에 여러 가지로 표현 방법을 바꾸어서 활용하는데 그것이 비율, 백분율, 비례식, 비례배분입니다.

비교이기 때문에 규칙성 영역에 들어갔지만 분수의 계산도 많이 사용됩니다. 비례식과 비례배분을 잘 알아두면 심화 문제를 풀 때 활용할 일이 상당히 많고 중등으로 올라가면 방정식과 이어집니다. 비례배분으로 용돈 나누기(만 원을 동생과 3:2로 나누어 가지기), 인터넷 쇼핑 시 할인율 비교, 신체 비율 알아보기(몸 전체 길이에서 다리의 비율 구하기나 머리의 비율 구하기를 해보면 엄청 진지하게 합니다. 본인의 신체로 하면 왜곡하는 경우가 많으니 좋아하는 연예인 사진을 이용하거나 부모님이 희생하시기 바랍니다) 등 생활 소재로 재미있게 공부할 수 있는 분야이기도 합니다.

비와 비율, 분수 학습 도우미

- **도서:** 『분수와 소수』(로지 디킨스, 어스본코리아)와 같은 책이 도움이 됩니다. 제가 소수를 따로 소개하지 않은 이유는 소수는 분수로 바꾸어 생각할 수 있기 때문입니다. 자연수와 닮아 있기 때문에 분수보다 양감을 느끼기도 쉽습니다. 비와 비율은 분수와 뗄 수 없는 관계에 있으니, 이런 책을 읽으며 분수, 소수, 비와 비율을 전체적으로 생각하는 작업을 해주면 개념 하나하나에 대한 이해도도 올라갑니다.

자료와 가능성

자료와 가능성은 다른 어떤 영역보다 논리적인 사고가 중요합니다. 딱히 실물로 보여주거나 감각적으로 체험할 수 없는 영역이기 때문에 생각하는 힘이 필요하지요. 자료와 가능성은 혼자 골똘히 고민하고 논리를 납득하는 방식의 수학적 사고력이 필요하기에, 앞으로 수학적 센스를 잘 발휘할 수 있는지를 판단할 수 있는 영역이 되기도 합니다. 낯설다고 귀찮아하거나 포기하면 안 되겠죠?

초등에서는 5학년에서 가볍게 다루지만, 중등과 고등에서 확률과 통계라는 중요한 영역의 기초가 됩니다. 초등에서 많이 다루는 연산이나 도형과는 사고 방법이 달라서 처음 배울 때 상당히 낯설어 하는 영역입니다. 이 영역을 통해 교과 문제를 다루는 능력뿐만 아니라 깊이 생각하고 논리적으로 판단하는 능력을 키울 수 있게 도와주세요.

부모님의 궁금증

학교에서 수학 시험을 보나요? 우리 아이 수준을 모르겠어요

우리 아이, 잘하고 있나요?

아이가 학교에 들어가면 내 아이의 학습 수준이 어느 정도 되는지, 어떻게 공부해야 하는지, 많이 궁금하시죠. 그런데 이 부분에 대해 학교가 속 시원한 대답을 해주지 못하는 것은 사실입니다. 학교에서 공식적으로 치르는 평가는 3~6학년 3월에 치르는 진단평가 정도입니다. 비공식적으로는 단원평가가 있습니다. 담임 교사가 시험의 모든 부분을 담당하며 말 그대로 한 단원의 이해도를 평가하는 시험입니다. 학기말 통지표에 나가는 '잘함' '보통' '노력 바람'의 기준을 정할 때 사용되기도 합니다. 정리해보면 이렇게 되겠군요.

초등학교 교내 수학 평가

- **진단평가(3~6학년):** 시도 교육청 주관, 학습 부진 학생 판별
- **단원평가와 관찰평가:** 담임교사 주관하에 단원의 이해도를 평가하며, 학기말 통지표 3단계 평가와 교과 발달 상황으로 기록

언뜻 봐도 빈 곳이 많죠. 특히 학생들이 가장 많이 분포되어 있을 중위권에 대한 정보를 전적으로 단원평가 하나에 의지할 수밖에 없는 형편입니다. 아무도 우리 아이의 수준에 대해 구체적으로 말해주지 않는다는 답답함을 사교육이 정확히 짚었습니다. 특히 대형 학원은 입학할 때도 테스트를 거쳐 들어가지만, 그 후에도 최소 한 달에 한 번씩 다른 아이들과 비교해 평가 결과에 대한 상세한 설명을 들을 수 있습니다. 그러면 모두가 학원으로 달려가야 하나요? 그건 아니겠죠. 학교에서 시험이 사라진 데는 이유가 있거든요.

왜 아이들을 평가하지 않을까요?

예전에는 일제고사라는 시험이 있었습니다. 모든 학교에서 같은 시간에 같은 문제지를 푸는 시험으로, 정식 이름은 국가수준 학업성취도 평가입니다. 평가 결과는 전국 모든 학생 및 학교의 성적을 한눈에 수치화합니다. 이 평가는 2013년을 마지막으로 초등학교에서는 사실상 폐지되었습니다. 이렇게 되기까지 많은 사람의 노력이 있었고요.

속 시원하게 수치로 보면 좋을 것 같은데, 왜 없어졌을까요? 모두를 줄 세우는 결과 중심의 평가는 학습이라는 진정한 목표를 방해하기 때문입니다. 평가 방법은 평가 대상자인 학생과 학습 과정에 큰 영향을 줍니다. 내 등급을 결정하는 시험이 곧 시작될 텐데, 배우는 기쁨이나 원리를 탐구하는 마음을 가질 수 있을까요? 그저 한 문제라도 더 맞히기 급급한 근시안적인 공부를 하게 되겠지요. 이런 면에서 너무 자주 시험을 치르고 레벨을 나누는 것은 학생들에게 필요 이상의 부담을 주거나 학습 과정 자체를 방해할 위험이 있다고 생각합니다.

하지만 필요한 정보는 제공되어야겠죠. 일제고사식 수치화된 평가에 집착하는 것은 문제지만, 아이의 수준과 공부 방법을 컨설팅해줄 수 있는 좋은 평가가 부재한 것도 사실입니다. 가정에서 이런 평가를 대체하는 방법을 몇 가지 알려드릴게요.

수학 문제집으로 수준을 파악하자

아이가 소화할 수 있는 문제집의 수준이나, 아이가 문제를 해결하는 방법과 태도를 보면 아이의 실력을 가늠할 수 있습니다. 흔히 학원에서 사용하는 방법인데, 가정에서도 충분히 할 수 있어요. 특히 아이가 특정 영역을 지나치게 어려워하지 않는지, 실수가 잦거나 지나치게 스트레스를 받지는 않는지 등 태도의 영역은 부모님이 더 정확하게 관찰할 수 있습니다. 어려운 일은 화내지 않는 것이죠. 이것도 못하냐는 실망감을 비추기보다는 '아, 아이가 아직 여기까지는 어렵구나' 하는 객관적이고 조금은 냉정한 판단력이 필요합니다.

평가 후가 더 중요하다

저는 보통 단원평가 점수를 아주 중요하게 생각하지는 않습니다. 다만 60~70점 이하라면 단원 목표 도달도가 떨어졌다고 보고, 몇 번이나 재시험을 보게 해줍니다. 그 과정 자체가 공부가 되거든요. 시험은 자신이 무엇을 모르고 어떤 부분이 부족한지 알아내려고 치르는 것입니다. 자기가 얼마나 잘하는지 증명하는 시험은 고등부터 조금씩 시작되겠지요. 그때까지는 많이 틀려보는 것이 오히려 유리합니다. '아, 이걸 몰라서 틀렸구나' '이 부분은 공부할 때도 헷갈렸는데 다시 한번 봐야겠다' 하는 판단과 후속 학습이 평가에서 가장 중요한 요소입니다. 당장 시험 점수를 중심으로 생각하는 학생들은 시험 전·중·후로 어마어마한 스트레스를 받습니다. 결과 자체에는 좀 담담할 필요가 있어요. 스트레스 관리와 오답 관리가 잘되는 학생들은 본인도 편안하고 실력도 금방 좋아집니다.

학기별, 학년별, 난이도별 평가를 보충하자

현재 평가에서 가장 치명적인 부분은 아이의 위치를 설명할 수 없다는 것이 아닙니다. 학기말 시험, 학년말 시험이 없다는 점이죠. 배웠던 내용은 시간이 흐르면 자연스럽게 망각의 영역으로 넘어가는데, 이를 붙들어주지 않으면 기껏 열심히 공부했던 내용들을 종합하기 힘듭니다. 그러니 학기말 평가를 해줄 수 있다면 아이들 학습에 큰 도움이 될 것입니다. 그 학년의 내용을 모두 모아서 시험지 형태로 제공하는 문제집들이 있습니다. 학기말에 정말 시험 보는 것처럼 시간을 재면서 풀어보는 것도 좋겠죠?

불안하거나 조바심이 날 때면 우리의 최종 목표가 지금 당장이 아니라 고등에 있다는 것도 떠올려주세요. 그래도 여전히 불안하다면 학원에 가보는 것도 방법이 되겠지요. 학원 선생님이 말씀해주시는 것도 하나의 정보입니다. 더불어 앞의 세 가지 방법도 사용하며 다각도로 아이를 살펴보려는 노력을 기울이면 좋겠습니다. 지금부터 성실하고 긍정적으로 학습하는 습관을 들인다면 실력은 어느새 좋아집니다. 당장 좋은 점수, 높은 레벨을 받는 것보다 훨씬 중요한 것은 평가가 아이의 실력과 성장에 도움이 되도록 도와주는 일입니다.

선생님 답변:

평가는 당장의 결과에 연연하기보다 학습의 과정으로 생각해주세요.

4장

고등까지 가는 초등수학 학습법

수학적 경험,
고등까지 가는 자산

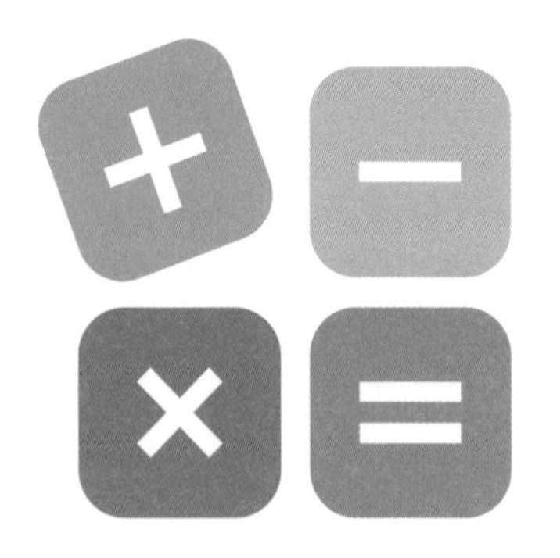

이 책의 집필을 시작하면서 수학 관련 고민들을 수집하고 있을 때 친구가 이런 이야기를 했습니다.

"나는 문과지만 나름 수학을 잘한다고 생각했는데, 이과인 남편을 보니 접근법 자체가 완전히 다르더라고. 어릴 때 학습지를 풀고, 교구를 접하고, 이런 게 과연 의미가 있는 걸까? 수학적 능력은 다 타고나는 거라고, 그래봐야 소용없다고 하던데."

어떻게 생각하시나요? 여기까지 열심히 읽으신 분들은 일단 '다 타고나는 것이고, 노력해봐야 소용없다'는 말에서 고정 마인드셋을 읽을 수 있을 겁니다. 더불어 저는 이렇게 교구를 무용하게 여기는 분들께 다시 생각해달라고 말씀드리고 싶어요. 다년간 학생들을 가르치면서 체험과 즐거움, 그로 인한 성취감이 학습에 주는 엄청난 영향력을 볼 수 있었습니다.

활동과 체험은 현대 수학교육의 큰 흐름이며, 이렇게 다각도로 수학을 접하며 자란 아이들은 학교에서 배운 수학이 자신의 경험과 연결되는 어떤 순간을 맞게 될 것입니다. 교육학에서는 이를 '아하 모먼트'라고 합니다. '아하, 그게 이거였구나!' 하고 통찰이 오는 순간이죠. 아이에 따라 빠를 수도 있고 늦을 수도 있겠죠. 하지만 헛된 경험은 없습니다. 유의미한 경험을 제공하고, 학생의 표현으로 그것을 정돈하는 것이 초등수학의 정석입니다.

초등수학 학습의 왕도

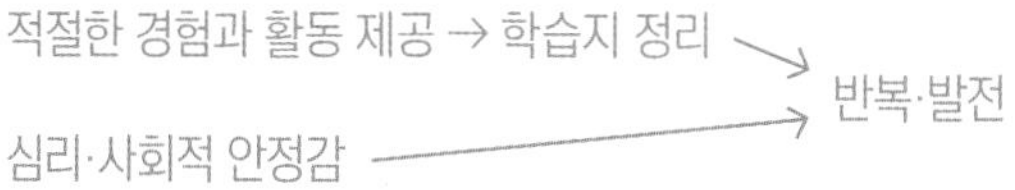

적절한 경험과 활동 제공 → 학습지 정리 ↘
반복·발전
심리·사회적 안정감 ↗

수학적 경험이 필요한 이유

"선생님, 저 2개 틀렸잖아요. 그럼 90점이죠?"

"어, 그렇게 되나?"

"맞잖아요! 20문제고 한 문제에 5점씩이잖아요. 2개 틀렸으니까 10점 빼서 90점 맞죠? 엄마가 90점 넘어야 용돈 준댔어요."

"그…러네."

"아싸! 나 90점이야. 선생님이 맞다고 하셨어."

초등학교 2학년 첫 단원평가를 치르고 난 후 대화입니다. 특히 저학년들은 평가 결과를 감당하기 힘들어할 때가 있기 때문에 채점을 조심해서 하고 점수를 공개하지 않으려고 애쓰는데요, 아이들은 정말 빠르더군요. 총알같이 정확하게 점수를 계산해서 알아내는 것을 보면 수학 천재가 따로 없습니다. 저 아이가 특별히 수학을 잘해서 그랬던 걸까요? 그보다는 본인에게 꼭 필요한 정보였기 때문에 저절로 머리가 돌아갔다고 보는 것이 맞을 겁니다. 필요와 맥락은 이렇게 힘이 셉니다. 하지만 생활과 학습을, 특히 수학을 연결한다는 생각이 아직은 보편적이지 않은 것 같아요.

"엄마가 보드게임 사는 건 돈 낭비라고 했어요."

이런 말을 들으면 마음이 무겁습니다. 제가 보드게임을 활용하는 수학 방과후교실을 운영하고 있어서만은 아니었어요. 수학학습의 고정관념은 초등학생에게도 강력하다는 사실을 다시금 확인했기 때문입니다.

"아니야. 보드게임이 수학 잘하는 데 얼마나 중요한데. 엄마한테 그렇게 말씀드려, 응?"

경험 삼아 해보자는 가벼운 마음으로 시작했던 방과후교실에서 길지 않은 시간 동안 정말 많은 생각을 할 수 있었습니다. 특히 초등 수학을 얼마나 문제 풀이 중심으로 접근하고 있는지 눈으로 확인한 기분이었어요. 처음 2회 정도는 사고력 수학 교실에 온 아이들이 저에게 자주 이렇게 물었어요.

"선생님, 재밌긴 한데요, 이게 수학을 잘하는 거랑 무슨 상관이 있어요?"

"상관이 있지. 아주 중요한 거야."

"이게요? 보드게임이요?"

"그럼."

아이들에게는 아주 간단하게 대답했고, 회차가 거듭되면서 더 이상 이런 질문이 나오지 않았습니다. 학기말에 아쉽게 헤어지면서 학생들도 게임과 교구를 활용하는 입체적인 학습이 학업에 도움이 된다는 걸 느꼈다고 답했습니다. 이렇게 체험의 힘은 설명이 따로 필요 없습니다. 잘 설계된 교육의 효과는 당사자인 아이들이 바로 느끼니까요.

지금 부모가 된 어른들은 체험 중심의 수학 수업 경험이 드물 것입니다. 그래서 많은 사람이 수학을 어렵고 힘든 과목으로 여기고 스트레스를 받았지요. 저도 그랬습니다. 바르지 않은 방법으로 교육받아온 것이죠. 지금과 같은 문제 풀이 위주의 교육은 수학적 능력을 타고난 몇몇 아이들에게만 유리할 수밖에 없습니다. 밟아야 할 단계를 제대로 밟지 않고 가르치니 수리 능력이 뛰어난 아이들과 그렇지 않은 아이들의 차이가 클 수밖에 없죠.

초등학생들과 생활하다 보면 실물과 신체활동을 잘 활용해야 한다는 점이 명백히 보입니다. 이 두 가지가 들어간 수업과 그렇지 않은 수업은 집중도와 에너지가 그야말로 천지 차이거든요. 활동 중심 수학학습이라고 하면, 수학과는 맞지 않아서 학업 성취에 큰 효과가 없다고 생각하거나, 혹은 가정에서 하기 너무 어렵고 부담스러운 일이라고 생각하시는 것 같아요. 워낙 우리 세대에게는 학교와 활동, 수학과 체험은 연결하기 힘든 단어들이니 그럴 법도 합니다. 저도 대학원에서 교육연극을 전공하면서, 실습과 움직임 위주의 수업을 처음으로 접했습니다. 오랜만에 학생으로서 접한, 상상하고 움직이는 수업은 그야말로 즐거웠습니다. 어른인 저도 몸을 사용하고 새로운 경험을 쌓아가는 것이 이렇게 큰 공부가 되는데, 학생들은 어떨까 하는 생각이 들어서 한편으로는 마음이 무겁기도 했지요. 지금의 학습은 너무 어린 학생들에게 '몸은 가만히, 머리는 분주하게'를 강요하는 형태입니다. 신체도 엄연한 학습의 도구인데 가만히 있으라고만 하는 것은 언뜻 생각해도 낭비죠. 효율이 떨어집니다.

교구도 마찬가지입니다. 『착한 수학』의 최수일 저자는 심지어 형식적 조작기라는 말도 달리 해석해야 한다고 주장합니다. 중고등학생은 초등학생처럼 구체적 조작기가 아니니 추상적인 수학 개념 설명만으로 충분히 이해할 수 있을 것이라고 생각하지만, 그것 또한 착각이라는 것이죠. 고등학생이라 할지라도 어떤 개념을 처음 배울 때는 다양한 형태의 조작 활동이 필요하며, 어떤 수학 개념이라도 처음 배울 때는 구체적인 조작에서 시작해야 한다고 강조합니다. 초등학생은 더 말할 필요도 없겠죠?

한 가지 좋은 소식은 활동 중심이라는 말이 꼭 뛰어노는 것을 의미하지 않는다는 점입니다. '실물'을 '조작'할 수 있는 활동이면 족합니다. 그러니 수학 활동을 해야 한다는 것을 너무 부담스러워하지 않으셔도 됩니다. 요즘에는 시중에 정말 훌륭한 가이드가 되는 교재와 교구가 많이 나와 있습니다. 문제집을 풀면 채점하고, 틀린 내용 가르치는 일도 품이 들잖아요. 처음에 익숙해지기까지 시간이 걸

리겠지만, 다소 다른 방향으로 수고롭다고 생각하면 됩니다. 학생들은 즐겁고 의미 있게 학습할 권리가 있습니다. 그러기 위해 좀 더 다양한 경험을 제공받아야 하고요. 무엇보다 강조되어야 할 점은 이런 학습이 아이들의 실력을 향상시키는 데 정말 중요하다는 것이죠. 이에 대한 부모님들의 믿음과 합의가 있어야 한다고 생각합니다. 그럼 어떤 경험들이 있을지 하나씩 살펴볼까요?

수학 실력을 확실히 향상시키는 수학적 경험

① 긍정의 모델링

② 보드게임

③ 수학 독서

④ 종이접기

⑤ 경제교육

모델링으로
긍정 마인드를 심는다

아이들은 본능적으로 주변 사람을 따라 합니다. 어떤 모델을 보고 그대로 모방하는 것, 우리는 이것을 '모델링'이라고 부릅니다. 교사와 부모는 아이의 가장 중요한 모델링 대상이죠. 아이를 키우다 보면 무심코 내가 했던 행동들을 아이가 그대로 복사하는 소름 끼치는 경험을 하게 됩니다. 수학학습에서도 같은 일이 일어납니다. 누군가 수학적인 사고 과정을 보여주면 아이들은 그것을 모방합니다. 그러니 부모님이 아이에게 발전적인 수학적 사고력을 모델링 해줄 수 있다면 더할 나위가 없습니다.

스스로 수학적 사고력이 우수하다고 생각하는 분들이라면, 본인의 사고 과정을 애정을 담아 친절하게 보여주기만 해도 충분합니다. 아이들은 거울에 그린 듯 따라 할 거예요. 하지만 저처럼 그렇지 않은 분들, 심지어 수학에 혐오와 공포가 아직 남아 있는 분들이라면 약간의 대안이 필요합니다. 어떤 방법이 있을까요?

수학에 대한 긍정 마인드 갖기

먼저 수학에 대한 긍정적인 마인드셋을 가지는 것입니다. 훌륭한 교육기관들이 도처에 있는데 우리가 직접 아이에게 지식을 전달할 필요는 없습니다. 중요한 건 감정과 태도예요. 지식과 달리, 감정과 태도는 향기처럼 자연스럽게 몸에 배는 것입니다. 그러므로 수학에 대한 부모님의 태도가 다소 부정적이라면 최소한 부정적이지는 않게 바꾸도록 노력해보세요. 말은 쉬운데, 감정을 바꾼다는 건 정말 큰 노력이 필요하고 시간도 꽤 걸릴 겁니다. 하지만 수학자로 다시 태어나는 것보다 이쪽이 빠른 것은 확실하죠.

평범한 부모가 수학 교수 같은 사고력을 물려주기는 힘듭니다. 하지만 평가를 두려워하지 않고 수학을 즐기고 좋아하는 태도, 즉 성장하는 마인드셋을 물려줄 수는 있습니다. 이게 별것 아니라고 생각하실 수 있지만, 학업 성취를 좌우하는 요소는 사고력이 아닌 긍정성이라고 말씀드렸죠?

어릴 때 수학을 못했다고요? 내면의 평가자가 빨간 색연필을 들고 얼굴을 찌푸릴 때마다 외쳐보세요.

"그래, 나 못한다! 그래서 뭐?"

우리가 받았던 교육은 옳지 않았지만, 아이들 세대가 되었다고 이런 결과주의 평가 일변도의 세상이 달라진 것은 아닙니다. 부모님이 한 발짝 먼저 나가서 바다같이 아이를 포용해주세요. 성적보다는 생각을 중요하게 여겨주세요. 실수는 실력이 아니라 배움의 과정이라고 격려해주세요. 즐기지 않는 수학은 하지 않느니만 못하며, 변화하는 미래 사회에서도 더욱 적합한 태도입니다.

부모님의 긍정적인 수학 정서를 도와줄 도서

- 『마인드셋』(캐럴 드웩, 스몰빅라이프)
- 『수학이 안 되는 머리는 없다』(박왕근, 양문)

수학적 경험 함께하기

두 번째 방법은 '수학적 경험'을 아이와 함께해보는 것입니다. 경험은 오감을 사용하며 일상에서 일어나므로 일상을 공유하는 가족들이 모두 함께하는 것이 좋습니다. 그리고 그 과정에 대해 서로 대화하고, 어떤 생각을 했는지 공유해봅니다.

지금부터 제가 소개할 보드게임, 독서, 수학 놀이, 경제교육은 어릴 때부터 하면 정말로 수학과 친해지는 데 도움이 됩니다. 그 과정에서 부모님도 함께 성장하실 겁니다.

성장은 아이들만의 과제가 아닙니다. 부모님들도 조금씩 수학과 친해지고 그 느낌을 솔직하게 아이와 나누어보세요. 제가 책의 첫머리에 했던 말 기억나시나요? 수학은 원래 어렵습니다. 어렵다고 느끼고 힘들어하는 것은 결코 부끄러운 일이 아니며, 차근차근 시간을 들여 풀어나가면 된다고 모델링 해주세요.

또한 저처럼 수학을 못했던 부모님은 아이의 기분에 진심으로 공감할 수 있다는 엄청난 장점이 있습니다. 저도 솔직히 제가 잘했던 과목에는 별로 감흥이 없습니다. 하지만 수학을 힘들어하는 아이들을 보면 힘껏 매달려서 도와주게 됩니다. 조금이라도 발전하는 모습을 보면 그렇게 기쁠 수가 없고, 칭찬이 단전에서부터 진하게 우러나옵니다. 스스로의 발전에 아이들이 씩 웃거나 자랑스러운 얼굴로 고개를 끄덕끄덕하는 모습을 보면 얼마나 사랑스러운지 모릅니다. 그 환희의 순간을 이 책을 읽는 부모님들도 꼭 경험하시길 바랍니다.

보드게임도 도움이 된다고?

제일 먼저 소개할 수학적 경험의 도구는 보드게임입니다. 게임 중독에 대한 우려와 걱정은 나날이 높아지고 있지만, 게임이야말로 인류의 역사와 함께해온 유희의 끝판왕이랍니다. 게임과 놀이는 유사하지만 몇 가지 차이가 있습니다. 가장 큰 차이는 게임에는 승패와 그로 인한 경쟁이 있다는 점입니다. 이 때문에 보드게임으로 가장 훌륭한 효과를 볼 수 있는 연령은 초등학교 2학년부터입니다. 그 이전에 해도 좋지만, 아이에 따라서는 패배를 받아들이는 힘이 부족할 수도 있습니다. 그보다 어린 연령의 자녀와 보드게임을 하고 싶다면 어른이 함께하며 중재해주면 좋고, 승패가 없는 협동형 보드게임이나 혼자 하면서 시간을 단축시키는 성장형 보드게임으로 시작해도 좋습니다.

보드게임으로 학습하기를 추천하는 이유는 보드게임이 가진 강력한 장점들 때문입니다. 일단 보드게임은 재미있고, 몰입하게 합니다. 고대 이집트에서도 지금의 체스와 비슷한 게임을 했다는 기록이 나옵니다. 바둑은 중국 역사에서 거의 신화에 가까운 요순시대에 이미 있었어요. 이렇게 인간은 타고난 게이머입니다. 아이들은 말할 것도 없지요.

또한 보드게임의 재미는 적극적으로 참여하고 사고할 때 느끼는 즐거움입니다. 루미큐브를 하는 아이들의 모습을 보면 모두가 골똘히 인상을 쓰고 있어 웃음이 날 때가 있습니다. 네, 아이들은 보드게임을 통해 '생각'을 합니다. 요즘처럼 세상이 빠르게 변하고, 변화를 금과옥조로 생각하는 시대에 뭔가를 오랫동안 고민해보는 경험을 하기가 쉽지 않지요. 공부를 잘하는 데 가장 중요한 요소는 집중과 몰입입니다.[1] 보드게임을 해보신 분이라면 게임하는 동안 얼마나 어마어마한 집중과 몰입을 하게 되는지 아실 겁니다.

어떤 게임을 고를까

그렇다면 어떤 보드게임으로 시작하면 좋을까요? 보드게임을 고를 때 중요한 점은 일반적인 수준이 아니라 아이의 수준임을 기억해주세요. 실제로 여기서 소개하는 게임들을 동일 연령의 아이들에게 적용해보았을 때 받아들이는 속도나 이해력이 꽤 달랐습니다. 물론 취향도 다르고요. 아이와 놀이를 해보시면 아이의 연산이나 논리력 수준뿐만 아니라, 스피드나 순발력을 발휘하는 게임을 좋아하는지, 꼼꼼하게 생각하고 논리적으로 따지는 게임을 좋아하는지 파악할 수 있습니다. 당연히 좋아하는 게임을 많이 해야겠지만, 다른 방식의 게임도 조금씩은 경험하게 해주는 것이 좋습니다.

수학 영역별 추천 보드게임

<table>
<tr><th colspan="2">영역</th><th colspan="2">보드게임</th><th>연계단원
[학년-학기-(단원)]</th></tr>
<tr><td rowspan="10">수와
연산</td><td rowspan="6">수개념</td><td>아이씨텐</td><td>10의 보수 만들기</td><td>1-1-(3)</td></tr>
<tr><td>셈셈수놀이</td><td>수에 관한 다양한 활동을
게임 하나로 다양하게</td><td>1-1
수와 연산 영역</td></tr>
<tr><td>콘질라,
럭키 넘버스</td><td>수의 순서</td><td>2-1-(1)</td></tr>
<tr><td>할리갈리</td><td>직산, 수의 가르기와 모으기</td><td>1-1-(3)</td></tr>
<tr><td>쉐어로</td><td>분수의 개념과 크기</td><td>3-1-(6)</td></tr>
<tr><td>우노, 원카드</td><td>수의 순서</td><td>1~2학년
수와 연산 영역</td></tr>
<tr><td rowspan="4">연산</td><td>더블셔터</td><td>덧셈과 뺄셈</td><td>1-2-(4)</td></tr>
<tr><td>로보77</td><td>두 자리 수의 덧셈과 뺄셈</td><td>2-1-(3)</td></tr>
<tr><td>넘버배틀</td><td>한 자리 수의 사칙연산</td><td>2-1-(3)
2-2-(2)
3-1-(3)</td></tr>
<tr><td>부루마불,
모노폴리</td><td>세 자리 수의 덧셈과 뺄셈</td><td>2-1-(1)
3-1-(1)</td></tr>
</table>

영역	보드게임		연계단원 [학년-학기-(단원)]
도형	오목, 입체사목	가로, 세로, 대각선	도형 전반
	블로커스, 젬블로	폴리오미노	4-1-(4)
	우봉고	펜토미노	
	쿼리도	공간을 활용한 전략게임	도형 전반
	파이프워크	퍼즐 전략게임	
	컬러 코드, 큐비츠	공간, 시지각을 활용한 문제 풀이	4-1-(4) 5-2-(3)
	1258	선대칭, 조합	
	아기 돼지 삼형제, 러시아워	공간을 활용한 전략게임	도형 전반
	구슬퍼즐	앞, 뒤, 옆을 보고 입체 만들기	6-2-(3)
	쌓기나무 3D	앞, 뒤, 옆을 보고 입체 만들기	
	라 보카	협력 쌓기나무	
규칙성	세트	확률과 조합	5-2-(6)
	마스터마인드	코딩, 경우의 수	
	루빅스 레이스	순열	중등 이상
기타	도블, 할리갈리 컵스, 사피로, 립스앤레지스, 다빈치 코드, 루미큐브		

이 외에도 좋은 보드게임은 아주 많습니다. 대부분의 보드게임은 마지막에 점수를 계산해야 하기 때문에 수 세기나 연산 연습에도 아주 좋습니다. 이때 자연스럽게 묶어 세기, 뛰어 세기, 수의 분해와 합성 등을 아이에게 모델링 해줄 수 있습니다.

수학에 도움 되는 사이트

- **매트리킹:** 매트리킹은 인터넷 보드게임 사이트로, 도형 만들기, 정육면체의 전개도 등 초등교과와 관련된 지식들을 간단히 게임으로 복습할 수 있습니다. 『보드게임하는 수학자』의 저자이자 1258 게임 개발자인 김종락 교수님이 만든 깔끔한 사이트입니다.

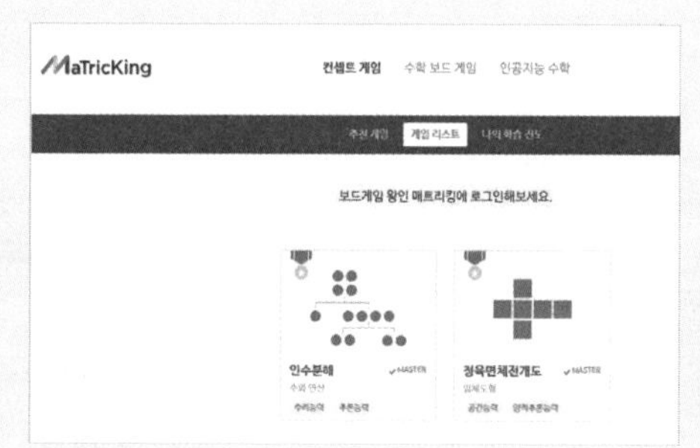

- **유튜브 채널**
  - **동화 같은 수학 이야기:** 프랙탈 카드나 테셀레이션 같은 만들기 도안을 무료로 소개하고 있습니다. 제가 본 유튜브 중 가장 정확하고 접근이 편리한 자료를 제공합니다. 초등학교 고학년에서 중학생까지도 재미있게 할 수 있는 활동들이 많습니다.

- **어디든 학교:** 현직 초등학교 선생님 유튜브 중 제가 가장 즐겨 보는 채널입니다. 업로드된 동영상이 상당히 많고 초등 전반에 대한 영상들도 모두 좋지만, 수학 개념학습도 단원별·학기별로 정리되어 있습니다. 핵심만 콕콕 집어서 자상하게 설명해주고 내용 하나하나가 유익합니다. 1학년 친구들이라면 '1학년 숙희와 수학 공부'도 재미있게 볼 수 있답니다.

수학 독서가
수학 공부의 반이다

수학을 잘하는 아이들은 이미 독서를 통한 수학학습을 하고 있었습니다. 한국 수학 경시대회의 약자인 KMC는 한국수학교육학회에서 주최하는 전국단위 수학 경시대회입니다. 전국에서 모인 학생들 중 예선에서 상위 15%가 본선에 진출하고, 본선에서 한 학년에 1명, 대상을 뽑습니다. 그러니 KMC 대상 수상자는 그해에 한해서이긴 하나 명실상부 전국 1등인 셈입니다.

이런 우수한 학생들은 어떻게 공부할까요? KMC 홈페이지에 들어가면 수상자들의 수상 후기를 볼 수 있습니다. 어떤 방법으로 공부했고 어떻게 준비했더니 도움이 되었다는 일종의 합격 수기와 비슷합니다. 재미로 읽기 시작했는데 읽다 보니 흥미로운 공통점을 발견했습니다. 특히 초등학생은 "관련 책을 읽으면서 공부했다"라는 평이 눈에 띄게 많았습니다.

> "수학의 시작은 독서였어요. 재미있는 수학 관련 책을 읽으면서 관심과 흥미가 생겼고…."
> "저에게 집중력을 키우는 데 독서가 정말 큰 도움이 되었습니다."
> "평소에 수학을 다양한 책으로 접해 수학의 원리를 더 이해하려고 노력했습니다."
> "수학에 관련된 책들을 읽으면서 개념을 차근차근 생각해보기도 하고…."[2]

수학 독서는 수학 동화나 수학 그림책 등 수학에 특화된 책들을 읽는 활동을 말합니다. KMC 수상자들처럼 최상위권이 아니어도 수학 독서가 주는 혜택은 많습니다. 제가 생각하는 가장 큰 장점은 다양한 이야기를 통해 '수학이 정말 중요하고 멋진 과목이구나'라고 느끼도록 애정을 심어줄 수 있다는 것입니다. 수학에 흥미가 없는 학생이라면 이 점이 특히 중요합니다. 여기에는 개인적인 경험도 반영되어 있어요. 저는 수학을 못했지만 잘하고 싶다는 열정만은 많았습니다. 그때도 자조적으로 '짝사랑'이라고 표현했었는데, 이는 우연히 수학 교양서를 읽고, 수학의 아름다움과 중요성을 납득했기 때문이었습니다. 이런 과정이 없었다면 저는 미련 없이 수학을 포기하고 자발적 수포자 반열에 뛰어들었을 거예요.

이렇게 수학 독서에는 힘이 있습니다. 하지만 이런 이유가 너무 낭만적이고 간접적이라고 느껴진다면 현실적인 이유도 있습니다.

학교 수학이 넘겨버리는 개념을 보충해준다

교과서는 참 훌륭한 교재지만 그래도 사이사이에 상식이라고 생각하고 넘어가는 개념들이 있습니다. 기수와 서수, 등호 및 사칙연산 기호에 대한 설명, 생활 속에서 사용되는 10진법과 60진법의 의미 등 생각보다 학교에서 설명하지 않는 개념들이 많습니다. 이런 것들을 수학 동화나 수학 그림책을 보며 정말로 상식으로 챙길 수 있습니다.

수학 개념을 맥락 속에서 알려준다

수학을 일종의 언어라고 해석하는 학자들도 많습니다. 이런 관점에서 본다면 많은 학생이 수학을 어려워하는 이유가 어휘(수학에서 사용하는 개념 용어)와 문법(수학적 사고방식)에 익숙하지 않기 때문이기도 하겠지요. 수학 독서와 친해지면 이런 점들도 보완할 수 있습니다. 이야기 속에서, 줄글 속에서 수학을 접하면 수학 개념의 정확한 뜻과 다양한 사용 방법을 알 수 있을 뿐만 아니라 전혀 관련이 없어 보였던 이야기와 생활 속에서 실제로 수학 지식이 어떻게 적용되는지를 볼 수 있습니다.

서술형 문제를 자연스럽게 연습할 수 있다

수학 독서는 기본적으로 문해력을 필요로 합니다. 문학적인 문해력이 높은 학생들도 이야기 속에서 수식이나 논리적 사고가 나오는 것을 받아들이기 힘들어할 때가 많습니다. 수학에 대한 이야기를 즐겨 읽는 학생이라면 사고력 수학 문제집이나 응용 문제집에 흔히 나오는 몇 줄짜리 문제들이 아주 복잡하고 어렵다고 생각하는 일은 없습니다.

왜 최상위권 학생들이 수학 독서를 즐기는지 알 것 같지요. 수학을 이야기나 줄글로 읽어낼 수 있는 역량을 키운다면, 수학 공부가 훨씬 수월하고 풍부해질 수 있습니다. 이렇게 효과적인 수학 독서, 어떤 책을 보면 좋을까요?

유아기

초등학교에 들어가서 갑자기 수학 그림책을 읽으라고 하면 고개를 흔드는 경우도 많습니다. 가장 유연한 시기인 유아기부터 자연스럽게 수학과 관련된 책들을 접할 수 있는 것이 가장 좋기에 유아기 자료도 넣었습니다.

전반적으로 책과 친해지면 좋은 시기지만, 유아 시기의 수학 개념들은 '크다'와 '작다', 간단한 분류 등 생활 속에 녹아 있는 경우가 많기 때문에 수학에 대한 거부감 없이 즐겁게 접근할 수 있습니다. 이 시기에는 다루는 개념 자체가 많지 않아서 전집들 간의 수준 차도 크지 않습니다. 가격이 부담된다면 저렴한 중고로 구매하는 것도 좋은 방법입니다.

유아기에 읽으면 도움 되는 책

- **유아용 수학 전집:** 『돌잡이 수학』『수학타이거 개념24』『내 친구 수학공룡』『웅진 꼬마 어린이 수학동화』『키키네 수학 유치원』 등 대체로 전집들은 구성도 좋고 종류가 다양합니다. 기왕이면 조작 가능한 보드북 형태가 많은 것이 좋습니다. 시중에서 좋은 보드북을 구하기가 힘들거든요.
- **보드북, 사운드북:** 아이들 수준에 맞는 사운드북이나 보드북으로 수학과 친해지도록 도와주세요. 병풍책, 팝업북, 숫자를 말해주는 사운드북이나 버튼을 누르는 장난감 등도 유아들에게는 좋은 자극이 됩니다.
- **스티커북, 종이접기:** 5세 이상이면 소근육 발달에 도움이 되는 스티커북이나 종이접기 책, 뜯어서 만들기 책을 함께 해보면 좋습니다. 6~7세부터 연산학습지를 하는 경우도 있는데 유아에게 학습지는 큰 도움이 되지 않으며, 분량이 정해진 학습지는 되레 스트레스가 될 수 있습니다. 선 긋기, 색칠하기, 만들기 같은 놀이 형태의 워크북을 하나씩 하는 것이 효율도 좋고 아이도 즐겁게 수학에 접근할 수 있습니다.

초등 저학년~중학년

초등학생은 1학년부터 6학년까지 발달단계가 워낙 다를뿐더러 개인 간의 발달 차이도 커서, 어느 시기에 무엇을 하라고 권하기가 힘듭니다. 특히 초등 1~2학년은 6~7세 유아용 자료를 함께 활용하는 것이 오히려 도움이 되는 경우도 많습니다. 마찬가지로 5~6학년 학생들이 저학년 자료를 활용하면 훨씬 쉽고 효율적으로 복습할 수 있지요. 문제집이나 워크북은 학년과 학기까지 표지에 크게 쓰여 있어서 아이의 흥미와 수준만을 생각하며 고르기가 힘든 것이 사실입니다. 하지만 수학 독서 자료를 고를 때는 연령에 얽매일 필요가 전혀 없어요. 부모님이 예시를 보시고 아이의 수준에 맞게 권해주시거나 아이와 함께 고르는 것이 가장 좋습니다.

유아부터 초등까지 수학 개념 그림책

'수학 그림책'이라고 이름 붙은 것들 중 오히려 재미가 없고 개념 풀이만 그림으로 늘어놓은 경우도 많습니다. 반대로 나무랄 데 없이 훌륭한 책인데 그저 아이가 싫어하거나 수학 독서 자체에 흥미를 보이지 않는 경우도 있습니다. 이럴 때 강제로 읽으라고 하면 역효과가 납니다. 추천목록 도서들 중 한두 권만 좋아해도 성공이라는 생각으로 편안하게 보시기 바랍니다.

지금부터 소개하는 책들은 아이들의 흥미를 끌 수 있는 수학책, 그리고 수학책은 아니지만 수 세기나 분류 등 수학 개념과 연결된 요소가 있는 것들입니다. 아이와 읽거나 교실에서 학생들과 같이 읽은 책들 중 반응이 좋았던 작품을 중심으로 소개합니다. (전집과 시리즈는 대표 도서 이미지만 담았습니다.)

수를 알려주는 그림책

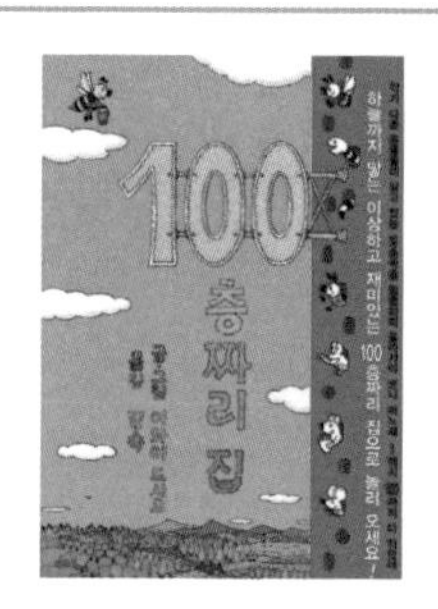

『100층짜리 집(시리즈)』

(이와이 도시오, 북뱅크)

1부터 100까지 수 세기를 10개씩 묶어서 재미있게 셀 수 있도록 도와주는 책이죠. 이 책을 싫어하는 아이를 본 적이 없습니다. 많은 사랑을 받는 이유가 있는 시리즈입니다.

『사라지는 물고기』

(킴 미셸 토프트·앨런 시더, 다섯수레)

수 세기를 할 때 '거꾸로 세기'를 흔히 놓치는 경우가 많지요. 환경 그림책으로 분류되지만, 10에서 거꾸로 세기도 경험할 수 있습니다. '있다가 없어진다'라는 0의 개념을 잘 보여주는 책이기도 합니다.

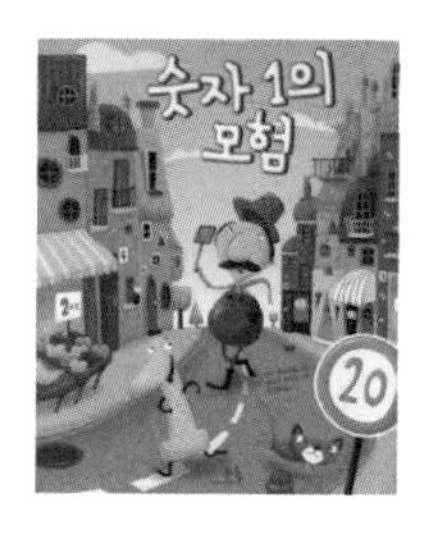

『숫자 1의 모험』

(안나 체리솔리, 봄나무)

숫자 1을 통해 자리 수의 개념을 알려주는 책입니다. 수에 관한 책들 중에서는 대놓고 가르치는 지루한 책들이 많은데 '모험'이라는 소재 때문인지 아이들에게 인기가 많습니다.

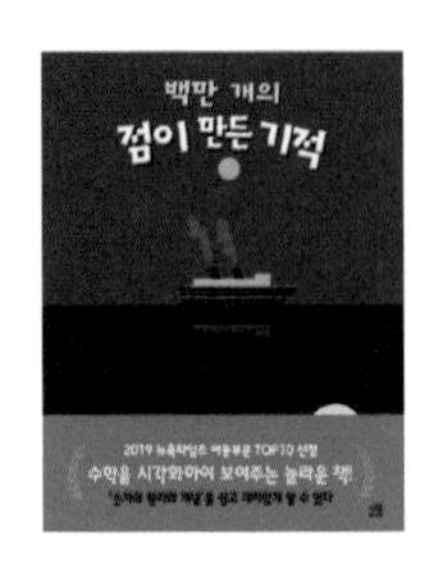

『백만 개의 점이 만든 기적』
(스벤 볼커, 시원주니어)

2의 거듭제곱을 시각화해 보여주는 책입니다. '기하급수적'으로 늘어난다는 것이 무엇인지 볼 수 있지요. 거듭제곱과 곱에 대해 생각해볼 수 있는 좋은 책입니다.

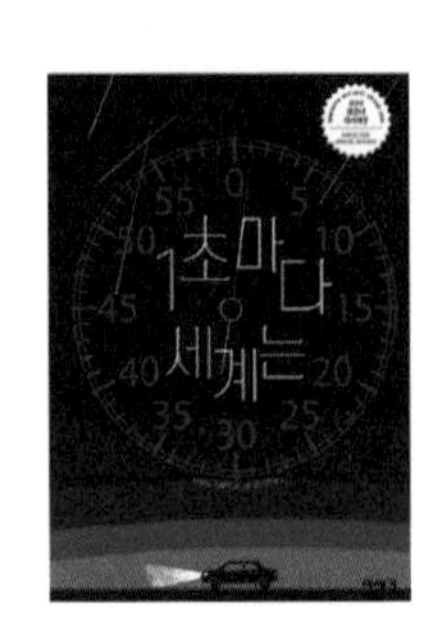

『1초마다 세계는』
(브뤼노 지베르, 미세기)

2019년 볼로냐 라가치 상을 수상한 아름다운 그림책입니다. 1초 동안 세계에서 일어나는 일들을 통계로 보여줍니다. 작가의 『인생을 숫자로 말할 수 있나요?』도 인생의 평균을 숫자로 나타낸 책으로, 추천하고 싶습니다.

『곤충의 몸무게를 재 볼까?』
(요시타니 아키노리, 한림출판사)

제목부터 심상치 않지요? 정말로 곤충의 몸무게를 재고 비교해봅니다. 아이와 정말 재미있게 읽었습니다. 아주 가벼운 것의 무게를 생각해볼 수 있는 기발한 책입니다.

도형과 패턴을 알려주는 그림책

『모양 친구들: 세모, 네모, 동그라미』
(맥 바넷·존 클라센, 시공주니어)

제가 정말 좋아하는 맥 바넷 작가의 익살스러운 모양 시리즈입니다. 각자 특별한 성격을 가진 세모, 네모, 동그라미가 활약하는 모습을 보다 보면 도형에 저절로 관심을 가지게 될 거예요.

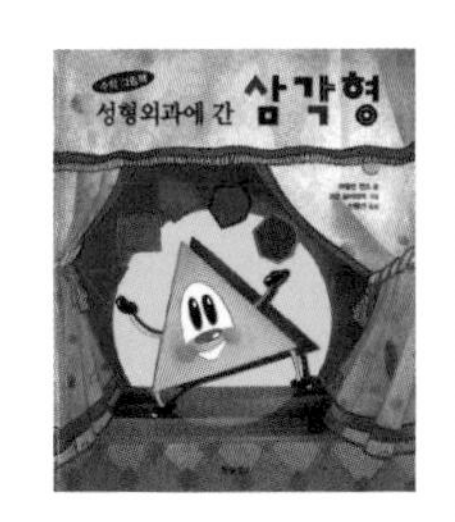

『성형외과에 간 삼각형』
(마릴린 번즈, 보물창고)

도형들의 다양한 성질과 모습을 이야기 속에서 볼 수 있습니다. '현재 내 모습에 만족하자'는 메시지를 삼각형과 다각형들의 모습을 통해 볼 수 있는 재미있는 책입니다.

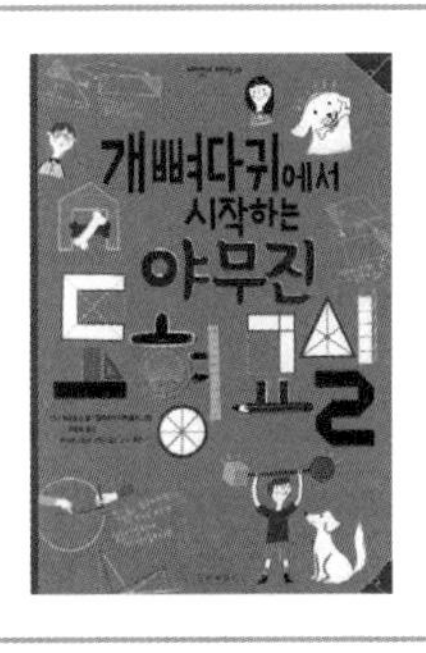

『개뼈다귀에서 시작하는 야무진 도형 교실』
(안나 체라솔리, 길벗어린이)

선분, 수직선, 각도 등 학생들이 어려워할 만한 도형의 요소들을 자연스러운 스토리텔링을 통해 알려줍니다.

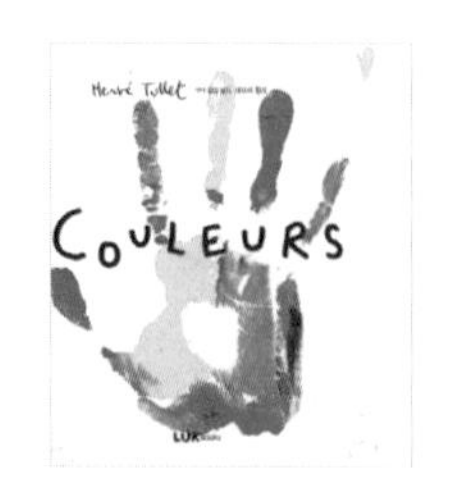

『에르베 튈레의 색색깔깔(시리즈)』
(에르베 튈레, 루크북)

『반사 놀이』『형태 놀이』『그림자 놀이』처럼 에르베 튈레의 책들은 수학적인 패턴들을 아름답게 보여줍니다. 수학의 아름다움을 한껏 느낄 수 있으며, 숫자나 모양에 대한 지식들도 함께 볼 수 있습니다.

『꿈을 그린 에릭 칼(시리즈)』
(에릭 칼, 전집, 더큰)

에릭 칼의 책들은 리듬감이 있습니다. 독특한 그림과 함께 요일, 색깔, 시간의 변화 등이 그림책에 녹아 있어서 수학책은 아니지만 수학적인 요소들을 많이 볼 수 있습니다.

『반짝반짝 거울 그림책(시리즈)』
(와타나베 지나쓰, 문학수첩 리틀북스)

와타나베 지나쓰의 책 『오늘의 간식』과 『신기한 무지개』는 반사의 아름다움과 재미를 극대화한 책입니다. 학교에서 읽어주면 아이들에게 매번 가장 폭발적인 반응이 나오는 책이기도 합니다.

『동강의 아이들』

(김재홍, 길벗어린이)

『동강의 아이들』 역시 동강이라는 자연을 통해 '반사'의 개념을 보여주는 아름다운 그림책입니다. 이런 그림책들은 대칭을 자연스럽게 익히고, 대칭이 주는 아름다움을 느끼도록 이끌어줍니다.

초등학생을 위한 수학 전집

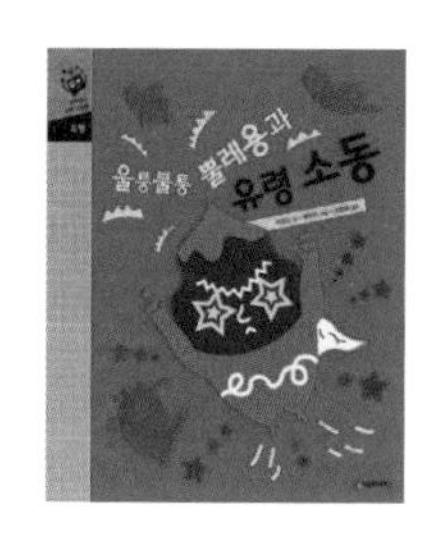

『네버랜드 수학그림책』

(박정선, 전집, 시공주니어)

도형, 비교, 수, 공간, 분류, 규칙, 통계, 시계 보기, 덧셈과 뺄셈, 곱셈 총 10개 영역이 한 권씩 그림책으로 나와 있습니다. 귀여운 삽화에 내용도 대체로 억지스럽지 않고 알찬 편입니다.

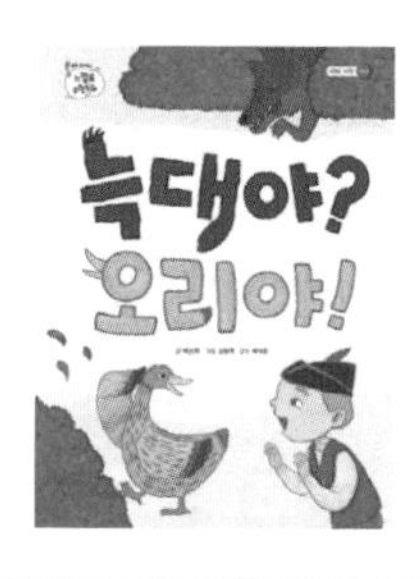

『느낌표 수학동화』

(전집, 을파소)

익히 아는 명작 동화들을 수학으로 다시 풀이해 읽기가 좋습니다. 명작을 먼저 읽은 친구들이 패러디 느낌으로 읽는 게 좋겠지요. 전 100권으로 양이 많아서 중고로 봐도 좋겠습니다.

『기초잡는 수학동화』

(전집, 주니어김영사)

이야기가 재미있으면서 수학 개념을 적절히 잘 녹여냈습니다. 글밥도 저학년이 읽기에 적당합니다.

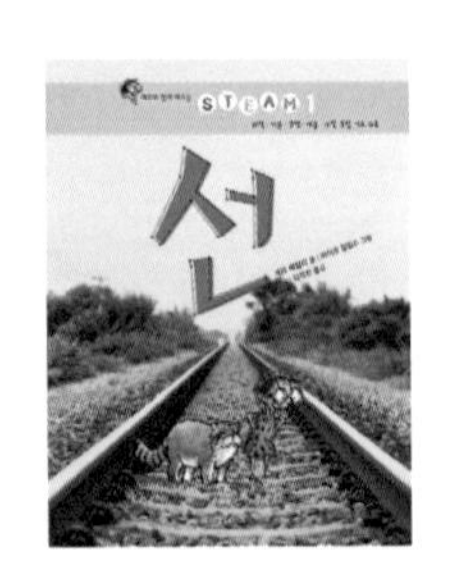

『레오와 함께 배우는 STEAM』

(게리 베일리, 전집, 미래아이)

STEAM(Science, Technology, Engineering, Art, Mathmatics, 흔히 융합교육이라고 합니다)이라는 타이틀답게 다양한 분야와 어우러져 어렵지 않으면서도 재미나게 읽을 수 있습니다. 사진이 많아서 과학을 좋아하는 남학생들이 재미있게 볼 수 있습니다.

『신통방통 수학(시리즈)』

(서지원, 전집, 좋은책어린이)

이 시리즈도 스토리텔링이 괜찮습니다. 두께가 얇고 편집도 부담이 없습니다. 내용이 교과와 직접적으로 연계되어 있어 1~2학년들이 읽으면 참 좋습니다. 전집으로 구비하기보다는 아이가 힘들어하거나 헷갈려하는 개념이 있다면 따로 봐도 좋겠습니다.

『선생님도 놀란 수학 뒤집기 기본편』
(전집, 성우주니어)

인기가 많은 책이죠. 양과 가격 때문에 고민되기는 하지만 책 자체만 보면 대체로 괜찮습니다.

만화동화

『수학 탐정스』
(조인하, 전집, 미래엔아이세움)

사건을 추리하며 중간중간 틀린 그림 찾기 같은 퀴즈를 해결하는 구조라 흥미를 자극합니다. 내용이 건전하고 교과와 잘 연계되어 있어 재미있게 수학을 접할 수 있습니다.

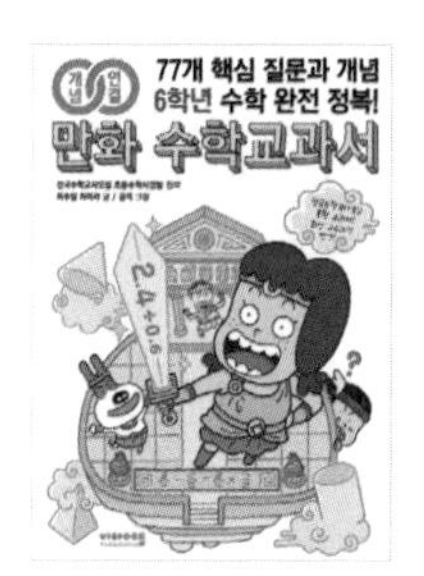

『개념연결 만화 수학교과서(시리즈)』
(비아에듀)

『개념연결 초등수학사전』을 학년별 만화 형태로 만든 책입니다. 다른 만화에 비하면 딱딱하다고 생각할 수도 있지만 개념 설명만은 어떤 책보다 자세하고 알차답니다. 각 학년에 맞게 읽어두면 참 좋겠습니다.

	**『수학도둑(시리즈)』** (송도수, 서울문화사) 꼭 구매해서 봐야 할 정도는 아니지만, 수학에 관심을 가지는 데 도움을 줄 수 있을 것 같습니다. 아이가 꼭 소장하고 싶어 한다면, 따로 나온 『수학도둑 수학용어사전』이 좀 더 수학 개념에 집중한 시리즈입니다.
	**『어린이 수학동아』** (편집부, 동아사이언스) 어린이 수학 잡지인 수학동아는 어린이들의 눈높이에 맞게 최신 수학 기사와 흥미로운 수학 지식들이 실려 있습니다. 잡지라서 체험형 부록도 알찬 편입니다. 하지만 만화의 비중이 커서 저는 만화로 분류하고 싶습니다.

수학동화·수학소설

『스토리텔링 수학(시리즈)』

(서지원, 나무생각)

『수학 시간에 울 뻔했어요』『이상한 나라의 도형 공주』『천하 최고 수학 사형제』『비교쟁이 콧수염 임금님』『피터, 그래서 규칙이 뭐냐고』 5권이 초등수학 5개 영역에 맞게 구성되어 있습니다. 이름 그대로 스토리텔링이 훌륭한 책입니다. 저학년 학생들이 읽기 좋습니다.

『수학유령의 미스터리(시리즈)』

(전집, 글송이)

초등학생들이 좋아할 만한 이야기 구성으로, 수학책이지만 아이들에게 인기가 많은 책입니다. 중간중간 퀴즈와 암호 맞추기가 흥미를 더합니다. 교과서에서 다루지 않는, 수학적인 사고의 기본까지 포괄하고 있어 개인적으로 좋아하는 시리즈입니다.

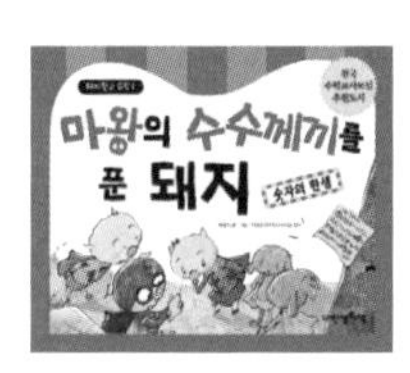

『돼지학교 수학(시리즈)』

(전집, 내인생의책)

스토리텔링도 훌륭하지만 수학사와 수학자에 대한 정보를 아이들 책에 정확하고도 재미있게 풀어낸 점이 참 놀랍습니다. 분량이 길지 않아 1학년부터 6학년까지 모두에게 추천하고 싶습니다.

『괜찮아, 수학 책이야』

(안나 체라솔리, 뜨인돌어린이)

어린이 수학책을 많이 쓴 안나 체라솔리의 책입니다. 지식 책에 가까운 구성이지만 화자가 어린 동생에게 말해주는 구성이기 때문에 어렵지 않게 읽을 수 있습니다. 생활 속 수학 이야기를 잔잔하고 친절한 어조로 알려줍니다.

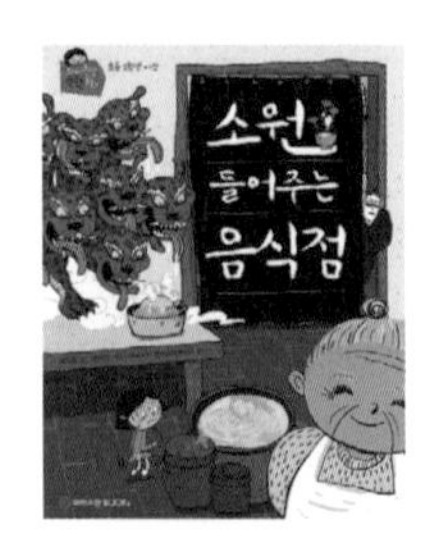

『와이즈만 스토리텔링 수학동화(시리즈)』

(전집, 와이즈만북스)

1~3학년들에게 추천하는 책입니다. 재미있게 이야기를 읽으면서 수학 개념에도 익숙해진다는 수학 독서의 목표에 아주 적합한 시리즈입니다.

『마지막 수학전사(시리즈)』

(전집, 와이즈만북스)

4~6학년들이 학교에서 배운 개념을 정리하는 데 좋은 책입니다. 역시 스토리텔링이 재미나면서 수학 개념도 잘 녹아 있는 편입니다.

집에 1권쯤 두면 좋은 수학 개념 사전

『개념연결 초등수학사전』
(전국수학교사모임 초등수학사전팀, 비아에듀)

정확한 용어 설명과 초등학생들이 흔히 할 수 있는 질문 중심의 구성이 특징입니다.

『초/중/고등 수학 개념 대백과』
(시미즈 히로유키 외 4인, 키출판사)

초중고 과정의 연계성을 고려한 개념들을 폭넓게 소개하고 있습니다. 이미지가 많다는 점도 좋습니다.

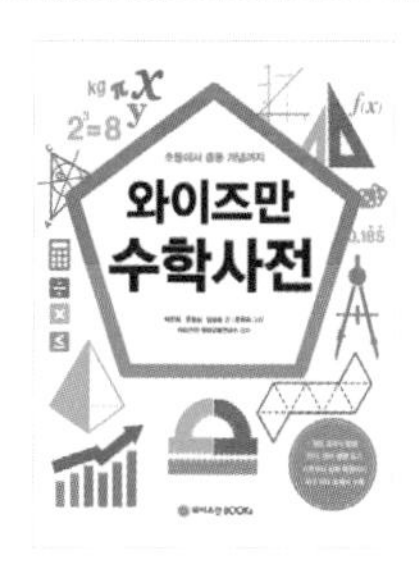

『와이즈만 수학사전』
(박진희·윤정심·임성숙, 와이즈만북스)

사전처럼 한글 자음자 순서대로 초등수학 개념과 용어를 정리하고 있습니다.

문제도 풀고 책도 읽는 체험형 도서

『앨런 튜링과 함께하는 초등 수학 게임』
(튜링 재단·윌리엄 포터, 더숲)

컴퓨터의 아버지이자 현대수학의 거장 앨런 튜링을 기리는 튜링 재단에서 공식 발행한 책입니다. 퍼즐 등 수학에 관심 있는 친구들은 정말 좋아할 만한 흥미로운 문제들로 구성되어 있습니다.

『수학 두뇌 계발 게임 MATHS QUEST(시리즈)』
(데이비드 글러버, 주니어RHK)

이 책은 처음부터 쭉 읽는 것이 아니라 필요한 페이지를 선택하며 찾아 읽도록 되어 있어요. ‘지하실에서 소리가 들렸다면 35쪽, 계단에서 소리가 들렸다면 78쪽으로 가시오’ 하는 식입니다. 계속 이 페이지 저 페이지를 뒤적이며 봐야 해서인지 아이들이 정말 좋아하는 시리즈입니다. 이야기 속에서 문제를 푼다는 개념 없이 몰입할 수 있습니다.

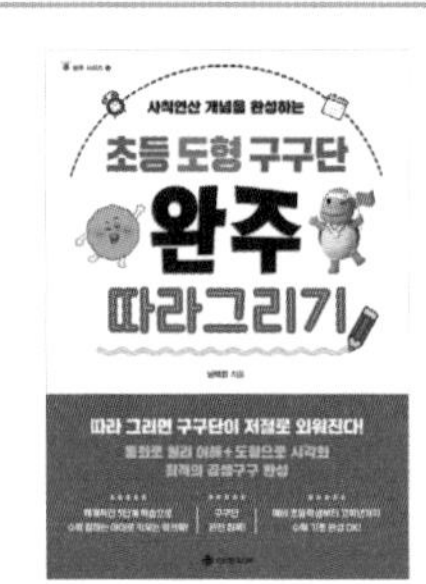

『초등 도형 구구단 완주 따라 그리기』
(남택진, 서사원주니어)

2~3학년 학생들에게 추천합니다. 슈타이너 구구단을 이야기와 함께 직접 그려볼 수 있도록 구성되어 있습니다. 곱셈구구 암기가 어렵거나 그 의미를 체험하고 싶은 친구들에게 큰 도움이 됩니다.

『코딱지탐정: 숫자도둑을 잡아라!』
(정유숙, 권민서, 다다북스)

체험형인지 만화인지 경계가 모호한 책입니다. 만화와 문제의 만남이라 아이들은 정말 좋아하겠지요? 퍼즐이나 틀린 그림 찾기 등이 중간중간에 있어 재미있게 문제를 풀 수 있도록 구성되어 있습니다.

『틈날 때마다 수학 퀴즈』
(이경희, 뜨인돌어린이)

내 몸, 자연, 생활, 이야기, 게임 속에서 다양한 수학 퀴즈를 제시하고 있어요. '하루에 똥을 얼마나 쌀까'처럼 생활 밀착형 문제들이 많아서 아이들이 재미있게 수학에 관심을 가질 수 있습니다.

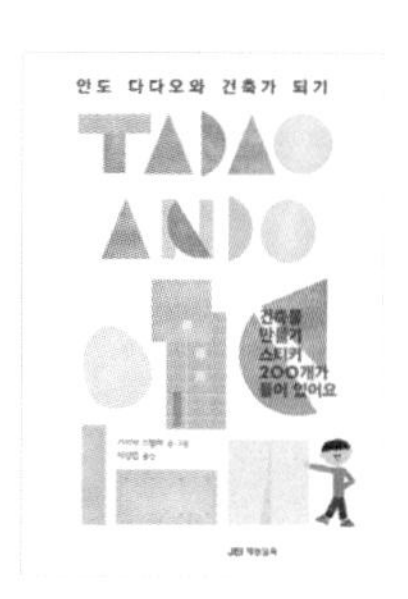

『안도 다다오와 건축가 되기』
(가이아 스텔라, 재능교육)

건축은 예나 지금이나 기술과 예술의 정점입니다. 다양한 건축물들을 눈으로 보는 것만으로 공간과 기하에 대한 이해를 넓힐 수 있지요. 우리 시대의 대표 건축가 안도 다다오의 건축물들을 보고, 스티커로 건축물을 직접 만들어볼 수 있는 체험형 도서입니다.

고학년을 위한 수학 독서 목록

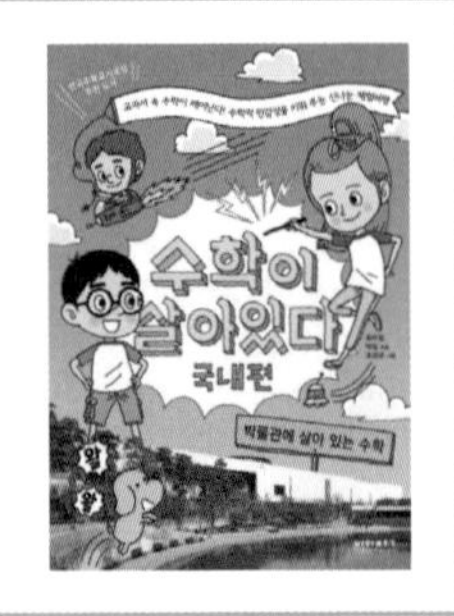

『수학이 살아있다』
(최수일·박일, 비아북)

실생활과 동떨어진 죽은 수학을 경계하며, 여행을 콘셉트로 생활 속 수학의 의미를 돌아봅니다. 모든 고학년이 읽으면 좋은 책입니다.

『수학자가 들려주는 수학 이야기』
(전집, 자음과모음)

인기가 많은 시리즈입니다. 초등학교 고학년에서 중고등학생까지도 읽으면 좋은 시리즈입니다. 다소 전문적일 수 있는 내용을 초등학생들도 읽을 수 있도록 잘 풀어두었고, 그 정의나 증명을 발견한 수학자의 목소리로 풀어낸다는 점에서도 높은 점수를 주고 싶습니다.

『창의적 문제 해결력을 키워주는 수학동화』
(김성수, 전집, 주니어김영사)

『피타고라스 구출작전』『플라톤 삼각형의 비밀』『탈레스 박사와 수학영재들의 미로게임』『함정에 빠진 수학』『수학 소년, 보물을 찾아라!』『수학 영재들 지구를 지켜라!』『12개의 황금열쇠』 7권으로 구성되어 있습니다. 수학사에 대한 지식들도 풍부하게 담겨 있고, 구성이 알차면서 재미도 있습니다.

『이과티콘 수학』

(몽구, 청어람e)

카카오톡의 인기 이모티콘 이과티콘들이 수학 개념을 정확하고 재미있게 알려줍니다. 개그가 딱 초등학생들이 좋아할 수준이라 부담 없이 볼 수 있으며 삽화가 굉장히 정확합니다. 재미와 개념을 모두 잡은 우수한 책입니다.

『교실 밖으로 꺼낸 수학이 보이는 세계사』

(차길영, 지식의숲)

수학사와 수학 상식을 다룬 책입니다. 수학사 책들이 조금 뻔하거나 어려울 수 있는데, 청소년 눈높이에 잘 맞게 재미있게 쓴 책으로 단연 추천하고 싶습니다.

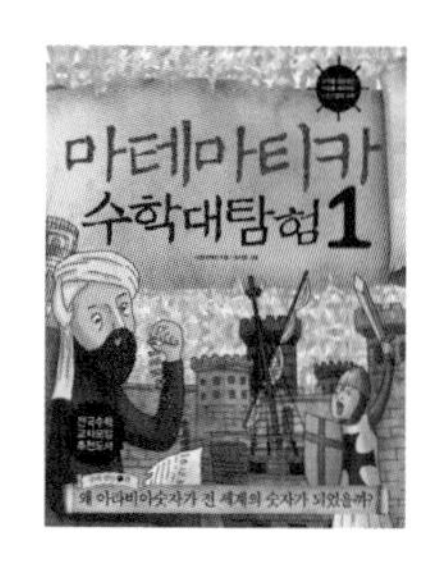

『마테마티카 수학대탐험(시리즈)』

(스트로베리, 로그인)

수학사와 수학 지식이 잘 버무려진 책입니다. 고학년들은 어설프게 이야기에 수학 지식을 넣으면 더 읽기 싫어하는 경향도 있습니다. 이렇게 멋있게 생긴 책이 재미있기까지 하면 수학학습에 확실히 도움이 될 것 같습니다.

『수학 탐정단 트리플 제로』
(무카이 쇼고, 토토북)

제목만 보면 저학년용이라고 생각하기 쉬운데, 고학년들에게 딱 맞는 내용입니다. 왕따가 된 친구를 도와주고 싶어 수학 탐정단을 만드는 주인공의 이야기가 묵직하게 다가와서 절로 흥미를 끄는 책이에요. 스토리텔링이 참 좋습니다.

선배와 선생님의 조언

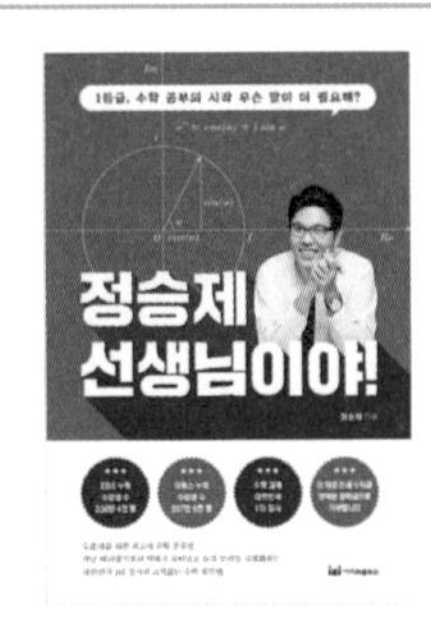

『정승제 선생님이야!』
(정승제, 이지퍼블리싱)

대한민국에서 유일하게 사교육 1타 강사와 EBS 강사를 겸하고 있는 분이죠. 수포자들도 1등급을 받을 수 있다는 확실한 희망과 구체적인 대안을 제시해주는 명강사입니다. 책 내용도 참 좋습니다.

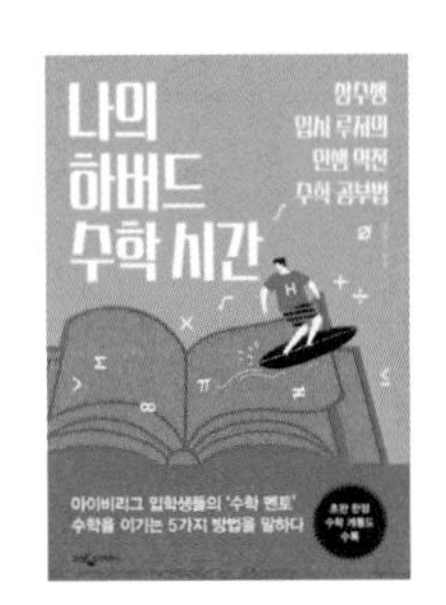

『나의 하버드 수학 시간』
(정광근, 웅진지식하우스)

불우한 어린 시절을 보낸 저자가 수학 강사로 성공해 아이비리그 학생들 전문 강사, EBS 강사를 거치게 된 이야기를 담고 있습니다. 현 수학교육의 문제점과 학습법에 대한 솔루션을 담고 있어 유용합니다.

『나의 수학 사춘기』

(차길영, 교보문고)

tvN에서 방영된 〈나의 수학 사춘기〉라는 프로그램을 책으로 엮은 것입니다. 수포자 연예인들이 나와서 초등학생들과 함께 수학의 기초를 다시 배우는 내용입니다. 방송도 재미있지만 책 내용도 괜찮습니다.

수학 독서는 수준에 맞지 않거나, 이야기 자체가 재미없으면 아이의 흥미를 떨어트리는 역효과를 불러올 수도 있습니다. 요즘은 더 다양한 책들이 나와 있으니 꼭 체크해보시고, 무엇보다 아이의 의견을 최우선으로 고려해 골라주시기 바랍니다. 마지막으로 수학 독서에서 유의해야 할 사항을 말씀드릴게요.

부모님이 읽어주자

수학 독서는 일반 이야기책보다 읽기가 더 어렵습니다. 제가 어릴 때도 이런 종류의 책들이 없었던 건 아니지만 좋아하진 않았습니다. 어른이 된 지금 돌이켜보면 이야기에서 수학적 개념으로 사고의 전환이 힘들고 귀찮았기 때문이었어요. 물론 이제 나보다 밥을 많이 먹는 초등학생이 된 아이에게 새삼 책을 읽어준다는 게 어색하기도 하지요. 하지만 수학 독서는 시작할 때나 힘든 부분이 있을 때 약간의 도움닫기가 필요합니다.

좋은 책을 반복해서 읽는 것이 좋다

어린아이들은 읽었던 책을 하루에도 10번씩 읽고 또 읽습니다. 읽어 주는 부모님 입장에서는 괴롭지만 아이들에게는 꼭 필요한 과정이라고 합니다. 수학과 관련된 책을 읽을 때도 이렇게 반복해서 읽는 과정이 상당히 중요하다고 해요.

수학 동화에 담겨 있는 직관적인 지식들이 문제해결에 사용되는 지식으로 옮겨가는 것을 수학화 과정이라고 합니다. 그런데 이 수학화가 일어나기 위해서는 반복 읽기가 핵심이라고 해요.[3] 다독이 강조되는 시대에 의미 있는 메시지가 아닐 수 없습니다. 반복 읽기를 한 번 경험하고 나면 전체적으로 학습 수준이 쑥 올라가는 것이 눈에 보인답니다.

종이접기로 수학의 즐거움을 만끽하자

인공지능을 공부하다 보면 뇌의 처리 방식에 대해서 거꾸로 깨닫게 될 때가 있습니다. 예를 들어 인공지능이 오류를 일으킵니다. 그런데 아무리 입력값을 바꿔봐도 이 오류를 해결하지 못하는 겁니다. 바퀴가 헛돌기만 하고 턱을 넘지 못하는 자동차처럼, 일정 수준을 넘어서지 못하고 그 오류 안에서 빙빙 도는 것이죠. 이럴 때 해결 방법은 아주 다른 입력값을 넣어주는 것입니다.

이런 사실은 수학학습에서도 시사하는 바가 크다고 생각합니다. 성적이 잘 올라가지 않거나, 수학에 전혀 흥미를 느끼지 못하는 문제점이 자꾸 반복된다면, 비슷한 것(여기서는 강의 듣기, 문제집 풀기 등이 되겠죠) 말고 아주 다른 새로운 입력을 해주는 겁니다(신체 사용하기, 그리기, 종이접기 등). 저는 이런 학습 방법을 '돌려차기' 혹은 '뛰어넘기'라고 표현합니다. 비슷한 다른 곳으로 시선을 돌려 수준을 확 높인 후 다시 도전하는 것이죠. 수학에서 이런 역할을 해줄 수 있는 활동으로 종이접기가 있습니다.

일단 어지간한 학생들은 종이접기가 수학과 연결된다는 발상은 하지 못합니다. 하지만 종이접기는 단계별로 했을 때 확실한 재미를 보장합니다. 결과물이 바로 눈에 보이니까 성취감도 큽니다. 손으로 만드는 수학 활동의 최고봉이라고 할 수 있지요. 종이 1장만 있으면 평면에서 입체까지 뭐든 만들 수 있으며, 종이접기를 잘하면 자연히 수학 원리들도 체화할 수 있습니다. 종이접기는 기본적으로 기하를 사용하고, 도형 지식이 쌓이면 종이접기를 더 정확하게 잘할 수 있습니다.

요즘은 유튜브가 워낙 발달해서 종이접기 영상도 참 많죠. 그런데 이렇게 영상을 보고 따라 접는 것이 쉽고 재미있기는 하겠지만 수학적 능력을 발달시키는 데 큰 도움이 되지는 않습니다. 그래서 책을 보고 접기를 권해요. 평면을 입체적으로 사고하는 능력이 자연스럽게 길러지기 때문입니다. 물론 수준에 잘 맞는 책을 주지 않으면 좌절감을 느끼거나 종이접기 자체를 멀리하는 경우도 생길 수 있으므로 선별과 타이밍의 예술이 필요한 부분입니다. 수준 높은 종이접기에 도전할 때는 종이접기의 기본 설명이 잘 나와 있는 책을 선택하는 것이 좋습니다. 즐겁게 종이접기를 하는 데 도움이 되었던 몇몇 책들을 소개합니다.

종이접기에 도움 되는 도서

『K종이접기급수(1~3급)』

(노영혜, 전집, 종이나라)

책을 보고 접으려면 종이접기의 기본 용어부터 익히는 것이 좋습니다. 차근차근 기초부터 알려주기 때문에 처음 종이접기에 도전하거나 독학으로 익히고 싶은 학생들에게 좋은 책입니다.

『국가대표 종이비행기』

(위플레이, 로이북스)

아이들이 굉장히 좋아하는 종이비행기를 과학적으로 멋있게 접을 수 있습니다. 움직이는 놀잇감을 만드는 것은 아이들의 본성에 잘 맞는 활동입니다.

『네모아저씨의 페이퍼 블레이드』

(이원표, 슬로래빗)

직접 접어보면 생각보다 어렵습니다. 하지만 역시 완성된 작품이 멋지고 잘 가지고 놀 수 있기 때문에 끝까지 해낼 수 있는 힘을 줍니다.

『수학 종이접기』

(오영재, 종이나라)

기본 도형들에 대한 종이접기를 다양하게 다루면서, 수학 교과서 내용과 잘 연결되어 있는 것이 장점입니다. 중학년 이상에게 추천합니다.

『처음 시작하는 다면체 종이접기』

(호조 도시아키, 길벗스쿨)

흔히 경험하기 힘든 다면체를 만들어보며 구조를 익힐 수 있습니다. 같은 모양의 유닛 여러 개를 조립해 만드는 형태이기 때문에 완성된 모습에 비해 만들기가 아주 어렵지는 않습니다.

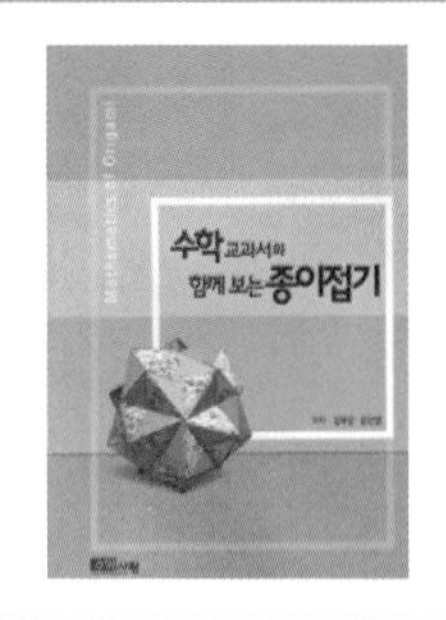

『수학 교과서와 함께 보는 종이접기』

(김부윤·강선영, 수학사랑)

고학년에게 적합합니다. 도형을 직접 접어보면서 변의 길이나 내각에 대한 지식을 손으로 느낄 수 있습니다. 선행과 심화를 원한다면 종이접기로 먼저 도전해보세요.

경제교육이 곧 수학교육

근래에 투자에 눈뜬 많은 부모님이 아이에게 금융 지식을 제대로 전달하고자 합니다. 돈 좋은 건 아이들도 다 압니다. 돈이라는 매체 자체가 아이들에게 엄청나게 강렬한 자극이기 때문에 잘 활용하면 수학학습 도구로서도 훌륭하게 작동할 수 있습니다. 생활과 아주 밀접해서 가정에서 지도해주기 적절한 주제이기도 합니다. 어떻게 활용할 수 있을지 알아볼까요?

유아기~초등 저학년: 돈 세기

요즘은 현금을 많이 사용하는 세대가 아니지요. 조금 귀찮더라도 수학학습의 측면에서는 카드보다 현금을 사용할 수 있는 경험을 따로 만들어주면 더 좋습니다. 아주 어릴 때는 차곡차곡 세기나 저금통에 돈 넣기 같은 간단한 활동을 활용하면 좋고, 초등학생쯤 되면 큰 수 세기와 자리 수 학습에 사용할 수 있습니다. 돈은 100원이 9개인 것보다, 1,000원이 2개인 것이 훨씬 이익이라는 사실을 그 어떤 교구보다 빠르게 이해할 수 있습니다.

돈 세기에 도움 되는 문제집

『머니수학』과 『기탄수학』은 자리 수를 익히는 데 도움을 주는 수학 문제집입니다. 돈으로 뛰어 세기를 하기 때문에 거부감 없이 쉽게 할 수 있고, 어려워한다면 실물을 보여주면서 직접 세어볼 수 있습니다.

초등 고학년: 우리 아이가 혹시 워런 버핏?

저축과 투자, 용돈 관리 등 아이의 수학 실력이 좋아지면 생활 속에서 활용할 수 있는 지식도 많아집니다.

저축

저축에서는 이자의 개념이 가장 중요합니다. 통장을 개설하기 전에 시중은행들의 금리를 먼저 비교하는 과제를 내주세요. 고학년쯤 되면 인터넷으로 쉽게 찾을 수 있고, 고객센터에 전화해도 친절하게 알려줍니다. 가장 이자가 높은 은행을 정하고 나면, 예금액과 이자에 따라 원금이 어떻게 변하는지 비교해 계산할 수 있겠죠? 5학년에서 배우는 소수의 곱셈, 6학년에서 배우는 비와 비율을 실생활에서 활용할 수 있습니다.

수학 영재 학급에서 빼놓지 않고 해보는 활동이 '복리 이자 계산'입니다. 단리와 복리를 비교해 실제로 계산해봄으로써 시간이 부리는 마법과 저축의 중요성을 일깨워줄 수 있습니다. 이자를 계산할 때는 계산이 복잡해지기 쉬우므로 계산기를 사용하는 것이 효율적입니다.

투자

소액으로 투자해보는 경험은 좋은 공부가 된다고 생각합니다. 금융지식을 길러주기도 좋지만, 주식 투자를 직접 해보면 숫자와 그래프에 민감해질 수밖에 없습니다. 실제로 내 돈이 줄었다 늘었다 하니까 안 그럴 수가 없겠지요. 주식을 제대로 공부하려면 회계를 조금은 알아야 하는데, 그야말로 수학 자료를 토대로 판단해야 하는 수학적 사고력의 세계입니다. 다만 투자를 하다 보면 흔히 투기나 도박으로 넘어가기도 쉽습니다. 기본적으로 탐욕이 문제지만, 확률에 대한 판단력의 문제이기도 합니다. 부모님과 함께 건전한 투자를 해본 어린이는 이 모든 것을 안전하게 경험할 수 있겠지요? 투자의 시행착오야말로 어릴 때 소액으로 해보는 것이 좋습니다.

경제교육 도우미

- **자녀 투자교육 유튜브:** '전인구 경제연구소' 채널의 전인구 소장은 초등학교 교사에서 투자 전문가로 변신한, 이력이 독특한 분입니다. 경제교육을 제대로 하기가 쉽지 않은데, 두 분야 모두에 전문성이 있어서 전인구 소장의 유튜브와 책이 모두 도움이 되었습니다. '청소년 경제교육' 영상 시리즈를 추천합니다.
- **보드게임:** 다이소에서 저렴하게 구매할 수 있는 '부자 만들기' 보드게임을 추천합니다. 무조건 저축만 해서는 안 되고, 투자를 해야 돈을 벌 수 있는 구조로 되어 있습니다. 로또와 보험까지 현실을 잘 반영하고 있어서 재미있게 할 수 있어요. 경제교육 게임의 고전인 부루마불과 모노폴리도 좋습니다.
- **한국은행과 화폐박물관:** 대부분의 은행에서는 경제교육을 진행하고 있습니다. 우리나라 중앙은행인 한국은행에서도 경제교육을 빠뜨릴 수 없겠죠. 한국은행 홈페이지에 접속하면 경제교육 탭이 있습니다. 다양한 책과 교육 영상이 업로드되어 있으니 이용해보시면 좋겠습니다. 화폐박물관은 초등학생이라면 따로 설명이 없어도 재미있게 관람할 수 있는 곳이니 기회가 된다면 가보기를 추천합니다.

소비

초등학생은 소비의 맛을 충분히 아는 나이죠. 이런 경험을 수학적 사고력의 창으로 바라보는 일은 살아 있는 수학학습이 됩니다. 마트, 영화관, 문구점 등 초등학생들이 많이 이용하는 공간에서 소비를 할 때 어떤 점을 생각할 수 있는지 알려주는 것만으로도 학생들은 전혀 다른 시각을 가지게 됩니다. 영화관을 예로 들면 가격 비교나 할인율에 따른 상품의 선택, 영화관의 좌석 수, 좌석 배치, 스크린의 크기, 예매율이나 개봉일 비교 등 정말 다양한 질문들이 꼬리에 꼬리를 물고 뻗어 나올 수 있습니다.

부모님은 그저 편안하게 툭툭 질문을 던지는 역할만 하셔도 훌륭합니다. "이번 상영관은 좀 작네. 좌석이 몇 개나 되지?" "우리 팝콘 콤보 먹을까, 아니면 따로 살까?" 하는 질문들이 같은 장소, 똑같은 일상을 새롭게 보도록 만듭니다. 더불어 현명한 경제생활을 위해 수학적 사고력이 일상적이고 꼭 필요한 것임을 깨닫게 되겠지요. 답을 하려고 애쓰기보다 편안한 마음으로 그저 질문하고, 생각할 시간을 주시면 좋겠습니다.

용돈 기입장 쓰기

아주 적은 금액이라도 좋으니 용돈을 일정하게 받아서 관리하는 연습을 해보는 것이 경제교육의 시작이라고 합니다. 더불어 용돈을 줄 때 용돈 기입장을 쓰고 관리 내역을 주기적으로 보게 한다면 정말 훌륭한 수학학습이 됩니다.

용돈 기입장 쓰기는 6학년 실과에 나옵니다. 그만큼 초등학생에게 어렵다는 뜻인데, 지출, 수입 등 사용되는 어휘도 만만치 않을뿐더러 용돈 규모가 일괄적이지 않기 때문에 학교에서는 깊이 다루기 어려운 주제입니다. 그러니 가정에서 꾸준히 해주는 것이 좋습니다. 돈을 다루고 관리하는 능력은 수 개념과 더불어 인생 전반에 긍정적인 영향을 미칠 것이라고 확신합니다.

초등수학
필승 비법

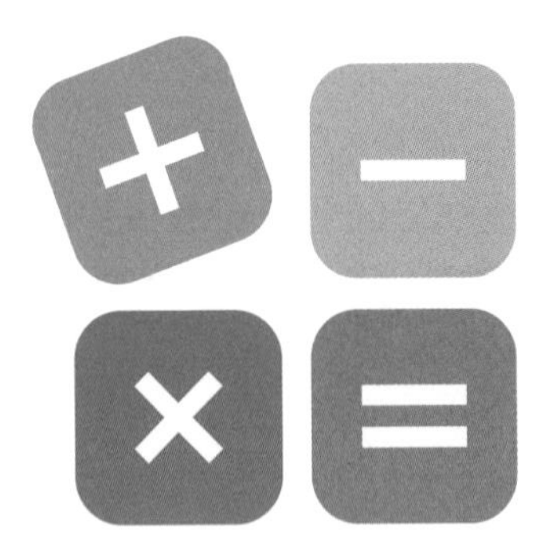

학습에서 흥미와 적성, 활동을 강조하다 보니 일견 저를 성적은 제쳐두는 교사로 생각하시는 분들이 간혹 있습니다. 학생들이 학습을 잘할 수 있도록 도와주는 일은 교사의 역할 중 가장 큰 비중을 차지합니다. 학생들의 성적에 욕심이 없는 선생님이 있다면 거짓말일 거예요. 수학적 경험과 역량을 강조하는 이유는 이런 학습이 장기적으로는 물론이고 단기적으로도 학생들의 성취에 도움을 주기 때문입니다. 학생들이 개념을 이해하는 데 확실하게 도움을 준 방법이기 때문이고요.

초등수학의 대전제는 '생활 주변의 실물 → 교구 → 학습지' 순서로 학습해야 한다는 것, 기억하시죠? 생활 속에서 효과적으로 수학적 경험을 제공하는 방법과 활동을 수식으로 연결하는 과정까지 상세하게 알려드리겠습니다.

복습 공책만 잘 써도 실력이 향상된다

초등 시기는 당장의 성과보다는 길게 보고 습관을 잡아가는 시기라고 강조했습니다. 하지만 단기적인 성과를 아이 스스로 느끼는 것도 학습 동기를 높이는 중요한 요인입니다. 실력이 빠르게 성장하는 것은 게임의 보상과 같은 큰 역할을 하거든요. 이런 단기적인 성과를 거둘 수 있으면서 부작용도 없는 중요한 습관이 바로 수학 복습 공책 쓰기입니다. 수학은 낯설고 어려운 개념들을 자기 말로 체화하는 과정이 중요한데, 활동과 더불어 학생이 주도하는 공책 정리는 굉장한 강점이 됩니다. '활동+문제 풀이+복습 공책' 조합은 초등학생들의 특성과 수준에도 잘 맞고 제대로 공부하는 데 큰 도움이 됩니다. 연령별로 어릴 때는 활동의 비중을 높이고, 고학년으로 올라갈수록 문제 풀이의 비중을 좀 더 높이면 좋습니다.

요즘은 복습 공책이 많이 보편화되었고, 과목별로 정리할 수 있게 잘 나옵니다. 하지만 5학년을 넘어가면 학생들이 학원 숙제로 버거워하는 모습이 많이 보이기 때문에 학교에서 전 과목 복습 공책을 시키기는 힘들었습니다. 하지만 수학만은 꼭 쓰게 했어요. 초등 교육과정에서 그날그날 배운 개념을 내 말로 정리해 소화시켜야 할 만큼 어려운 과목은 수학이라고 생각했기 때문입니다. 양식은 보통 다음과 같은 형태로 만들어 공책의 표지 안쪽이나 제일 앞장에 붙여둡니다. 일반 줄 공책에 옆줄 하나만 긋고 단원, 학습문제 등의 타이틀도 그때그때 썼습니다.

• 수학 복습 공책 양식 •

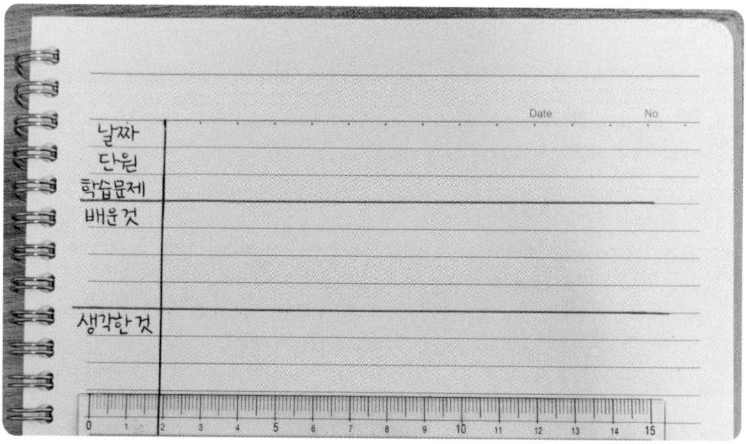

중요한 점은 수학을 배운 날이면 반드시 그날 안에 써야 한다는 것입니다. 저는 대개 수학 첫 시간에서 둘째 시간 정도에는 수학 복

습 공책의 양식을 소개하고 이걸 쓰면서 기대할 수 있는 효과들을 알려줍니다. 요즘 학생들은 정말 바쁘기 때문에 교사 입장에서도 쓸데없는 활동을 시키며 시간을 낭비하게 하고 싶지 않습니다. 앞에 소개한 틀 외에 필기한 양이나 형식은 전혀 중요하게 생각하지 않았습니다. 성실하게 쓴 학생들의 공책은 친구들에게 보여주며 칭찬하거나, 수업의 도입에서 복습용으로 사용하기도 하고, 학급 홈페이지에 칭찬하는 말과 함께 올려주기도 했습니다.

몇 주만 써도 배운 내용에 관한 생각을 정리하는 활동에 재미를 붙이는 학생들이 있는가 하면, 좀처럼 감을 잡지 못하는 학생들도 있습니다. 특히 '생각한 것' 항목을 어려워하는 친구들이 많아서 몇 가지 샘플을 소개합니다. 3학년 덧셈과 뺄셈 단원에서 쓴 복습 공책을 예를 들면 이렇습니다.

날짜	3월 21일 화요일
단원	덧셈과 뺄셈
학습문제	세 자리 수의 덧셈을 알 수 있어요
배운 것	받아올림을 왜 하는지 알아보았다. 받아올림을 하는 이유는 1의 자리 수에서 10개 이상이면 10의 자리로, 10의 자리에서 10개 이상이면 100의 자리로, 100의 자리도 마찬가지로 10개 이상이면 1000의 자리로 올려준다. 게임도 해봤다.
생각한 것	1이 10으로, 10이 100으로, 100이 1000으로 올라가는 것을 잘 알게 되었다. 게임도 해보니 재미있었다.

날짜	2022.4.3
단원	2. 덧셈과 뺄셈
학습문제	네 자리 수의 뺄셈
배운 것	8120-6850=1270 1000 1000 1000 1000 1000 1000 1000 1000 100 100 100 100 100 100 100 100 100 100 100 10 10 10 10 10 10 10 10 10 10 10 10
생각한 것	수모형으로 계산하면 큰 수도 쉽게 계산할 수 있지만 쓰고 지우기가 불편하다. 가로, 세로 방법으로 계산하는 게 편리하다.

날짜	2022.4.21
단원	2. 덧셈과 뺄셈
학습문제	받아올림을 사용해 세 자리 수의 덧셈하기
배운 것	1이 10개이면 1의 자리 수가 아니고 10이라서 10의 자리로 받아올림 해주고 이런 식으로 계속 10개가 되면 받아올림을 해준다. 예 : 3 5 7 + 2 9 8 = 51 41 5 (X) 3 5 7 + 2 9 8 (받아올림 1 1) = 6 5 5 (O)
생각한 것	10이 넘으면 왜 받아올림을 해야 하는지 알게 되었다.

복습 공책은 학년이 올라가고 개념이 어려워질수록 빛을 발합니다. 이렇게 배운 내용과 그에 대한 생각을 자유롭게 적어나가는 연습을 하다 보면 자연스레 자기주도학습 습관을 키울 수 있습니다. 무엇에 대한 이해가 부족한지 한눈에 볼 수 있기 때문에 학생이 궁금한 내용을 질문하기도, 교사가 지도하기도 쉬워집니다. 익숙해지면 5분, 10분 만에도 할 수 있지만 효과는 엄청나기 때문에 학생들에게 꼭 권하고 싶은 활동입니다.

교과서 200% 활용하기

바야흐로 문제집의 시대입니다. 어떤 문제집이 좋은지 절대적인 기준은 없다는 것, 아시지요? 문제집은 수단입니다. 우리 아이의 성향과 수준에 맞는 것이 가장 좋다는 사실을 잊지 말아야겠죠. 요즘은 워낙 문제집들이 다양하게 잘 나와서 저도 문제 수준과 디자인 정도만 보고 고르게 됩니다. 하지만 이 모든 기준을 떠나서 0순위로 추천하고 싶은 엄청난 문제집이 있어요. 바로 교과서입니다.

"교과서 위주로 공부했습니다."

수능 1등 인터뷰에 나오는 단골 대사입니다. 수능 1등이나 하는 친구들이면 우리와 아예 다르다고 생각해서 귀담아듣지 않았나요? 하지만 예나 지금이나 교과서는 최고의 교재임이 분명합니다. 특히 개념을 이해하는 과정을 중요하게 여기고 공부한다면 교과서만큼 좋은 발문과 구성을 가진 문제집을 찾기 힘듭니다. 최고의 전문가들이 만든 것에 비하면 가격 면에서도 경제적이고, 크기나 문제의 양도 초등학생들이 공부하기에 참 적절합니다. 좋은 교재가 공짜로 주어지는데 다른 문제집부터 먼저 볼 필요가 전혀 없겠지요. 교과서를 200% 활용하고, 더 보충하거나 심화해야 할 부분이 있다면 그때 시중의 문제집을 찾아보는 게 현명한 선택일 것입니다.

굳이 교과서에서 아쉬운 점을 찾자면, 곱셈이나 나눗셈, 분수 개념 등 좀 더 오랜 시간을 할애해야 하는 단원들도 일정한 시간 안에 학습하도록 쪼개놓았다는 것입니다. 그 학년에서 배울 요소들은 다 넣어야 하니 어쩔 수 없는 선택이라고 할지라도 말이죠. 또 교과서는 이해를 위한 최소한의 정보를 담아두었기 때문에 문제의 양이 조금 부족하다는 느낌은 듭니다. 이런 점은 제가 제시한 로드맵을 훑어보시고, 시중의 문제집으로 보충해주면 좋겠지요.

전자 교과서

더불어 전자 교과서를 적극 활용하시라고 말씀드리고 싶습니다. 전자 교과서는 교과서의 훌륭한 발문과 사고 과정을 전부 싣고 있으면서, 무겁지도 않고, 돈도 들지 않고, 필요한 부분은 얼마든지 다시 보고 프린트할 수 있다는 장점이 있습니다. 모든 수학 교과서는 교육부에서 제공하며 '에듀넷·티-클리어'의 전자 교과서 뷰어로 볼 수 있습니다. 일단 전자 교과서 서비스는 코로나 상황으로 인한 학교와 학생들의 원격수업을 돕기 위해 오픈된 것이 맞습니다. 한시적 서비스라고 말은 하지만 갑자기 전자 교과서를 닫을 계획은 없다고 하니 당분간 이 서비스가 중단되지는 않을 것 같습니다.[4] 기간도 연장하고 접근성도 강화해주면 더 좋겠습니다. 이 나라의 미래인 학생들을 위해 그 정도는 투자해줄 수 있지 않을까요.

2022년 현재 3~4학년 수학 교과서는 검정으로 넘어온 상태입니다. 검정 교과서란 민간출판사에서 발행하고 교육부에서 승인한 교과서를 말합니다. 새롭게 선보이는 3~4학년 수학 검정 교과서는 대부분의 출판사에서 전자 교과서를 공개하고 있습니다. 특히 아이스크림 출판사와 천재교육의 경우 전자 교과서뿐만 아니라 교과서를 활용할 수 있는 학습 프로그램과 교사용 교과서, 교사용 지도서까지 완전히 공개하고 있어 깜짝 놀랐습니다. 요즘은 학교에서 교사용 도서를 사용 후 학기 말에 반납하게 되어 있습니다. 학기 말이라고 교재 연구를 안 하는 건 아닌데 불편했어요. 지도서를 화면으로 볼 수 있게 되어 참 좋았습니다. 필수는 아니지만 부모님들도 필요한 부분을 찾아보거나 구매할 수 있어 유용하리라 생각합니다.

천재교육 홈페이지에서 제공하는 전자 교과서 코너에 들어가면 다음과 같이 6개의 항목을 나누어 볼 수 있습니다.

① 수학, 수학 익힘: 교과서가 PDF 파일 형식으로 되어 있습니다. 필요한 페이지를 프린트해서 예습·복습에 활용하면 편합니다.

• 천재교육 전자 교과서 •

② 교사용 지도서: 지도서는 대부분의 교사들이 수업 준비를 위해 가장 많이 참고하는 자료입니다. 그 과목의 성격, 목표, 내용, 평가가 모두 나와 있기 때문에 지도서 1권만 열심히 읽어도 해당 학년의 교육 내용에 대해 많은 것을 이해할 수 있습니다. 특히 평가를 위한 성취 기준은 지도서에서 가져오는 경우가 대부분이라서 평가가 궁금하신 부모님은 한번 읽어보셔도 좋을 것 같습니다.

③ 전자 저작물: 쌍방향으로 학습할 수 있는 프로그램입니다. 클릭해 문제를 해결할 수 있는데, 프레임이 기존 학교 수업에 사용했던 프로그램과 거의 비슷합니다. 학생들도 수업하는 기분으로 다시 복습할 수 있을 것 같아요. 수학 문제를 놓고 써보고, 여러모로 고민도 해보려면 프린트해서 푸는 것이 학습에는

더 좋을 것 같다는 생각이 듭니다.

④ 교사용 교과서: 교사용 교과서가 원래 따로 있는 것은 아닙니다. 과목이나 차시에 따라 굳이 두꺼운 지도서를 보지 않고, 교과서를 보면서 간단하게 메모도 해놓고 답을 미리 써두기도 하는 경우가 있거든요. 마치 그걸 전자 형태로 만들어둔 것 같다는 생각이 들었습니다. 굳이 말하자면 답지책이랄까요? 교과서가 다소 문제집화되면서 교사들보다는 학부모들을 위해 만든 것이 아닐까 생각했습니다.

⑤ 진도표: 클릭하면 한글 파일로 된 교과 진도표를 다운받을 수 있습니다.

사용해보니 ①번과 ②번이 활용도는 가장 좋습니다. 복습이 필요한 개념을 익힐 때, 칸 아카데미 동영상 수업으로 한 번 더 개념 설명을 듣고 전자 교과서로 복습하면 완전학습을 기대할 수 있습니다. 수학 교과서에 나오는 발문들은 수업 시간에 모두 꼼꼼하게 보지 못하고 넘어가는 경우도 간혹 있으므로, 가정에서 천천히 한 번 더 생각해보는 것도 좋을 것 같습니다. 문제집은 여러 권 얇게 푸는 것보다 1권을 알 때까지 반복해 푸는 게 더 중요하다는 것, 아시지요? 가장 중요한 문제집인 교과서만 제대로 활용해도 초등수학 개념을 완벽에 가깝게 공부할 수 있습니다.

문제집 똑똑하게 활용하는 방법

그렇다면 문제집이 필요한 시기는 언제일까요? 특히 활용하면 좋은 단원은 어디일까요? 이는 학생의 실력과 성향에 따라 다르기 때문에 단언할 수 있는 부분은 아닙니다. 문제집을 선택하고 활용할 때 다음과 같은 점을 주의해주세요.

연산 문제집은 필수가 아니다

이건 제 이야기가 아니고 『초등 수학 심화 공부법』의 류승재 저자의 말입니다. 저도 이 의견에 동의합니다. 특히 상위권이라면 굳이 연산 문제집을 따로 풀지 않아도 됩니다. 기본적인 이해력이 갖춰진 상태라면 교과서로 복습해주는 것만으로 충분히 연산을 해낼 수 있습니다. 중위권만 되어도 연산 문제집을 많이 풀 필요는 없습니다. 연산 문제집에 심혈을 기울여야 할 정도로 이해력이 높지 않다면 다양한 경험을 하고, 무엇보다 독서에 힘써야 합니다. 문해력과 이해력을 높여주는 것이 더 중요합니다.

개념을 정확히 이해하고 지식을 표현하도록 격려한다

수학을 공부할 때 개념을 허술히 넘기지 않고 깐깐하게 익히는 태도는 중고등 시기까지 수학학습에 큰 자산이 됩니다. 모든 수학 선생님이 권장하는 문제 풀이는 후다닥 많이 풀고 많이 맞히는 것이 아니라, 하나를 풀어도 집중해서 정확하게 푸는 것입니다.

초등학교 1~2학년까지는 엄밀한 정의보다는 학생들의 발달단계와 경험을 고려해 두루뭉술한 설명이 나올 때가 있어서 무리가 되지 않는 선에서 즐겁게 공부하는 것이 포인트입니다. 하지만 3학년부터는 각, 분수, 도형의 약속 등 중요한 개념들이 나오기 때문에 개념을 정확하게 익히는 연습이 필요해집니다. 복습 공책도 배운 개념을 한 번 더 생각해본다는 데 의의가 있지요.

그러므로 교과서를 다시 보고 필요한 부분을 뽑아서 복습하는 것은 학습 습관을 형성하는 데 큰 도움이 됩니다. 교과서에 있는 "어떻게 계산해야 하나요? 왜 그렇게 생각하나요?" 같은 발문들은 개념을 정확히 알아야 대답할 수 있습니다.

문제집은 되도록 아이가 고르게 한다

문제집을 사면 꼼꼼하게 다 풀어야 한다거나, 최선을 다해서 많이 푼다는 생각은 모두 좋지 않습니다. 물론 아직 어린 학생들은 메타인지가 부족하지요. 수준에 맞지도 않은 어려운 문제집을 들고 고생하거나, 너무 쉬운 문제집을 디자인이 예쁘다는 이유로 사와서 지루해할 수도 있습니다. 하지만 그런 시행착오를 거쳐 아이는 공부의 주인이 됩니다. 스스로의 학습 설계에 학습자가 빠져서는 안 되지요. 문제집을 고르는 일은 중요하고도 실질적인 학습 설계 과정이므로 아이가 꼭 참여해야 한다고 생각합니다.

문제 풀이가 긍정적인 경험이 되도록 돕는다

수학은 어려워서도 싫어하지만 지겨워서도 싫어하게 됩니다. 수준에 맞지 않은 반복적인 학습은 아이를 수학과 멀어지게 하는 가장 효과적인 방법입니다. 서점에 가는 것을 작은 나들이로 삼고, 문제집을 다 풀면 그 노력을 아낌없이 칭찬하고 격려해주세요. 이런 작은 관심이 아이가 학습을 긍정적으로 느끼는 데 큰 힘이 된답니다.

일정 시간에 자리에 앉아 공부할 수 있도록 돕는다

학습을 시간 중심으로 하느냐, 과제 중심으로 하느냐, 말들이 많은데요, 저는 이것도 아이의 성향이나 하루의 리듬을 보고 적절히 선택하는 것이 맞다고 생각합니다. 개인적으로 과제 중심형을 더 선호합니다만, 그래도 공부를 시작하는 시간 정도는 일정하게 맞춰주는 것이 좋습니다. 그러지 않으면 옆에서 일일이 "이제 공부할 시간이다" "언제 할 거냐" 하는 소리를 하루에도 몇 번씩 해야 하더군요.

정해진 시간에 학습을 위해 자리에 앉을 수 있도록 계획해주시는 것을 추천합니다.

문제는 푸는 것보다 만드는 것이 더 중요하다

『초등학교 수학 이렇게 가르쳐라』에는 분수의 나눗셈에 대해 이런 질문이 나옵니다.

> 다음 분수 나눗셈을 문장제로 바꿔보라.
> 1과 $\frac{3}{4} \div \frac{1}{2} = ?$

이 부분을 보고 조금 아찔했습니다. 분수의 나눗셈에 대해 연구를 많이 해왔다고 생각했는데, 문제를 만들라는 발상도 당황스러웠고, 얼른 생각이 나지 않아서 더 당황스러웠습니다. 아마 학생들도 마찬가지일 거예요. 아무리 열심히 풀어도 "문제를 만들어보세요"라는 주문에는 움찔할 수밖에 없습니다. 그만큼 문제 만들기는 문제 풀기보다 더 정확하고 깊은 사고력을 요구합니다. 요즘 많이들 관심 가지는 수학 심화에 필요한 사고력과도 직결됩니다.

좋은 수학 학원 어떻게 고를까

아이와 유명하다는 영어 학원에 등록하러 갔다가 퇴짜를 맞고 온 경험이 있습니다. 다짜고짜 평가를 받아야 한다고 외국인 선생님이 아이를 데리고 갑니다. 아니나 다를까, 몇 분 안 되어 다시 돌아오더니 하는 말이 이렇습니다.

"어머니, 아이가 테스트 자체가 불가능하네요. 저희 학원에서는 수준에 맞는 반이 없습니다. 혹시 방과 후 클래스 말고 정규반으로 등록하시면…."

여러 학원을 다니면서 제가 받은 메시지는 하나였어요.

"우리는 준비된 아이들을 받습니다."

새 학기에 맘카페나 커뮤니티를 쭉 둘러보면 수학학습에 대한 고민이 종종 올라옵니다. 많은 부모님이 애타게 학원을 찾고 있어요.

"우리 아이가 너무 힘들어해요. 제발 우리 아이 도와줄 학원이 어디 없나요?"

안타까운 현실은 그 어떤 좋은 선생님도 우리 아이의 성적을 올려주지 못한다는 것이며, 공부 정서가 망가졌거나 개념에 구멍이 많은 학생들, 즉 더 많은 도움이 필요한 학생일수록 받아주는 학원을 찾기도, 학원에서 구제하기도 어렵다는 사실입니다.

저도 소위 재능이 있고 머리가 좋은 아이들을 가르치고 있으면 정말 신이 납니다. 특히 영재들은 제대로 가르치면 정말 쭉쭉 뻗어나갑니다. 그 속도가 무섭다 못해 서글플 정도입니다. 이 성과가 교수법과 크게 상관이 없어요. 우수한 아이들은 똑같이 가르쳐도 결과가 훨씬 훌륭합니다. 반면 이해가 느린 아이들도 분명히 있습니다. 기초부터 다시 가르쳐야 하는데, 이런 아이들은 태도도 좋지 않은 경우가 많아요. 힘은 2배로 들고 성과는 안 나기 십상입니다. 학원에서 이런 아이들을 받으려고 할까요? 이 점을 냉정하게 생각해봐야 합니다. 우리 아이가 학원에서 잘 따라갈 것인가, 아니면 더 시들어서 올 것인가를 말이에요.

아이를 위해주는 수학 학원을 찾아서

그렇다고 학원을 보내지 말라고 외치고 싶은 건 아닙니다. 그저 학원도 하나의 회사일 뿐이라는 사실을 주지하자는 것이지요. 언제나처럼 사교육도 잘 활용하면 됩니다. 보통 초등학생의 학원은 부모님이 고르시죠. 그러니 부모님은 아이와 학원에 대해 잘 알고 있어야 합니다. 물론 훨씬 중요한 정보는 아이입니다.

먼저 아이의 성향을 파악하자

우리에게 학원이 꼭 필요할 때가 있습니다. 일단 맞벌이 부모님이 많으니 시간 때문에 그렇고요. 부모가 아이를 가르치기가 힘들거나 비효율적인 경우도 많기 때문입니다.

아이의 성향에 따라 학원의 형태도 다양하게 생각해볼 수 있습니다. 과외, 동네 보습학원, 공부방, 학습지, 중소형 학원, 대형 학원 등이 있어요. 학원의 형태와 상관없이 그냥 친구랑 같이 가면 즐거운 아이도 있고, 인테리어가 쾌적해야 집중이 잘되는 아이도 있을 겁니다. 꼭 학원을 보내야 한다면, 부모님이 무리하지 않는 선에서 아이에게 맞춰주는 것이 가장 좋겠지요.

교사가 전부다

교육에 대한 아주 오래되고 유명한 격언이 있습니다.

"교육의 질은 교사의 질을 넘지 못한다."

좋은 선생님을 만날 수 있다면 학원 규모나 시스템은 전혀 문제가 아닐 수도 있습니다. 특히 수학은 교사 실력의 격차가 큰 과목입니다. 요즘은 유명해진 '공부왕찐천재 홍진경' 유튜브 채널을 초기부터 참 좋아했습니다. 연예인 홍진경 씨가 딸 라엘이를 위해 '엄마가 먼저 공부하는 모습을 보여줄게'라는 콘셉트로 만든 유튜브 채널이에요. 왕년에 공부를 잘했던 유명 정치인이나 연예인들을 섭외해 초등, 중등 개념을 배우는 형태로 진행됩니다.

콕 집어서 안철수 편과 오상진 편을 보면 수학 교사의 유형을 비교할 수 있습니다. 순전히 수학을 잘 가르치는지의 관점으로만 비교해보겠습니다. 안철수 선생님은 명실상부 대한민국 공부의 신이죠. 본인의 실력도 우수한 분이 개념을 차근차근 이해하기 쉽게 설명해 주셨습니다. 저도 보면서 '와, 저런 선생님께 다시 배우고 싶다'라는 생각을 했습니다. 하지만 이런 분은 드물고요, 현실에는 오상진 선생님 같은 분이 더 많습니다. 오상진 아나운서 역시 연세대를 졸업하고 아나운서 시험에 합격한 인재입니다. 그런데 수학을 가르치는 모습은 조금 의외였어요. 대본이 저랬나 보다 싶은 정도로 개념을 이해하지 못하는 학생들을 받아들이지 못하는 모습을 보였습니다. 초등수학에서는 특히 많이 볼 수 있는 모습일 겁니다.

수학 선생님들은 대부분 왕년에 수학으로 이름 날린 분들이 많아요. 수학을 잘했던 분들은 아이가 왜 이 부분을 어려워하는지를 아예 이해하지 못할 때가 있더군요. 본인은 아무 위화감 없이 '이게 이런 거구나' 하고 찰떡같이 알아들었기 때문에 여기서 다른 생각을 할 수 있다는 발상 자체가 힘든 겁니다.

그러면 훌륭한 교사를 어떻게 구분할 수 있을까요? 여기서도 정답은 아이에게 있습니다. "이 선생님이 설명하면 이해가 잘 가" "그 쌤 너무 좋아"라고 하면 게임 끝입니다. 그 반대라면 과감하게 학원을 끝내야겠죠? 교사와 학생 사이도 인간관계라 궁합이 있다는 것이 정설입니다. 학원 선생님과 성향 및 학습 방식이 맞지 않아 힘들어하는 아이들을 꽤 보았습니다. 교사와 트러블이 있는 경우라면 학원에 안 보내는 게 좋다고 생각합니다.

또한 부모님들은 절실함과 경험으로 무장된 '촉'이 있습니다. 저도 여건만 된다면 직접 방문해 학원 분위기를 보는 것을 중요하게 여기는 편입니다. 전화로 느낄 수 없는 분위기가 한눈에 파악되거든요. 부모님은 아이에 관한 정보를 가장 많이 알고 있으니 현장에 가보기만 해도 우리 아이가 좋아할지 힘들어할지 대강은 눈에 들어올 거라고 생각합니다.

수학 보충과 심화하기

유튜브에서 수학 심화에 대한 토론이 벌어진 적이 있습니다. 수학 심화를 굉장히 강조하는 선생님과 초등 심화는 불필요하다고 주장하는 선생님의 의견이 모두 팽팽해서 재미있게 보았습니다. 이런 토론이 나올 만큼 수학 심화에 대한 관심이 확실히 높아진 것이 느껴졌습니다. 이제는 현행 심화와 선행을 다 해야 하는 게 아니냐며 울상 짓는 부모님도 계셨어요. 도대체 수학 심화가 무엇이기에 이렇게 화제일까요?

초등수학 심화의 장점

흔히 초등수학 문제집은 개념·연산 문제집, 응용 문제집, 심화 문제집으로 세분됩니다. 여기서 심화 문제란 말 그대로 배운 개념을 확장·융합해 어려워진 문제를 말해요.

심화학습을 해야 한다는 주장은 『수학이 안 되는 머리는 없다』에서 처음 보았습니다. 박왕근 교수님은 심화학습을 통해 진정한 수학적 사고력을 길러줄 수 있다고 주장합니다. 우리 교육은 그동안 빨리 그리고 많이 푸는 것을 지향해왔지만, 그 성과는 좋지 않았습니다. 하지만 어려운 문제, 즉 심화 문제를 며칠이고 치열하게 고민하는 과정을 거치면 누구나 수학을 잘할 수 있게 된다는 것입니다. 박왕근 교수님은 이런 심화학습을 마음껏 할 수 있는 폴수학학교라는 대안학교를 차리기도 하셨죠. 이 학교는 무시험과 충분한 여유를 제공하며, '모든 아이가 수학 심화 문제를 풀 수 있다'는 믿음으로 운영됩니다. (다만 이곳의 모집 대상은 초등학생이 아닙니다.)

하지만 요즘처럼 초등수학 심화 열풍이 거세진 이유는 『수학 잘하는 아이는 이렇게 공부합니다』라는 베스트셀러의 파급력 때문이라고 생각합니다. 류승재 저자도 어려운 문제에 도전하는 과정만이 수학적 사고력을 제대로 키워줄 수 있다고 주장합니다. 더불어 초등 시기에 키운 수학적 사고력의 결과는 수능 1등급으로 나온다는 명확한 목표를 제시했기 때문에 더욱 와닿지요.

경시대회 참가자들의 학습 방법을 살펴보는 과정에서도 흥미로운 공통점을 발견했습니다. KMC 홈페이지에서 대상과 금상 수상자들의 합격 소감을 쭉 읽어보면 '답지를 보지 않고 공부했다' '원리를 생각하며 공부했다'는 말들이 심심찮게 눈에 띕니다.

> "지금까지 학원에 가지 않고 인터넷 강의로 공부하고 있으며 혼자서 문제를 끝까지 해결하는 방법을 스스로 터득하게 되었습니다."
> "평상시 공부할 때 제가 풀이한 답이 틀린 경우에도 절대로 해답을 보여주지 않으셨습니다. … 풀리지 않는 문제는 유튜브 강의나 관련된 책을 통해 이해했습니다. 그래도 풀지 못한 문제는 당장 풀려고 고집하지 않고 건너뛰었고, 그 단원을 끝낸 후 다시 풀어본 결과 대부분 해결되었습니다."[5]

종합해보면 '심화 문제를 답지 없이 자기 힘으로 푸는 것'이 수학적 사고력을 높여주는 확실한 학습법임에는 이견이 없어 보입니다.

초등수학 심화학습의 한계

수학 심화학습의 장점을 보면 '그래, 당장 수학 심화부터 시키겠어!'라고 외치게 되지만 현실이 녹록지는 않습니다. 학교 현장에서 초등수학의 격차는 학년을 막론하고 이미 큽니다. 또한 학교 현장에서 보았던 대부분의 학생들은 심화보다는 개념학습이 먼저 필요한 상태였습니다. 1장 '아이들이 느끼는 수학 개념의 구멍'에서 강조한 바와 같이 아직 우리 수학교육은 아이들에게 필요한 개념을 꼼꼼하게 채워주는 작업을 완벽하게 해내지 못하고 있습니다. 특히 3학년부터는 개념을 100% 이해시키는 것만도 쉽지 않은 작업입니다. 덧붙여 요즘처럼 맞벌이 부모님이 많고 아이들도 바쁜 시대에 심화를 하는 데 물리적으로 시간이 나지 않을 수도 있어요. 이것이 초등 심화의 한계로 지적되기도 합니다.

저는 초등 심화학습이 당연한 코스로 자리 잡히지 않기를 바라는 마음입니다. 부작용이 크기 때문이에요. 일단 선행학습이 그런 것처럼 '당연히 해야 하는 것'으로 고정되면 '혼자 공부할 수 있는 공부 체력'과 '수학적 사고력의 성장'이라는 심화학습의 의미가 변질되기 쉽습니다. 그러니 초등 자녀에게 꼭 심화를 시키고 싶다면 반드시 충분히 몰두할 수 있는 여유와 환경, 당장의 성과에 일희일비하지 않는 마음을 부모님이 먼저 단단히 갖추어야 합니다. 이 외에도 부작용 없이 학생이 주도적으로 심화를 하려면 몇 가지 조건이 필요합니다.

초등수학 심화학습 방법

초등 심화를 꼭 하고 싶은 부모님들께 몇 가지 전제를 말씀드리겠습니다.

아이의 사고 수준을 먼저 올려주자

심화의 기본 전제는 독서를 통한 기본적인 이해력과 학교에서 수업한 개념에 대한 완전학습입니다. 연산 심화 문제의 경우 연산의 개념을 알고, 적절히 적용하며, 실수 없이 정확하게 해낼 수 있어야 의미가 있습니다. 곱셈의 의미를 구구단으로만 알고 있는 학생에게 곱셈 심화 문제를 내는 것은 무의미하다는 말이지요. 기하 문제의 경우 도형과 입체에 대한 경험이 없으면 아이가 아예 헤매고 좌절감을 느낄 수 있습니다. 기하 분야는 특히 단계적인 접근이 필요하며, 초등에서는 다양한 도형 실물을 다루는 경험 자체가 심화학습이 될 수 있습니다.

가정에서 하는 것이 가장 좋다

최근 심화 수학으로 유명한 대치동 학원에서 해당 학원 원장님이 입학시험 문제와 풀이 과정까지 유튜브에 공개한 것을 흥미롭게 보았습니다. 문제도 풀어보았는데 정말로 초등학교 3학년 학생들이 풀기에는 꽤 어렵더군요. 이런 학원들은 학원비도 비싸고 입학 경쟁도 치열합니다. 그런데 힘들게 들어간 심화 학원의 커리큘럼이 결국 기본 개념을 익히고 정답을 알려주지 않은 채 학생 스스로의 힘으로 심화 문제를 푸는 것이었습니다.

이런 시스템과 수학 심화학습의 진짜 의미를 고려한다면 가정에서도 할 수 있습니다. 아니, 가정에서 하는 것이 훨씬 좋습니다. 학원에서는 결코 충분한 시간을 줄 수 없기 때문이에요. 언급한 유명 심화 문제 학원들도 어떠한 형태로든 시간제한이 있었습니다. 시간과 공간을 가정만큼 무한히 줄 수 있는 곳은 사실상 없습니다.

교재 선택은 신중하게

심화를 하기로 결심했다면, 더구나 가정에서 하기로 했다면 교재 선택이 더욱 중요해집니다. 류승재 저자의 『초등수학 심화 공부법』에 문제집이 명확하게 가이드 되어 있으니 참고하시면 도움이 됩니다. 초등 심화 문제는 선행 개념들을 가지고 오는 경우가 많아서 가이드가 있다고 해도 사전에 문제의 질을 충분히 가늠해보는 노력도 필요합니다.[6]

또한 손도 못 댈 정도로 어려운 문제는 도전 의식보다 좌절감을 줍니다. 심화 문제집은 그 학년에서 다루는 가장 어려운 문제집이기 때문에 흥미를 잃을 정도로 어려운 문제집보다는 학년을 낮춰서라도 아이가 도전할 만한 수준으로 맞추는 유연함도 필요합니다. 심화 문제집만은 꼼꼼하게 다 풀라고도 하지 않으면 좋겠습니다. 특히 연산 영역은 심화 문제라고 하면서 억지로 말을 배배 꼬아둔 지저분한 문제들이 꽤 있습니다.

초등학생이라면 심화보다 체험을

심화만큼이나 사고력 수학에 대한 관심도 높지요. 저희 아이는 사고력 수학 학원을 1년가량 다녔는데, 제가 수학학습에서 보드게임과 활동을 중요시하게 된 데는 사고력 수학의 커리큘럼을 경험한 것도 크게 작용했습니다.

'이런 수업은 대한민국 아이들 모두에게 제공되어야 하는데. 그러면 입학해서 수학을 그렇게 어려워하는 아이들이 많지 않을 텐데.'

이런 생각을 참 많이 했어요. 사고력 수학을 하자는 게 아니라, 초등에서는 머리만 쓰는 학습보다는 실물을 함께 쓰는 체험학습이 훨씬 효율적이라는 의미입니다. 심화를 포기할 수 없다면 저학년 때만이라도 활동과 교구 중심의 수업으로 '대체'한다고 생각해보세요. 여러 번 말씀드리지만 경험이 쌓여야 생각의 재료가 생깁니다. 너무 어린 아이들은 열심히 문제를 째려봐도 아무 생각도 할 수 없는 상태가 될 가능성이 큽니다. 심화를 주력으로 하는 대형 학원들도 대부분 초등학교 4학년부터 심화 과정을 시작합니다. 영재를 선발하는 시기도 3학년 하반기로, 4학년에서 수업을 듣도록 하고 있습니다. '빠르게'를 외치는 사교육에서도 굳이 초등 저학년에게 심화 수업을 하지 않는다는 점을 염두에 둘 필요가 있습니다.

심화해두면 좋은 초등 개념

시간이 남거나 더 짚어주고 싶다면 4장 앞부분에 나오는 수학적 경험들을 먼저 해주는 것이 좋습니다. 그것만으로도 충분히 심화학습이 될 수 있거든요. 그래도 아이가 흥미를 보이거나 더 하고 싶어 한다면 초등에서는 도형과 규칙성 영역을 우선적으로 한다고 생각하시면 좋겠습니다. 중고등에서 중요하지만 초등에서는 아직 많이 다루지 않는 영역이기 때문입니다. 연산의 경우 스토리텔링으로 이루어진 심화 문제집들이 좀 더 접근성도 좋고, 학생 입장에서도 더 의미 있게 학습할 수 있습니다.

아이를 심화로 이끄는 힘

심화를 가정에서 하는 것이 좋다는 말에 많은 분이 난감해하실 것 같습니다. 아무래도 학원에 보내는 이유는 가정에서 할 수 없는 일종의 강제력에 있으니까요. 일단 학원에 보내면 그 시간만큼은 학원에서 아이가 공부를 하고 올 거라고 안심할 수 있습니다. 하지만 집에 있으면 하기 싫다고 늘어지는 아이의 모습을 지켜봐야 하니 부모님 입장에서는 너무나 큰 괴로움이죠.

하지만 달리 생각해볼까요. 아이는 왜 그렇게 공부하기를 싫어할까요? 왜 심화 문제를 풀라고 하면 '그게 도대체 무슨 소리야?' 하는 반응을 보일까요? 초등에서 처음 심화를 시작할 때는 다음과 같은 상태여야 합니다.

- 많은 수학적 경험이 쌓여 있다.
- 수학적 경험을 통해 몰입의 즐거움을 느껴보았다.
- 심화 문제를 풀어야 하는 이유를 학생 스스로 납득했다.

단지 지금 이 정도는 풀어야 나중에 1등급을 받을 거라는 초조함으로 아이를 몰아붙이면, 단언컨대 부작용이 훨씬 큽니다. 물론 즐겁고 자발적으로 심화 문제에 도전하는 아이는 거의 없다고 봐야 합니다. 약간의 규칙과 시스템을 만드는 노력은 필요해요. 예를 들어 '일주일 중 목요일은 2시간 이상 심화 문제를 푸는 시간을 가진다' 같은 짧은 규칙 말이죠. 가정에서 하니까 문제를 하나라도 풀었다면 그 기쁨에 대해 대화를 나누고, 적절한 보상도 더해지면 좋겠지요.

초등 보충학습의 원칙

보충은 다음과 같은 때 필요합니다.

- 학교 단원평가가 70점 이하인 단원이나 영역
- 전체적인 수학학습 능력이 부족하다고 느낄 때
- 이전에 배운 개념을 잊어버려서 현행 개념의 학습이 어려울 때

보충이 필요한 경우에는 아이가 파악하지 못한 기초 개념을 찾고 세분화해 짚어주는 것이 관건입니다. 이것만 되면 빠르게 현행 또는 심화로 넘어갈 수 있으니까요. 아이마다 다르겠지만 보충이 필요한 이유와 해법은 초등 저·중·고학년이 조금씩 다릅니다.

저학년

공부의 기초체력이 부족하거나, 독서 등 공부 틀이 잡히지 않은 경우입니다. 1학년은 학교에 적응하는 것이 최우선 과제이며 교과 내

용이 쉽기 때문에 이 시기의 부진은 잘 발견되지 않고 2학년으로 올라가는 경우가 왕왕 생깁니다. 1~2학년이 수학을 어려워한다면 수학 자체보다 한글 문해력과 학습 습관부터 잡아주어야 하는 경우가 많습니다.

중학년

배워야 할 내용이 1~2학년 시기에 비해 훌쩍 늘어나기 때문에 수학이 어렵다고 느끼게 됩니다. 어려움을 느끼기 전에 다양한 경험을 채워주는 것이 가장 좋지만, 그렇지 않다면 교과서부터 차근차근 다시 봐야 하겠지요. 이 시기에 연산을 힘들어하는 학생들의 대부분이 1~2학년에서 배웠던 10의 보수 만들기나 가르기와 모으기를 빠르게 하지 못합니다. 연산이 문제라면 10의 보수 만들기 및 '(두 자리 수)+(한 자리 수)'를 암산이 가능할 정도로 빠르게 연습시키는 게 좋습니다. 도형은 교구와 보드게임을 통해 실물을 많이 접하고 평면과 입체에 대한 감각을 익히도록 하면 도움이 됩니다. 도형을 그리는 활동이 많이 나오므로 집에서 따로 도형의 작도를 연습하는 것도 좋습니다.

고학년

학년이 올라갈수록 보충에 대한 부담이 커질 수 있습니다. 단순히 특정 단원이 힘들다면 교과 연계성을 잘 살펴보고 이전 학년 개념을 다시 짚어주기만 해도 한결 나아질 수 있습니다. 전체적으로 기본 개념이 잘 잡히지 않은 경우라면 저학년 솔루션인 독서와 학습 습관,

중학년 솔루션인 연산 속도 만들기 및 도형 감각 등을 차근차근 모두 잡아주면서 가는 것이 좋습니다.

고학년이면 이미 늦었다고 생각하기 쉽지만, 고등까지 길게 보면 전혀 그렇지 않습니다. 고학년이 되어 보충이 필요하다면 동기 자체가 약해진 경우가 많으므로 마음의 힘을 키워주는 부모님의 격려와 믿음이 가장 중요합니다.

보충학습의 가장 좋은 교재는 앞서 강조한 대로 교과서입니다. 대부분 '1~2학년 연산 문제 1장+교과서 관련 활동+수익 문제 풀기' 조합이 가장 좋습니다. 3~4학년이라면 전자 교과서에서 제공하는 교과 활동들로 복습해보는 것도 좋겠지요.

아이가 학습지를 힘들어하면 중단해야 할까요?

학습지에 대한 고민을 꽤 많이 듣습니다. 몇 살부터 해야 하는지, 어떤 학습지를 하루에 몇 장이나 해야 하는지, 선생님을 붙여야 하는지, 엄마가 봐주어도 되는지. 아이를 처음 공부시키는 부모님들은 가뜩이나 혼란스럽죠. 거기에 아이가 고민을 더합니다.

1시간 동안 물 마시기, 화장실 가기, 멍 때리기, 낙서하기 등등 계속 집중을 못 하는 것이죠. 이럴 때 부모님의 마음엔 두 가지 생각이 갈등을 일으킵니다. '이렇게까지 해야 하나?'와 '내가 흔들리면 안 된다!'가 그것이죠.

무엇이 정답일까요? 물론 답은 '아이마다 다르다'입니다. 이건 너무 당연한 이야기니까, 서로 다른 아이들을 판단할 수 있는 기준을 말씀드릴게요. 일단 학습지 역시 학원처럼 냉정하게 생각해야 합니다. 학습지는 이윤을 추구하는 회사에서 나오며, 우리는 이런 학습지에 끌려가지 않고 주체적으로 이용할 수 있어야 합니다. 아이가 학습지를 풀기 위해 있는 게 아니라 학습지가 아이의 학습을 돕기 위해 있는 것입니다.

활동형 학습지로 학습지의 즐거움을 알게 한다

학습지 풀기를 좋아하셨나요? 이 질문을 받으면 모두 슬그머니 웃습니다. 저도 어릴 때 모두 다 한다는 유명한 학습지를 했습니다. 학습지 선생님이 오시는 날은 세상에서 제일 싫은 날이었죠. 저는 연산학습지를 받으면 죽상을 하는 어린이들의 마음을 아주 잘 이해합니다. 어른인 저도 싫었던 감정이 아직 생생한데, 아이들이라고 다를 게 뭐가 있겠어요.

아는 지식을 적용해 문제를 풀어보는 것은 학습에 중요한 요소입니다. 꼭 해야 하는 일이기도 해요. 그런데 왜 학습지 풀이는 이렇게도 지겨울까요? 대부분의 학습지가 아이들 중심이 아니라서 그렇습니다. 학습지는 다분히 어른들의 편의를 위해 만들어졌습니다. 아이들은 일정 수준, 일정량을 할당받고 해내야 하죠.

저는 아이가 초등학교에 입학하기 전인데 이런 고민을 하는 분들이 있다면, 끊어도 괜찮다고 말씀드립니다. 학습지는 수학적인 경험과 활동들을 정리할 때 최상의 효율을 보입니다. 보통 아이들이 학습지가 싫다고 말한다면 양이 너무 많거나, 수준이 맞지 않거나 둘 중 하나입니다. 이 시기의 아이들은 많은 양을 풀 필요가 절대로 없고, 학습지로는 더 낮출 수준이 없을 때가 많습니다. 경험이 우선입니다. 유아들은 아직 경험이 많이 없어요.

그래도 영 불안하시다면 정기적으로 오는 학습지 말고 활동형 학습지를 아이와 함께 골라서 풀어보게 하면 좋겠습니다. 활동형 학습지는 선 긋기, 종이접기, 스티커 붙이기, 오리기, 뜯어서 만들기 등을 다룹니다. 모두 연산보다 먼저이고, 연산보다 고차원적이며 종합적인 활동들입니다. 인터넷 서점에서 유아 분야에 들어가면 어린이들이 좋아하는 워크북들이 잘 나와 있으니 고르기도 어렵지 않습니다. 초등학생도 수준만 조금 올라갈 뿐 마찬가지입니다. 다만 초등학생은 유아처럼 워크북의 형태가 다양하지 않으니 조금 더 검색을 해야 합니다. (292쪽에 있는 '체험형 도서' 목록을 참고하세요.)

연산은 작은 수부터 차근차근 연습시킨다

저는 정기적으로 일정량을 할당받는 형태의 학습지는 선호하지 않는 편입니다. 이건 개인적인 취향이에요. 학습지로 차근차근 공부하는 것이 잘 맞는 어린이도 분명 있습니다. 그런 친구들은 고민할 필요 없이 힘들어하면 양을 줄여주거나, 대신 독서를 조금 더 할 수 있도록 선택지를 줌으로써 학습지를 힘들어하는 시기를 넘기는 것도 좋은 방법입니다. 초등학생이라면 조금 힘들어도 참고 끝까지 일정량을 해내는 연습도 필요합니다.

할당받는 학습지의 폐해는 양이라고 생각합니다. 학습지 선생님이 아이의 실력과 수준을 봐서 학습지의 양과 수준을 가감해주면 좋은데, 보통 더하거나 올리기는 해도 덜거나 수준을 내리지는 않습니다. 그게 아무리 아이에게 좋다는 판단이 들어도 '왜 거꾸로 가냐'는 항의를 받기 쉬우니 당연한 일입니다. 학습지를 하기로 선택했고 계속할 거라면, 먼저 양에 대한 부담을 줄여주시는 게 좋습니다.

연산학습이 중요하다고 강조하지만, 사실 초등에서 연산 연습을 그렇게 매일매일 할 필요는 없습니다. 개념을 알고 있다면 그만해야 하는 1순위 영역은 연산입니다. 연산학습은 기본적으로 지루하기 때문에 단원과 영역, 실력에 따라 양을 가감할 필요가 있는데, 학습지 선생님 입장에서는 "이번 주는 아직 이 레벨을 더 풀어야 하니 남은 학습지를 마저 풀기로 합시다" 하고 가버릴 수가 없잖아요. 그럴 때 하나 더 주고 가는 학습지를 아까워하지 마시라는 말입니다. 흔한 것이 종이이고 더 아까운 건 시간입니다.

연산은 정확성과 속도가 생명입니다. 아이가 너무 지루해한다면 초시계를 놓고 기록을 단축시키는 연습을 하거나, 작은 보상을 걸어주는 등 교육적인 이벤트를 하는 것도 좋은 방법입니다. 그리고 일정 연령이 지나서 아이가 스스로 문제집을 선택하고 풀 수 있을 만큼 습관과 실력이 자리 잡히면 학습지는 끊어도 됩니다. 학습지를 한다고 아이의 학습량이나 집중력이 보장되지는 않으니까요. 기본적으로 공부는 스스로 하는 것입니다. 학습지는 그 습관을 만들어 주는 도구일 뿐인데, 아주 훌륭한 도구라고 보기는 어렵습니다. 어떤 사교육이건 '충분히 핵심을 파악하고 나면 빠진다'라고 생각하신다면 자기주도학습으로 넘어가기가 쉽습니다.

선생님 답변:

아이가 힘들어하는 원인을 잘 판단해보세요. 필요하다면 중단하는 것도 방법입니다. 아이를 중심으로 생각해주세요.

나오며

분명하게 멀리서 물이 차오르고 있다

"그래서, 애한테 이런 걸 집에서 다 해줘?"

책을 읽은 분들이 이런 질문을 하실 것 같습니다. 그래서 대답도 미리 준비했어요.

"아니요. 이걸 어떻게 다 해요?"

활동이라는 게 그렇습니다. 누군가의 눈에는 굉장히 비효율적인 방법입니다. 그냥 딱딱 정리해서 알려주면 5분 만에도 끝나는데, 그걸 이런저런 체험을 통해서 하라고 하면 50분도 모자라서 쩔쩔 매게 되거든요. 하지만 저는 아이들에게 주제와 틀을 던져주고, 아이들 각자가 서로 다른 방법들을 표현하는 시간이 참 좋았습니다. 그러면 가르치는 사람이 덜 힘들어요. 아이들도 즐거워하고 곧잘 뭔가를 해내더라고요.

요즘 부모님들은 너무 바쁘시지요. 그렇다고 내 맘처럼 케어해주는 기관을 찾기도 참으로 힘듭니다. 이런 상황에서는 어쩔 수 없이 아이들도 가정에서 제 몫을 해내야 하고, 학습의 일정 부분을 담당해야 합니다.

수학 독서나 교구 사용 등 수학적 경험이라고 하는 것들을 가만 보면 아이가 혼자서 하거나 같이 놀아주는 정도의 활동들이 많습니다. 이렇게 아이에게 학습의 책임을 넘겨주었더니 아이들은 더 열심히 하고 즐겁게 했습니다. 이 책은 이런 저의 경험을 부모님들에게 적용 가능하게 풀이한 책이라고 생각하시면 좋겠습니다.

조종사들의 좌석은 평균 신장을 기준으로 만들어진다고 합니다. 키, 앉은키, 팔 길이 등의 평균을 구해 가장 적절한 조종석을 만드는 것이죠. 그런데 평균 신장이라는 게 정말 있을까요? 조사해봤더니 이 평균 신장에 해당하는 사람은 단 한 사람도 없었다고 합니다. 단 한 사람도요.[1] 이 사례는 우리에게 '평균'이 얼마나 위험한지를 보여줍니다. 교육이라면 더욱 그렇죠. 제가 책 한 권에 걸쳐 길게 이야기했지만, 평균적인 교육이나 남들만큼 하는 수준은 별로 의미가 없습니다. 절대적인 기준이 딱 하나 있다면 바로 내 아이입니다. 그러니 아이의 수준과 아이의 흥미에 초점을 맞춰주세요. 이건 억만금을 주어도 학원에서 해주지 못하며, 부모님이 아이와 함께하는 학습의 최고의 강점입니다.

멀리 보시면 불안함을 줄일 수 있습니다. 지금 같이 키우는 엄마들 말고, 중고등학교 엄마들의 사례를 들어보세요. 평생 수학교육을 연구한 학자들의 이야기를 더 의미 있게 들어주세요. 요즘은 좋은 수학교육 책이 정말 많이 나옵니다. 불안을 줄이기 위한 최고의 방법은 좋은 정보를 자꾸 접하는 것입니다.

저는 수학을 못했고 지금도 결코 잘한다고 볼 수 없지만, 그때나 지금이나 수학을 좋아합니다. 수학은 그저 세상을 이해하는 하나의 방식일 뿐이지만, 아주 흥미로운 방식임에는 틀림이 없습니다. 세상의 많은 사람이 점점 수학으로 생각하기를 좋아하고, 수학을 이용한 고차원적인 사고는 더욱 중요해지고 있습니다. 이런 흥미로운 창문이 잘못된 교육 때문에 닫혀버린다는 건 너무 안타까운 일입니다. 이제 아이들이 가야 하는 수학학습이라는 긴 여정이 힘들고 지겹지 않기를, 되도록 즐겁고 건강하기를 바랍니다. 그걸 가능하게 할 수 있는 가장 큰 힘은 이 책을 읽고 있는 부모님께 있습니다.

아이가 지금 너무 못한다고요? 금방 따라잡습니다. 이게 어렵다면 정말 어려운데 마음먹으면 또 순식간이에요. 그러니 그 '순식간'을 만들어주기 위해 노력하는 게 부모의 역할이 아닐까 합니다. 세상이 부추기는 불안에 잠식되지 않고, 우리 아이를 믿어주는 것이죠.

"넌 정말 멋있는 아이야. 수학 까짓것 좀 못해도 어때? 넌 우주 최고의 작품이야. 널 사랑해."

마지막으로 책이 나올 수 있도록 도와주신 모든 분들, 특히 물심양면 도와주신 한혜진 작가님과 꿈디들에게 감사 인사를 전합니다. '엄마의 꿈방'이라는 공간과 그곳을 채운 따뜻한 분들이 계셨기에 이 책이 나올 수 있었습니다. 늘 저에게 가장 큰 힘이 되어주는 우리 가족과 이 글의 시작이었던 딸에게 사랑과 격려를 전합니다. 이 모든 힘과 지혜를 주신 하나님, 사랑합니다.

주석

1장

1) KBS <대화의 희열 3> 오은영 편, 2021.05.27.

2) 김리나, 『수학을 못하는 아이는 없다』, 지오아카데미, 2019.

3) 월간 리크루트, "대학 전공별 인력수급전망, 일자리 미스매치 현상 심화 될 듯", 2016.01.22.

4) 정광근, 『나의 하버드 수학 시간』, 웅진지식하우스, 2019, p11.

5) 유튜브 '조승연의 탐구생활', '조승연 작가가 수학을 처음부터 다시 하는 이유?', 2022.01.18.

6) 수학 교사용 지도서, 교육부, 비상교과서, 2018.

7) 임작가, 『완전학습 바이블』, 다산에듀, 2020.

2장

1) 르네 퀘리도, 『발도르프 공부법 강의』, 유유, 2017.

2) 스타니슬라스 드앤, 『우리의 뇌는 어떻게 배우는가』, 로크미디어, 2021.

3) 강윤수, 「고등학생들의 수학학습양식과 MBTI 성격기질별 특징」, 2020, 표의 내용은 학술지의 내용을 토대로 필자가 통합했다.

4) 스타니슬라스 드앤, 『우리의 뇌는 어떻게 배우는가』, 로크미디어, 2021.

5) 스타니슬라스 드앤, 『우리의 뇌는 어떻게 배우는가』, 로크미디어, 2021.

6) 조선일보, "'수포자'에서 '천재수학자'로… "인생도, 수학도 성급히 결론 내지 마세요"", 2022.01.01.

7) 리사 손, 『메타인지 학습법』, 21세기북스, 2019, 메타인지에 대한 정의를 종합해 인용.

8) 윌리엄 스틱스러드·네드 존슨, 『놓아주는 엄마 주도하는 아이』, 쌤앤파커스, 2022.
9) 전평국, 『우리 아이 수학 영재 만들기』, 롱테일북스, 2021.
10) 박주용·오현숙, 「기질 및 성격의 측정법을 통해 본 과학/수학 영재의 특성」, 2003.
11) 전국수학교사모임 초등수학사전팀, 『개념연결 초등수학사전』, 비아에듀, 2021.
12) 이재덕 외 5명, 「학교 외부의 선행학습 유발 요인 해소 방안 연구」, 2015.
13) 사교육걱정없는세상, 『아깝다 학원비!』, 비아북, 2010.
14) 최승필, 『공부머리 독서법』 책구루, 2018.
15) 김대영, 『결국 성취하는 사람들의 뇌는 어떻게 만들어지는가?』, 슬로미디어, 2021.
16) 김대영, 『결국 성취하는 사람들의 뇌는 어떻게 만들어지는가?』, 슬로미디어, 2021.

3장

1) 로버트 레이즈·메리 린퀴스트·다이애나 램딘·낸시 스미스, 『초등교사를 위한 수학과 교수법』, 경문사, 2012, p193.
2) 니시나리 카츠히로, 『선천적 수포자를 위한 수학』, 일센치페이퍼, 2019, pp46~48을 표로 정리.
3) NCIC 국가교육과정 정보센터(ncic.go.kr), 이 장에 나오는 표는 대부분 교육과정 해설서(교육과학기술부 고시 제2011-361호), 교육부 주관의 초등학교 수학 교과서를 토대로 만들었다.
4) 로버트 레이즈·메리 린퀴스트·다이애나 램딘·낸시 스미스, 『초등교사를 위한 수학과 교수법』, 경문사, 2012.
5) 이대식·최종근 외 2명, 「수학 기초학습부진학생 집단의 특징 연구」, 2007.

6) 조성실, 『이야기와 놀이가 있는 수학 시간 1』, 교육공동체벗, 2014.
7) 론 아하로니, 『부모는 쉽게 가르치고 아이는 바로 이해하는 초등수학』, 글담, 2020.
8) 로버트 레이즈·메리 린퀴스트·다이애나 램딘·낸시 스미스, 『초등교사를 위한 수학과 교수법』, 경문사, 2019
9) 조성실, 『이야기와 놀이가 있는 수학 시간 1』, 교육공동체벗, 2014.
10) 정경혜, 『몸짓으로 배우는 초등 수학 3』, 우리교육, 2012.
11) 전국수학교사모임 초등수학사전팀, 『개념연결 초등수학사전』, 비아에듀, 2021.
12) 조성실, 『이야기와 놀이가 있는 수학 시간 1』, 교육공동체벗, 2014.
13) 서해린, 「패턴블록 활용학습이 초등학생들의 공간 지각력 향상에 미치는 영향」, 2012.
14) 영남일보, "[재미있는 수학이야기] 폴리오미노 <도미노> (1)", 2007.11.05.
15) 전평국, 『우리 아이 수학 영재 만들기』, 롱테일북스, 2021.

4장

1) 이지성·인현진, 『객관적이고 과학적인 공부법』, 차이정원, 2021.
2) 한국수학경시대회 홈페이지 수상 후기.
3) 홍혜경, 「유아 수학동화책의 반복적 읽기활동 과정에 나타난 수학화 유형의 분석」, 2011.
4) 에듀넷은 2022년 4월 1일 기준 서비스 철회를 고려하지 않고 있으며, 교과서 개폐는 학기 단위로 이루어진다고 한다.
5) 한국수학경시대회 홈페이지 수상 후기.
6) 유튜브 '교육대기자tv', '초등수학 심화학습 반드시 필요할까?! 류승재 vs 차길영', 2022.03.29.

나오며

1) 조 볼러, 『스탠퍼드 수학공부법』, 와이즈베리, 2017.

사진 제공

156쪽 주플, 꼬치의 달인: 만두게임즈

156쪽 칠교놀이: 어도비스톡

156쪽 입체사목: 롯데홈쇼핑

159쪽 우봉고, 블로커스: 코리아보드게임즈

160쪽 지오보드: 어도비스톡

162쪽 미크로 마크로 크라임시티: 아스모디코리아

162쪽 달무티, 티츄: 코리아보드게임즈

239쪽 소마 큐브, 쌓기나무: 어도비스톡

우리 아이 수학 1등급은 부모가 만든다

초판 1쇄 발행 2022년 8월 10일

지은이 황지언
브랜드 온더페이지
출판 총괄 안대현
기획·책임편집 김효주
편집 최승헌, 정은솔, 이동현, 이제호
표지디자인 김예은 **본문디자인** 양희아

발행인 김의현
발행처 사이다경제
출판등록 제2021-000224호(2021년 7월 8일)
주소 서울특별시 강남구 테헤란로 33길 13-3, 2층(역삼동)
홈페이지 cidermics.com
이메일 gyeongiloumbooks@gmail.com(출간 문의)
전화 02-2088-1804 **팩스** 02-2088-5813
종이 다올페이퍼 **인쇄** 천일문화사
ISBN 979-11-92445-04-5 (13590)